“十四五”普通高等教育本科部委级规划教材

长丝织造技术与装备

中国长丝织造协会　编著

中国纺织出版社有限公司

内 容 提 要

本书详细介绍了长丝织造产业概况、化纤长丝织物及其生产技术和装备，长丝织造产业的绿色发展、标准建设、特色集群等，全面系统地介绍了我国长丝织造技术和装备，理论与实践相结合，突出产业特点和关键技术与装备，内容丰富、重点突出、指导性强。

本书可作为高等院校纺织工程专业的教材，也可供行业企业管理者、长丝织造及上下游产业相关专业技术及管理人员阅读参考。

图书在版编目（CIP）数据

长丝织造技术与装备 / 中国长丝织造协会编著. -- 北京：中国纺织出版社有限公司，2023.9

"十四五"普通高等教育本科部委级规划教材

ISBN 978-7-5229-0863-2

Ⅰ. ①长… Ⅱ. ①中… Ⅲ. ①长丝织物—织造工艺—高等学校—教材②长丝织物—织造机械—高等学校—教材 Ⅳ. ①TS146

中国国家版本馆 CIP 数据核字（2023）第 155727 号

责任编辑：孔会云　　特约编辑：贺　蓉　　责任校对：高　涵

责任印制：王艳丽

中国纺织出版社有限公司出版发行

地址：北京市朝阳区百子湾东里 A407 号楼　邮政编码：100124

销售电话：010—67004422　传真：010—87155801

http://www.c-textilep.com

中国纺织出版社天猫旗舰店

官方微博 http://weibo.com/2119887771

三河市宏盛印务有限公司印刷　各地新华书店经销

2023 年 9 月第 1 版第 1 次印刷

开本：787×1092　1/16　印张：11.75

字数：250 千字　定价：58.00 元

京朝工商广字第 8172 号

前　言

中国长丝织造产业是纺织行业中的新兴产业。随着经济的发展和科技的进步，传统纺织服装产业的内涵不断延伸，长丝织造产业通过原料创新、织造创新、后整理创新等不断融合最新的科学技术，成果丰富，为不断满足人民日益增长的美好生活需要作出了积极贡献。

我国是长丝织造产业第一生产大国，作为快速发展的新兴产业、富含高新科技的产业、产品应用范围迅速扩展的产业，长丝织造产业在推动纺织工业实现科技强国、品牌强国的战略中，在纺织工业实现环境友好与可持续发展战略中都发挥着重要的支撑作用。

新时代、新形势下，纺织产业的发展对纺织专业人才的教育提出了新的要求。长丝织造作为纺织工业的重要组成部分，也是纺织工程专业需要重点学习的内容。本书由中国长丝织造协会牵头，组织多方力量，完成编写工作。本书全面系统地介绍了长丝织造产业概况，化纤长丝织物及其生产技术和装备，长丝织造产业的绿色发展、标准建设、特色集群等。其中第二至第六章重点介绍了长丝织物的分类，主要生产技术，包括织造和印染后整理技术，织前准备和织造技术装备等，力求理论与实践相结合，突出产业特点和关键技术，使读者能够全面系统地了解和掌握我国长丝织造产业快速发展的逻辑与潜力，为研究投资和择业提供第一手资料。

由于编者水平有限，书中难免存在缺点和错误，敬请读者批评指正。

中国长丝织造协会

2023 年 6 月

目　录

第一章　长丝织造产业概述

长丝织造产业是指经向或经纬双向以化纤长丝为主要原料进行机织生产、研发、营销服务等相关活动的产业。随着经济社会发展和科技进步，传统纺织服装产业的内涵不断延伸，化纤长丝织造产业作为覆盖服装、家纺、产业用三大主要用途的新兴产业，其产品在满足传统服装用、家用纺织品需求外，在航空、医疗、军事、交通等关系国计民生的战略领域也发挥着重要的作用。长丝织造产业是纺织工业重要的制造环节，是产业规模优势的集中体现，是实现价值的重要环节，在行业发展中发挥着基础性作用。

一、中国长丝织造产业的发展历程

20 世纪 80 年代，中国长丝织造产业悄然从仿真丝起步。顾名思义，仿真丝仿的就是真正的丝绸，也就是蚕丝。人们喜爱丝绸织物的柔软、光滑、亲肤和美丽的珍珠光泽等特性，但却苦恼于养蚕缫丝等一系列工作的高昂成本，同时丝绸织物十分娇贵，穿着维护较复杂。面对市场对丝绸织物的热烈追捧与其高价低产的突出矛盾，化纤长丝仿真丝织物应运而生。

化纤仿真丝技术经历了纤维仿真丝、外观仿真丝和手感仿真丝三个发展阶段。最初模仿真丝的三角形截面和真丝的纤度来制造涤纶丝，再进行织造得到仿真丝面料；为了克服传统涤纶丝织造的面料具有极光而不像真丝绸的光泽那样柔和的缺点，纺丝过程中加入了消光剂，并采用“碱减量”后处理工艺，使涤纶仿真丝织物外观上具有真丝绸的效果；为了使涤纶织物手感和真丝绸一样，在面料处理过程中逐步采用与亲水单体共聚或混聚、等离子和激光等技术。至此，涤纶仿真丝面料的工艺已逐步完善。化学接枝共聚方法的采用，提高了涤纶的吸湿性能，使仿真丝织物的水平再次提升，外观、手感几乎和真丝绸一样。仿真丝面料的舒适性、易打理和染色鲜艳度、色牢度渐渐超越了真丝绸。

在仿真丝织物趋于完善的同时，各种天然纤维的仿真织造也逐渐发展，陆续出现了仿麻、仿毛、仿棉等织物，以及高仿棉、高仿毛等织物。化纤长丝仿真织物在时尚女装、休闲装、羽绒服、冲锋衣、家居窗帘、产业用篷盖布等方面广泛推广，逐渐占领了市场，赢得了消费者的认可和喜爱。

近年来，化纤长丝织物在替代天然纤维织物的同时，渐渐成为市场潮流的风向标。化纤长丝织物的花色品种日新月异，新产品层出不穷。在衣着类方面不仅有仿真丝、仿毛、仿麻、仿棉等仿真类织物，也有自身特色产品、功能性产品（如里子布、遮光布、记忆布、麂皮绒、桃皮绒、防羽绒布等），除服用外，还可大量应用在家纺、车内装饰、军品和其他产业用等领域，如用于制作篷盖布、防弹衣、降落伞及军服等装备用面料。长丝织物多变的特性，满足了人们不同的需求，在纺织业中发挥着越来越重要的作用。

依托于世界科技水平的稳步提升、中国经济的快速发展与全球纤维需求量的稳步增长，我国化纤长丝织造产业取得了较快发展，现已成为中国纺织工业中发展最快的支柱产业之一，并逐步成为最具市场活力和技术活力的产业之一。

二、长丝织造产业的独特优势

在中国工程院对制造业开展的产业链安全性评估中，纺织工业是我国在全球居于领先位置的五大产业之一。我国纺织产业体系完备，拥有从纤维原料加工到日用消费品及产业用纺织品全产业链优质制造能力，纺织产品种类齐全，原辅料专业市场配套完善，批发零售、线上线下销售渠道灵活多元，已形成较为完备的国内自主循环格局。

长丝织造产业作为我国纺织工业的重要组成部分，有其独特的发展优势。

1. 产品性价比高

化纤长丝织造产业既是纺织的新兴产业，也是竞争力强劲的产业，产品种类多、功能丰富、开发空间大。与传统的棉、毛、麻等纺织产业相比，长丝织造在原料、用工和用电等成本方面优势明显，产品价格友好。一方面是因为长丝织造产业的主要原料为合成纤维，其生产过程受气候环境影响小、产量大，价格低于棉、毛、麻、蚕丝等天然纤维；另一方面，化纤长丝顾名思义是直接成丝，无须像棉、麻、毛等短纤维一样的纺纱工序，就可以进入织布工序，这大大降低了人工及能源消耗，提高了生产效率，降低了生产成本。

例如，与棉纺织行业比较，2022 年全年棉花单价均价近 19000 元/t，全年 32 英支棉纱均价约 28000 元/t，而化纤长丝均价（以涤纶 FDY 为例）不足 9000 元/t，价格优势明显。

此外，化纤长丝自身性能优越，强力高、断头少，织造效率普遍达到 97%以上，远高于天然纤维的织造效率；喷水织机的用电功率约为 3kW，远低于需配备空压机的喷气织机（用电功率约 9kW），能耗较低。

综合来看，化纤长丝织造产业原料成本低、生产流程短、织造效率高、机电能耗低等优势决定了其产品的高性价比。

2. 产品性能卓越，应用广泛

经过多年发展，化纤长丝织物已普遍具有多种性能，其免烫、耐磨、耐水洗、吸湿快干、防紫外、防蚊虫等功能性开发正在满足人们生活中方方面面的需求。

化纤长丝织物以其独特的手感、抗皱、挺括、抗起毛起球性等特点，辅以防水透气、阻燃、抗菌等工艺，广泛应用于时装、休闲装、户外运动服、防寒服、防护服等服装领域；以其耐磨、高强、耐紫外、色彩艳丽、风格多变等特点，广泛应用于窗帘、箱包、沙发布、床上用品等家纺领域；以其高强、高性能、功能多变等特点，在医疗卫生、过滤分离、安全防护、文体旅游、隔离绝缘、结构增强、航空航天、土工建筑、农业、包装、汽车配饰等产业用领域大放异彩。

3. 创新优势明显

化纤长丝织物产品创新空间广阔，新产品层出不穷。化纤长丝织物的原料是通过化学与物理的方法制造而成，改变这些方法就可以制造出不同性能、不同形状、不同规格的化纤原料；将这些不同的原料经过织造前准备的深加工工艺处理，又可以赋予其更加丰富而卓越的性能，再经过织造过程中丰富的组织结构变化，配以染整等不同工艺的后整理加工，便可以生产出成千上万不同功能、不同特色、风格各异的化纤长丝织物。化纤长丝织物各环节的创新，使新产品开发丰富多彩、层出不穷，赋予了化纤长丝织物不竭的生命力。

三、中国长丝织造产业的发展现状

我国是长丝织造产业第一生产大国，截至 2022 年底，我国长丝织造行业织机规模达到 83.6 万台，其中喷水织机 77 万台。长丝织造行业也是增长最快的纺织产业之一，化纤长丝织物产量从 2000 年的 41 亿米上升到 2022 年的 595 亿米，年平均增速达 13%。长丝织物是纺织行业第一大出口机织物，据中国海关、中国长丝织造协会统计，2022 全年我国化纤长丝织物累计出口已超 210 亿米。

近年来，长丝织造行业紧扣高质量发展主题，不断巩固、发挥产业优势，提升基础能力和产业链现代化水平，实现了由注重规模扩张向注重产品技术创新和品质提升的转变。长丝织造行业企业在技术创新和数字化改造中积极探索并取得实效，产业创新成果竞相涌现，科技实力大幅增强。功能化、高仿真类、新型弹性化新产品层出不穷，产品结构进一步优化，满足人们多功能、个性化需求的高附加值产品的产量比重显著提升。目前，长丝织造类服装、家纺、产业用纺织品的纤维消费量比重已由 2015 年的 70∶25∶5 调整为 64∶30∶6，高档羽绒服、功能性户外运动服、高档时装、高档窗帘和高档室内装饰等面料逐渐成行业主流。

通过对 1991~2019 年 29 年间的世界纺织纤维消费趋势分析，天然纤维年均增长 0.86%，化学纤维年均增长 5.18%，其中合成纤维年均增长 5.44%。根据联合国预测，2050 年全球纺织纤维消费量将达到 2.53 亿吨，其中化纤长丝织物年均增长 3%，而天然纤维织物年均增长只有 1%左右，化纤织造产业市场潜力巨大。

由此可以预见，未来世界对纺织纤维的消费增长仍将以化纤为主，对以合成纤维为主的长丝织物的消费仍能保持理想的增长速度。从中国纺织工业发展趋势来看，长丝织造仍将是规模化优势的基础支撑，是全球化优势的重要组成，是智能化优势的重要支撑，是集约化优势的重要体现。

四、中国长丝织造产业的发展趋势和展望

党的二十大指出，高质量发展是全面建设社会主义现代化国家的首要任务。长丝织造产

业作为实体经济和制造业的重要组成部分，其高质量发展体现在技术创新富有活力、产品创新层出不穷、生产过程清洁高效、企业效益客观丰裕、国际竞争力不断提升等方面。未来要坚持以新发展理念为指引，把握好“科技、绿色、时尚”的发展方向，充分挖掘内需市场潜力、努力拓展国际市场空间，立足新发展阶段，积极构建新发展格局，以产品创新为导向，以技术创新为手段，以绿色低碳为准则，以人才培养为依托，继续保持长丝织造产业在纺织工业中的竞争优势，为经济高质量发展发挥更好的作用。

1. 以产品创新为导向

即从市场需求出发，以满足个性化、多样化消费需求为目的，不断提高生产效率和产品质量，行业要把“产品创新”当作发展的重中之重，不断加大绿色化、功能化、差别化、时尚化和个性化产品的研发力度，拓展纤维素类纤维与合成纤维的交织物、非氨纶弹性纤维织物及绿色再生纤维织物的开发与生产，提高原创设计产品比例，满足消费者时尚、绿色、健康的多元消费需求。

2. 以技术创新为手段

即通过技术创新驱动产品创新。产品是技术的载体，产品创新是技术创新的表现和验证形式。在产品创新的研发与生产过程中，可能会遇到现有设备、工艺、技术无法满足需要的情况，这就为技术改造提出了要求，通过自主研发或社会合作将这些问题加以解决，企业技术得以突破，竞争优势得以提升。

3. 以绿色低碳为准则

就是要坚持绿色发展理念，践行“双碳”目标，推动节能减排、资源循环利用共性关键技术研发和推广应用，节约资源、减少能耗和废水排放，积极履行社会责任，为国家生态文明建设做出贡献。

4. 以人才培养为依托

就是要重视人才“活水”。创新驱动实质是人才驱动，人才是赢得国际竞争主动的战略资源，是行业可持续发展的根本保证。行业未来要更加重视专业人才队伍的培育和储备，从实际需要出发，制定在职人员继续教育培训计划，加强与职业院校、高校和科研单位等开展合作，进行针对性的技术和管理培训。鼓励在职人员通过培训班、研讨会和短期进修等渠道进行知识与技能的培训，紧跟行业发展前沿。鼓励企业建立合理的薪酬激励考核机制，在全行业形成重才、引才、爱才的社会风气，激发人才创新活力，打造富有创新精神、求真务实的人才队伍。开展职业技能竞赛，推广新操作法及岗位练兵、技术比武等活动，培育高技能人才，带动职业技能水平的提高。

蓝图已绘就，奋斗正当时。中国长丝织造产业作为具有国际竞争优势的纺织产业，未来仍将大有作为。在高质量发展目标任务引领下，加快“绿色、科技、时尚”转型步伐，在中国式现代化进程中充分彰显行业力量和担当。

第二章　化纤长丝织物

纤维是构成织物最基本的原料，影响织物外观手感和内在性能，在纺织服装行业中发挥着基础性作用。

一、纺织纤维简介

纤维是一种柔软而细长的物质，对于纺织用纤维，其长度与直径比一般大于 1000∶1。

（一）纤维分类及介绍

根据纤维原料来源，可将现有纤维分为天然纤维和化学纤维两大类，图 2-1 列出了纺织纤维分类及其主要品种。

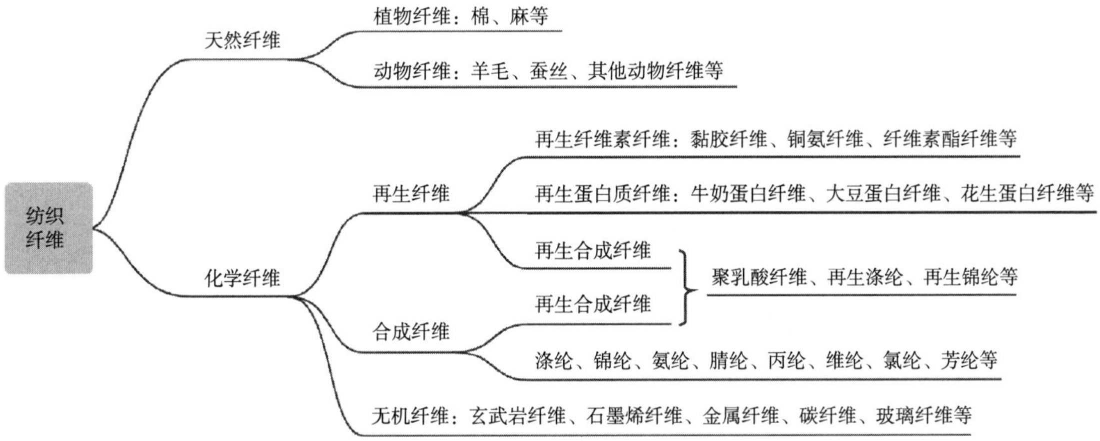

图 2-1　纺织纤维分类及其主要品种

各种纤维的英文缩写详见表 2-1。

表 2-1　各种纤维的英文缩写

纤维名称	英文缩写	纤维名称	英文缩写
棉	C	腈纶	A
苎麻	Ra	锦纶	N
亚麻	L	丝	S
毛	W	阳离子可染涤纶	CDP

续表

纤维名称	英文缩写	纤维名称	英文缩写
涤纶长丝	PET/P	阳离子易染涤纶	ECDP
涤纶短纤	T	黏胶短纤	R
醋酯纤维	Ac	人造长丝	V
氨纶	Sp	丙纶	PP

1. 天然纤维

(1) 棉纤维。主要成分是纤维素。棉纤维具有的中空扭转结构和大量亲水基团，使得棉织物具有优异的吸湿、透气性，穿着舒适性好；缺点是织物弹性差，容易褶皱。

(2) 麻纤维。指从各种麻类植物中取得的纤维。麻的种类十分丰富，可以用作纺织纤维材料的主要有苎麻、亚麻、黄麻、罗布麻、大麻等软质麻纤维。麻纤维织物的最大优点是凉爽、吸湿、透气、挺括；缺点是刚性大，悬垂性差，织物容易褶皱。

(3) 毛纤维。指从某些动物身上取得的纤维，主要成分为蛋白质。毛纤维有绵羊毛、山羊毛、兔毛等，纺织用毛纤维以绵羊毛为主。毛织物的优点有：弹性好、抗皱、保暖、手感舒适。缺点有：羊毛具有鳞片层，织物水洗揉搓容易产生毡化反应；其主要成分为蛋白质，容易虫蛀且耐热性差。

(4) 天然丝。主要指蚕丝，蚕丝质轻而细长，织物光泽好，手感滑爽丰满，吸湿透气，穿着舒适，常用于织制各种绸缎。

2. 化学纤维

(1) 按原料分类。化学纤维按原料可分为生物质纤维和合成纤维两大类。

①生物质纤维。生物质纤维是以生物质或其衍生物为原料制得的化学纤维的总称，其中，生物质化学纤维包括生物质再生纤维和生物质合成纤维。

a. 生物质再生纤维。指以生物质或其衍生品为原料制备的化学纤维，如再生纤维素纤维、纤维素酯纤维、蛋白质纤维、海藻纤维、甲壳素纤维等。

b. 生物质合成纤维。指采用生物质材料并利用生物合成技术制备的化学纤维，如聚乳酸类纤维（PLA）、聚丁二酸丁二醇酯纤维（PBS）、聚对苯二甲酸丙二醇酯纤维（PTT）等。

②合成纤维。合成纤维是以石油、煤、天然气等为原料，经反应制成合成高分子化合物（成纤高聚物），经化学处理和机械加工制得的纤维。

(2) 按截面形状和细度分类。化学纤维按截面形状可分为圆形纤维和异形纤维。在合成纤维形成过程中，采用异形喷丝孔纺制的、具有非圆形截面的纤维或中空纤维，称为异形截面纤维，简称异形纤维。异形纤维可改善织物的相关性能，如光泽感、蓬松度、耐污性、抗起毛起球性等。

化学纤维细度对织造生产和织物性能有重要影响，按不同的细度，可分为常规纤维、细旦纤维、超细纤维和极细纤维。

(3) 其他分类。随着研发水平和生产技术的发展，化学纤维的品种日趋丰富，总结来看，主要有以下几个方面。

①复合纤维。在纤维截面上存在两种或两种以上高分子化合物，这种化学纤维称为复合纤维或双组分纤维。复合纤维主要分为并列型、皮芯型、海岛型、共混型等。上述的超细纤维即可用复合海岛法或裂离法生产。

②差别化纤维。通过化学改性或物理变形使常规化学纤维品种有所创新或被赋予某些特性的化学纤维。如共聚、异染、抗静电、防霉、抗菌、吸湿、防水；共混、复合、异形、细旦；包覆、竹节、结子等化纤丝。

③特种纤维。具有特殊物理化学结构、性能和用途的化学纤维，如具有高强、高模量、耐高温、耐辐射、耐化纤药品等性能的高性能纤维和导光、导电、阻燃、保暖等性能的功能纤维。

（4）常见化学纤维。

①黏胶纤维。黏胶纤维是由天然纤维素经碱化而生成碱纤维素，再与二硫化碳作用生成纤维素黄原酸酯，溶解于稀碱液内得到的黏稠溶液称黏胶，黏胶经湿法纺丝和一系列处理工序后即成黏胶纤维。黏胶纤维吸湿性和透气性比棉好，是常见的化学纤维中吸湿性最好的，标准大气压下，回潮率约为 13%。纤维容易上色，色彩纯正，色谱齐全。其最大的缺点是强度低，尤其是湿强，仅为干强的 40%～50%。粘胶纤维弹性也比较差，织物容易起皱，耐酸碱性都不如棉纤维。

②天丝纤维。天丝（Tencel）纤维是英国生产的莱赛尔（Loyocell）短纤维的商品名，我国称为天丝。天丝纤维是以木浆为原料，采用有机溶剂 NMMO（N–甲基吗啉氧化物）直接溶解纤维素后纺丝加工而成的纤维，因溶剂 NMMO 可以回收故对生态无害，被称为绿色纤维。其特点是具有较好的柔软性和悬垂性，韧性和干强略低于涤纶，湿强优于棉纤维，但湿热条件下容易变硬。天丝服装的服用舒适性好，具有柔软、透气、光滑、悬垂、耐穿耐用和不易起皱等特点，被誉为 21 世纪的绿色纤维。

③莫代尔纤维。莫代尔纤维（Modal）是奥地利兰精公司开发生产的一种人造纤维素纤维，其以山毛榉木浆粕为原料，经过专门的纺丝加工工艺而形成的纤维。莫代尔纤维和天丝纤维一样，生产过程清洁无毒，废弃纺织品可生物降解，也是绿色纤维。莫代尔纤维具有较高的湿模量、强力、韧性，同时具有良好的柔软性和吸湿性。莫代尔纤维具有棉纤维的柔软、真丝的光泽、麻纤维的滑爽，其吸水透气性优于棉纤维的品质。莫代尔纤维制成的面料具有天然的抗皱性和免烫性，手感柔软、穿着舒适，但织物的挺括性较差。

④丽赛纤维。丽赛（Richcel）纤维是用日本进口的天然针叶树精制专用木浆为原料、采用日本东洋纺织专有的特种纺丝技术生产的纤维素纤维，英文商品名称为 Richcel，在中国注册的中文商品名称为丽赛。丽赛纤维全程清洁生产，纤维及其制品可再生，可降解，被誉为 21 世纪绿色环保纤维之一。丽赛纤维既具有传统粘胶纤维的吸湿透气、悬垂性好的服用性能，又有优异的湿强和良好的耐碱性，可进行丝光处理。

⑤醋酯纤维。醋酯纤维俗称醋酸纤维，即纤维素醋酸酯纤维，是一种半合成纤维。它是以木浆粕或棉浆粕等为原料提取天然高分子化合物，通过与其他化学物质反应，改变组成成

分，再生形成天然高分子的衍生物而制成的纤维。根据纤维素上羟基被取代的程度，醋酯纤维可分为二醋酯纤维和三醋酯纤维。

二醋酸即纤维素大分子上的两个羟基被醋酯取代，一般酯化度在75%～80%的纤维素纤维。三醋酸即纤维大分子上的三个羟基被醋酯取代，一般是酯化度达到93%以上的纤维素纤维。三醋酯分子规整性较二醋酯高，湿强干强等各方面性能较二醋酯优越。

醋酯纤维的吸湿性比黏胶纤维低很多，三醋酯的吸湿性较二醋酯更差；纤维强度偏低，断裂伸长较大，湿强与干强的比值高于黏胶纤维，初始模量低。纤维的外观、光泽和手感与桑蚕丝相似；纤维具有热塑性，产生塑性变形后形状不可回复；耐酸性较好，耐碱性较差；耐日光性较好，经一般光照后强力基本保持不变。醋酯丝织物易洗易干，不霉不蛀，其弹性优于黏胶纤维。近年来，醋酯纤维服用织物的研发和生产取得了较大进步，很多醋酯面料取得了很好的市场反响，具有很大的发展前景。

⑥铜氨纤维。铜氨纤维是将棉短绒等天然纤维素，溶解在铜氨溶液中制成纺丝液，然后经过湿法纺丝而制成的再生纤维素纤维。其主要特点是具有真丝般的光泽，单纤维较细，织成的织物手感柔软，悬垂性好，服用性能近似真丝绸；纤维的吸湿性与黏胶纤维接近；纤维的干强与黏胶纤维接近，但湿强高于黏胶纤维，湿强是干强的65%～70%；纤维无皮层结构使其对染料的亲和力较大，上色较快，上染率较高，其耐磨性优于黏胶纤维；但对酸和碱的抵抗能力较差。

⑦聚乳酸纤维。聚乳酸纤维（PLA）是以玉米、小麦、甜菜等含淀粉的农产品为原料，经发酵生成乳酸后，再经缩聚和熔融纺丝制成的纤维。聚乳酸纤维是一种原料可种植、易种植，废弃物在自然界中可自然降解的合成纤维。它在土壤或海水中经微生物作用可分解为二氧化碳和水，燃烧时，不会散发毒气，不会造成污染，是一种可持续发展的生态纤维。织物手感柔软，悬垂性好，抗紫外线，具有较低的可燃性和优良的加工性能，适用于各种时装、休闲装、体育用品和卫生用品等，具有广阔的应用前景。

⑧PBS和PTT纤维。聚丁二酸丁二醇酯（PBS）是以自然界中的纤维素、葡萄糖等可再生的农作物为原料，经过生物发酵等途径生产出的可完全生物降解的纤维。该类纤维具有良好的加工性能、力学性能和生物相容性，并且可以通过分子设计调控其功能，是一类具有很大开发潜力的生物可降解高分子材料。

PTT纤维是聚对苯二甲酸丙二醇酯（Polytrimethylene terephthalate）纤维的简称，是荷兰壳牌（shell）公司最先研发的一种性能优异的聚酯类新型纺丝聚合物，由对苯二甲酸（或对苯二甲酸二甲酯）与1,3-丙二醇经酯化（酯交换）、缩聚反应得到聚酯，再经熔融纺丝制得纤维。而生物基PTT纤维采用了来自生物质转化的1,3-丙二醇，更具有环境友好性。杜邦公司采用生物法以谷物为原料制得了生物基PTT产品Sorona®，进一步制得纤维，可应用于服装、地毯等产品。

⑨涤纶。学名聚对苯二甲酸乙二酯，是聚酯纤维的一种。涤纶是我国的商品名称，国外称其为大可纶、特利纶、帝特纶等。由于涤纶具有原料易得、性能优异、用途广泛等特点，发展非常迅速，产量稳居化学纤维之首。

涤纶强度高，耐磨性、耐热性及耐化学药品等性能均较好，在常温下，不会与弱酸、弱碱、氧化剂发生作用。涤纶面料挺括、不易变形，有“免烫”的美称，且涤纶色牢度高，不易掉色，优点十分突出。涤纶的缺点是吸湿性、透气性、抗静电性差，涤纶短纤容易起毛起球，影响舒适性和美观性。

⑩锦纶。锦纶是指分子主链由酰胺键（—CO—NH—）连接的一类合成纤维，在我国是聚酰胺纤维的简称，俗称尼龙，主要包括聚己内酰胺（锦纶 6）、聚己二酸己二胺（锦纶 66）、锦纶 1010、锦纶 56 等品种，国外商品名称有耐纶、卡普纶、阿米纶等。由于性能优良，原料资源丰富，锦纶在合成纤维中产量一直较高，仅位居涤纶之后。

锦纶具有良好的综合性能，如具有较好的力学性能、耐热性、耐磨损性、耐化学药品性和自润滑性。锦纶最突出的优点是耐磨性居于纤维之首，在混纺织物中加入少量锦纶，可大大提高其耐磨性。锦纶的缺点是耐热、耐光性不够好，吸湿性较差，锦纶的保型性不佳，做成的衣服不如涤纶挺括，容易变形，但它可以随身附体，是制作各种形体衫的最佳材料。

⑪氨纶。氨纶是以聚氨基甲酸酯为主要成分的嵌段共聚物制成的纤维，学名聚氨酯纤维（Polyurethane），氨纶是我国的商品名称。国外称为莱卡、来克拉、斯潘齐尔等。氨纶的最大特点是弹性非常高，其使用方式也比较独特，一般制品不单独使用，多以氨纶为芯，用其他纤维做皮层制成包芯纱，弹性织物，其对身体的适应性良好，很适合做紧身衣，无压迫感，且织物的外观风格及服用性能与所包覆外层纤维织物的同类产品接近。

（二）纤维长度及短纤纺纱

1. 纤维长度

根据纤维长度，可分为短纤维（简称短纤）和长丝。

（1）短纤。天然纤维中的棉、麻、毛纤维等均为短纤维，纤维长度一般在 25~250mm，长度差异很大。化学纤维经切断而成一定长度的纤维，称为化纤短纤，根据切断长度不同，可分为棉型（30~40mm）、毛型（70~150mm）和中长型纤维（51~61mm）。

（2）长丝。天然纤维中蚕丝为长丝，一个茧子上的茧丝长度可达数百米至上千米；化学纤维在制造过程中，纺丝流体（熔体或溶液）经纺丝成型和加工工序后，得到的连续不断、长度以千米计的化学纤维即为化学纤维长丝，简称化纤长丝，其长度可根据需要而定。

2. 短纤维纺纱

天然短纤和化纤短纤在织制织物前（非织造布除外），需要经过纺纱加工，将短纤维变成具有一定长度和强度纱或线，才能进行织造。所谓纺纱，即运用加捻等的方式使纤维集合体抱合成为连续无限延伸的纱线，以便适用于织造的过程。长丝不需要经过纺纱即可直接用于织造。

纱线按原料可分为纯纺纱和混纺纱；按纱线粗细可分为粗支纱、中支纱、细支纱、高支纱；按纺纱工艺可分为精梳纱、普梳纱；按纺纱方法可分为环锭纺纱、气流纺纱、涡流纺纱等；按纱线结构可分为单纱、股线、花式线、膨体纱、包芯纱；按纱线用途可分为机织用纱、针织用纱、其他用纱。

化纤长丝织物是经向或经纬双向以化纤长丝为主要原料进行织造的机织物，这就意味着化纤长丝不是该行业的唯一原料，天然短纤及化纤短纤的纯纺或混纺纱也是长丝织造产品的重要原料，因此纺纱工艺对长丝织造行业的发展也具有重要影响。

（三）纤维细度表征

纤维的细度主要分定长制和定重制两类，常用的指标有线密度（Tt）、纤度（N_d）、英制支数（N_e）、公制支数（N_m）等。

1. 线密度（Tt）

线密度的单位为特克斯（tex），简称“特”，它是指1000m长的纱线在公定回潮率时的重量克数。

$$\mathrm{Tt}=\frac{G}{L}\times 1000$$

式中：G——纤维或纱线的公定回潮率时的质量，g；

L——纤维或纱线的长度，m。

2. 纤度（N_d）

单位为旦尼尔（D），简称旦，它是指9000m长的丝在公定回潮率时的重量克数。

$$N_d=\frac{G}{L}\times 9000$$

3. 英制支数（N_e）

英制支数的单位是英支，通常用于表示纯棉纱的粗细程度，指一磅重（454g）的棉纱在公定回潮率时所具有的840码（1码=0.9144m）长度的个数。英支数越大，纱线越细。

$$N_e=\frac{L}{G\times 840}$$

4. 公制支数（N_m）

公制支数指1g重的纱线在公定回潮率时所具有的长度米数。通常用于表达毛纱、麻纱、绢丝的粗细。同样，公支数越大，纱线越细。

$$N_m=\frac{L}{G}$$

5. 细度指标的换算公式

线密度（Tt）、纤度（N_d）和公制支数（N_m）的数值可相互换算，其换算关系如下：

$$N_m=\frac{9000}{N_d}\quad N_d=\frac{9000}{N_m}\quad N_m=\frac{1000}{\mathrm{Tt}}$$

$$\mathrm{Tt}=\frac{1000}{N_m}\quad N_d=9\mathrm{Tt}\quad \mathrm{Tt}=\frac{N_d}{9}$$

二、化纤长丝

化纤长丝在织制织物过程中，免去了短纤维繁杂的纺纱工序，且产量大，成本较低，具有很多天然纤维不具备的优异性能，是化纤长丝织物的重要原料。

（一）化纤长丝分类

化纤长丝经喷丝孔喷出，理论上长度可以无限长，除了上述按纤维原料来源分类，行业常用的分类方式有以下几种。

1. 按结构分类

按结构和外形，可以分为单丝、复丝和捻丝等。

（1）单丝。又称单根丝或单孔丝，是指由单孔喷丝所形成的单根丝。

（2）复丝。是指两根或两根以上的单丝并合在一起的丝束，俗称束丝。

（3）捻丝。复丝加捻即成捻丝，也称单捻丝。由几根单捻丝再经加捻而成的丝线称为复捻丝。捻丝捻向分为“S”捻和“Z”捻两种。纱线的捻向对织物的外观和手感影响很大，利用经纬纱的捻向与织物组织相配合，可织出外观、手感、风格各异的织物。

2. 按加工方法分类

按照加工方法，化纤长丝可分为初生丝、拉伸丝和变形丝，以涤纶长丝为例，具体分类如图 2-2 所示。

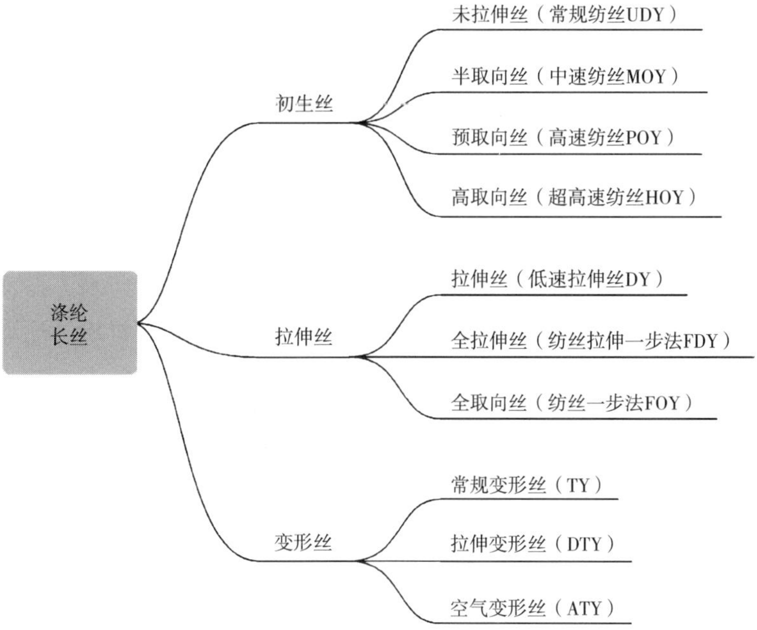

图 2-2 涤纶长丝按加工方法分类

其中，化纤长丝织造行业常用的丝有预取向丝（POY）、全拉伸丝（FDY）、拉伸变形丝（DTY）和空气变形丝（ATY）等。

（1）预取向丝（POY，pre-oriented yarn）。经高速纺丝（3000~6000m/min）获得的取向度在未取向丝和拉伸丝之间的未完全拉伸的化纤长丝，与未拉伸丝相比，它具有一定程度的取向，稳定性好，常用于加工弹力丝、变形丝和异收缩丝等。

（2）全拉伸丝（FDY，full-draw yarn）。采用纺丝、牵伸一步法制得的化纤长丝。纤维已经充分牵伸，可以直接用于纺织加工。

（3）拉伸变形丝（DTY，draw-textured yarn）。拉伸变形丝也称低弹丝，是以 POY 为原丝，经过牵伸和假捻变形制成的成品丝。DTY 丝具有一定的弹性和收缩性，也称弹力丝。

（4）空气变形丝（ATY，air-textured yarn）。空气变形丝是用空气喷射技术对丝束进行交络加工，形成不规则扭结丝圈，使丝束呈现蓬松的毛圈状，织物具有厚实、柔软、短纤状的效果。

（5）网络丝。网络丝是指丝条在网络喷嘴中，经喷射气流作用，单丝互相缠结而呈周期性网络点的长丝。网络加工多用于 POY、FDY 和 DTY 丝的加工，如网络技术与 DTY 技术结合制造的低弹网络丝，既有变形丝的蓬松性和良好的弹性，又有许多周期性的网络点，提高了长丝的紧密度，省去了纺织加工的若干工序，并能改善丝束通过喷水织机的能力。

3. 按光泽分类

化纤长丝本身光泽度很好，织物容易产生“极光”，所以纺丝中要加消光剂二氧化钛来消除部分光泽。根据光泽可将化纤长丝分为有光丝（BR，bright）、半消光丝（SD，semi-dull）和全消光丝（FD，full-dull）。

（二）化纤长丝发展趋势

随着化纤工业的突飞猛进，应时代发展和消费升级的需求，各种新型化纤丝不断涌现，为化纤长丝织物的发展提供了源源不断的动力。目前，化纤长丝的发展趋势主要有绿色化、弹性化、功能化和智能化等。

1. 绿色纤维

环保、绿色是人类生存所需，也是化纤长丝发展重要趋势，近年来，各种绿色纤维成为研究焦点。新型绿色化纤丝主要包括生物质纤维、循环再利用绿色纤维、原液着色绿色纤维三大类。

（1）生物质纤维。生物质纤维具有生物安全性、生物相容性、生物可降解性等特性，属于可再生资源，生产环保，产品亲肤，已广泛应用于贴身内衣、衬衫、袜类、休闲运动等服装领域以及床品、窗帘等家纺领域。生物基化学纤维种类十分丰富，如莱赛尔（Lyocell）纤维、竹浆纤维、聚乳酸纤维（PLA）、壳聚糖纤维、生物基 PTT 纤维、PA56 纤维、海藻酸盐纤维、甲壳素/纤维素复合纤维、大豆蛋白纤维、牛奶蛋白纤维等。目前，传统的生物质再生纤维不断取得新发展，生物质合成纤维也受到行业广泛青睐，尤其是聚乳酸、生物基 PA56 等原料，产量和应用都得到大幅度提升。

（2）循环再利用绿色纤维。市场上常见的循环再利用绿色纤维有再生涤纶和再生锦纶。再生涤纶是指由废旧聚酯（如瓶片、泡料、废丝、废浆、废旧纺织品等）经过再生工艺制成的聚酯纤维。再生锦纶是由废渔网、废丝、废块等聚酰胺废料经过独特的工艺处理、加工，制成再生锦纶切片，后经过熔融纺丝制备而成。随着技术水平的提高，很多再生丝与原生丝品质相当，在质量上赢得了消费者的信任，再生产品市场逐渐被打开。随着消费端对绿色产品的接受和认可度逐步提高，绿色发展深入企业，很多企业都将再生丝纳入产品研发和生产中，市场上含有再生丝产品的比例不断提高。目前，以福建省百川资源再生科技股份有限公司、江苏永银化纤有限公司等为代表的企业致力于再生丝的研发生产。一大批长丝织造企业注重再生产品的开发，如浙江台华新材料股份有限公司等企业研发的再生锦纶长丝产品、苏州金楠纺织科技有限公司等企业研发的再生涤纶长丝产品，这些产品不仅性能好，也为绿色发展作出了贡献。

（3）原液着色纤维。原液着色改变了传统的染液染色工艺，在纺丝加工过程中实现纤维染色，可极大地降低染色后加工的能耗及污染排放，同时融合一些特定功能、超细旦技术，给予纤维抗菌、凉感、亲肤、吸湿、速干、绿色健康、可完全生物降解等功能，更加绿色环保，减少了废水及 CO_2 的排放，从根本上保证了纺织纤维对环境的可持续发展。

2. 弹性纤维

弹性是满足服装可穿性、舒适性的重要基础。随着人们对穿着体验的要求越来越高，各种弹性织物成为市场热点，各种化纤弹力丝也不断被深入开发。弹性纤维按品种和组成可分为氨纶弹性纤维、聚醚—酯类弹性纤维、聚烯烃类弹性纤维、聚酯类弹性纤维、假捻变形弹性丝、双组分复合卷纤维等。

氨纶是一种弹性纤维，学名聚氨酯纤维。它具有高度弹性，能够拉长 6~7 倍，伴随张力的消失能迅速恢复到初始状态，其分子结构为一个像链状的、柔软及可伸长性的聚氨基甲酸酯，通过与硬链段连接在一起而增强其特性。氨纶一般不独自运用，而是与别的纤维进行混纺。氨纶作为传统的弹性纤维，在纺织面料中应用广泛。

随着人们对弹性需求的多样化，近年来，聚酯类弹性纤维和双组分弹性纤维成为长丝织造行业产品研发的热点。

（1）聚酯类弹性纤维。

①PBT 弹性纤维。PBT 是聚对苯二甲酸丁二醇酯的简称，是由对苯二甲酸二甲酯（DMT）或对苯二甲酸（TPA）与丁二醇酯化后缩聚而成，后经熔体纺丝制得 PBT 纤维，属于聚酯纤维的一种。由于 PBT 纤维的分子可以自由运动，使得 PBT 纤维具有优良的弹性和弹性回复性。此外，PBT 纤维还具有防霉、防蛀、抗静电性以及较好的染色性等，价格也较传统氨纶弹性丝低，因此，PBT 纤维被广泛用于弹性衣物，如泳衣、舞蹈紧身衣及牛仔裤等微弹服装。

②PTT 弹性纤维。PTT 的学名叫聚对苯二甲酸丙二醇酯，是由对苯二甲酸和 1,3-丙二醇缩聚而成的芳香族聚酯化合物。PTT 大分子链呈螺旋状排列，呈现 Z 字状特性，具有弹簧一样的弹性变形。由于在弹性变形过程中分子构象并未发生变化，当外力消失后又恢复原状，构象转变是完全可逆的，因此 PTT 比 PBT 和 PET 拥有更好的弹性和回复性能。此外，PTT 还具有优异的尺寸稳定性、抗污性、抗皱性、耐磨性和易染色性，被称为“21 世纪新型聚酯纤维”。

（2）双组分弹性纤维。双组分复合弹性纤维主要用互不混合但具有较好相容性的成分以并列或皮芯、偏心的方式沿纤维轴向连续排列，利用各组分的热收缩差异产生螺旋形卷曲。由于很多性能优于单组分纤维而受到市场广泛欢迎，如具有自然且永久的螺旋卷曲；优异的蓬松性、弹性、弹性回复率、色牢度以及特别柔软的手感；既可单独织造，也可与棉、黏胶纤维、涤纶、锦纶等进行交织，形成多种多样的风格。

①T400弹性纤维。T400纤维是一种复合弹性纤维，通过采用杜邦公司生产的SORONA聚合物和PET复合纺丝加工而成，具有自然永久螺旋卷曲及优异的蓬松性、弹性、色牢度以及柔软的手感。它解决了传统氨纶弹性丝不易染色、织造复杂、面料尺寸不稳定及在使用过程中易老化等诸多问题。T400弹性纤维进一步降低了生产成本，且制成的织物弹性好、布面平整、手感滑爽、易于打理，被广泛应用在裤料、运动休闲服装、高档正装等领域。

②SSY、SPH弹性纤维。涤纶复合丝SSY由低黏度PET与高黏度PET复合纺丝而成，SPH则由低黏度PET与高收缩PET复合纺丝而成。纤维截面为异形，纤维上存在沟槽，易产生毛细管效应，具有一定的吸湿散湿功能，由于两种组分不同的热收缩性能，在拉伸的过程会有少量卷曲出现，赋予纤维一定的弹性。该类弹性纤维受到企业和市场的好评，被广泛用于女装、裤装和休闲服装等的开发上。

③其他双组分弹性纤维。双组分弹性纤维的弹性产生原理赋予其很强的开发性，成为企业、院校和行业组织等研究的热点，并根据自身需求，分别对不同弹性纤维进行命名，如POY纤维与SSY纤维复合而成CEY弹性纤维，PET和PBT复合而成的T800弹性纤维，PET和PTT（石油提炼）复合的H400弹性纤维等各类弹性纤维。除此以外，还有很多双组分弹性纤维被研发出来，这些弹性纤维的弹力和回复性各异，其他各项性能也不尽相同，满足了产品开发人员对多样弹性纤维的需求，满足了市场对弹性面料的多样需求。

3. 功能性、智能纤维

生活水平的提高，除了基本的服用需求外，人们对纤维的功能性也提出了更高更新的要求，化纤长丝基于自身可开发性强的特点，很早就成为被赋能的对象。

（1）功能性纤维。目前，功能性纤维研究的主要方向有健康卫生、安全防护、舒适亲和等方面。卫生意识的提高，人们对抗菌抑菌、消臭除臭需求持续上升，这类纤维主要是通过添加抗菌助剂实现对微生物抑制的相关功能，助剂种类及添加方式对产品效能至关重要。安全防护一直是功能性纤维研究的重点，如阻燃纤维、防紫外、防辐射纤维等，这些纤维织物主要是为了保障特殊环境工作人员的人身安全，其研究成果具有重要的意义。亲和舒适纤维主要是指纤维具有发热、凉感、吸湿速干、轻柔手感等效果，这些纤维的发展，大大提升了织物的附加值，满足了普通消费者对功能服装的要求。

（2）智能纤维。智能纤维是功能性纤维的特殊品种，是指当外界环境条件（力、热、声、光等）或内部状态发生变化时，能够及时感知并响应的功能性纤维材料。智能纤维的种类十分丰富，有随外界温度、光线变化而自动发生可逆颜色变化的智能变色纤维、将光能封闭在纤维中并使其以波导方式进行传输的智能光纤、能够根据要求自动调控温度的智能调温纤维、模仿生物体损伤自愈合的自修复纤维、具有形状记忆功能的形状记忆纤维，还有能对外部环境和条件进行感知、反馈、响应的电子信息纤维等。信息技术的高速发展，对智能纤维以及智能可穿戴服装等领域的研究提供了更多的可能，也提出了更高的要求。

4. 高性能纤维

化纤长丝除了满足日常需求，在高新技术的产业用等领域也发挥着重要作用，各种高性能化纤长丝的发展为科技强国注入了能量。高性能纤维要求纤维能耐受极端环境条件，如高强度、高模量、耐高温、耐化学药品、耐气候、抗紫外、耐电弧等。按原料来分，高性能纤维主要包括芳香族聚酰胺纤维、芳香族聚酯纤维、芳杂环类聚合物纤维，超高相对分子量聚乙烯纤维以及碳纤维等。高性能纤维的品种十分丰富，如聚间苯二甲酰间苯二胺（PMIA）纤维、聚对苯二甲酰对苯二胺（PPTA）纤维、聚苯并咪唑（PBI）纤维、聚苯并双噁唑（PBO）纤维、聚苯硫醚（PPS）纤维、聚酰亚胺（PI）纤维、聚醚酰亚胺（PEI）纤维等。

高性能纤维的研究已经有几十年的历史，目前各国仍然致力于探索高性能纤维。其中超高分子量聚乙烯（UHMWPE）主要是开发耐温、抗蠕变的 UHMWPE 纤维，完善中高强度 UHMWPE 纤维工程化制备技术，解决生产过程能耗大、成本高的问题。PPS 纤维在朝着细旦化、均匀化方向发展。芳纶主要开发系列化、功能性对位芳纶，满足差异化应用领域需求，同时发展新一代高强高模、高复合性、低成本杂环芳纶。

总体来说，高性能纤维的研发和生产，日本及欧美等处于世界领先水平，且研发不断取得新的进展。我国在高性能纤维领域，过去处于追赶国外先进技术和产品系列化的阶段，目前已取得了长足的进步，成为高性能纤维研发和生产品种较全的国家。

三、化纤长丝机织物

经纬双向或经向以化纤长丝为原料织成的机织物，称为化纤长丝机织物，简称化纤长丝织物。从图 2-2 可以看出，初生丝、拉伸丝及变形丝都属于化纤长丝的范畴，以其为主要原料织制的织物也都属于化纤长丝织物。

（一）织物组织

从化纤长丝织物均为机织物，故机织物的组织结构（以下简称织物组织）是构成长丝织物的基础。

1. 织物组织及相关概念

（1）织物组织。织物内经纱和纬纱相互交错或彼此浮沉的规律。

（2）组织点。经纱和纬纱相交处，即称为组织点（浮点）；凡经纱浮在纬纱上的，称经组织点（经浮点）；凡纬纱在经纱上的，称纬组织点（纬浮点）。

（3）组织循环。当经组织点和纬组织点浮沉规律达到循环时，称为一个组织循环（或一个完全组织）。构成一个组织循环的经纱数用 R_j 表示，构成一个组织循环的纬纱数用 R_w 表示。

（4）组织点飞数。为了解织物组织的构成和表示织物组织的特点，常用组织点飞数来表示织物组织中相应组织点的位置关系。组织点飞数用符号 S 表示。沿经向计算相邻两根经纱相应两个组织点间相距的组织点数是经向飞数，以 S_j 表示；沿纬纱方向计算相邻两根纬纱上相应组织点间相距的组织点数是纬向飞数，以 S_w 表示。

凡织物的组织，其正面和反面的经组织点数等于纬组织点数时，称同面组织；经组织点数多于纬组织点数的织物组织，称经面组织；纬组织点数多于经组织点数的织物组织，称纬面组织。

2. 织物组织分类及特点

织物组织结构十分丰富，按结构特点分类如图 2-3 所示。

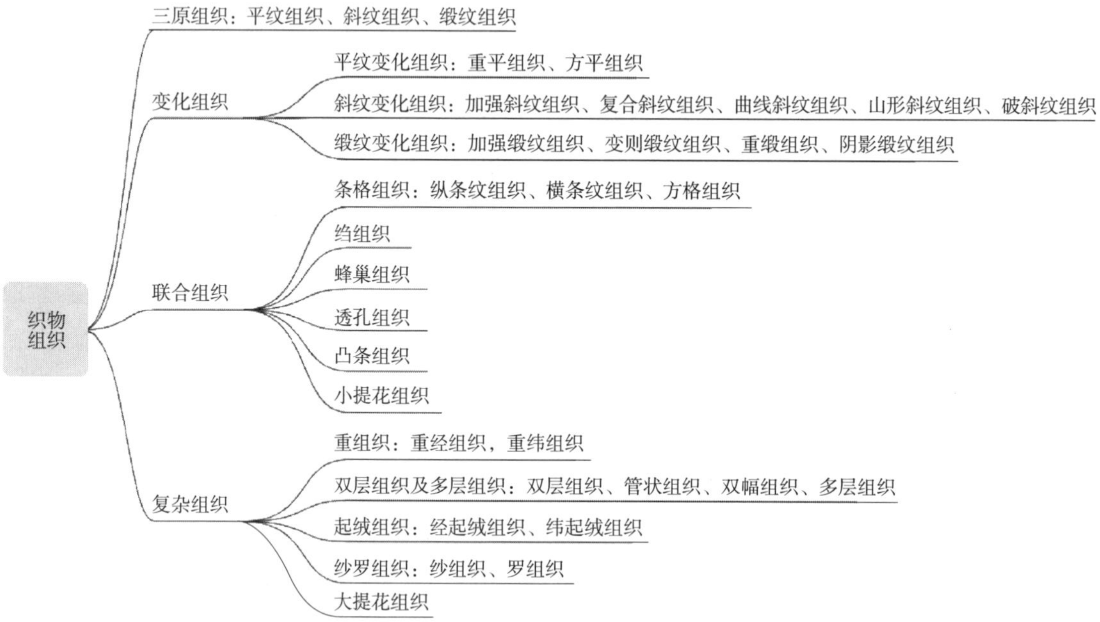

图 2-3　织物组织分类

（1）三原组织。三原组织是最简单的织物组织，是一切组织的基础，因此又称为基本组织。

①平纹组织。平纹组织（图 2-4）是三原组织中最简单的一种，其经向、纬向组织数均为 2，即 $R_j = R_w = 2$。经、纬向飞数均为 1，即 $S_j = S_w = 1$。其交织规律用分式$\frac{1}{1}$来表示，读作“一上一下”。平纹组织交织点最多，织物正反面基本相同。

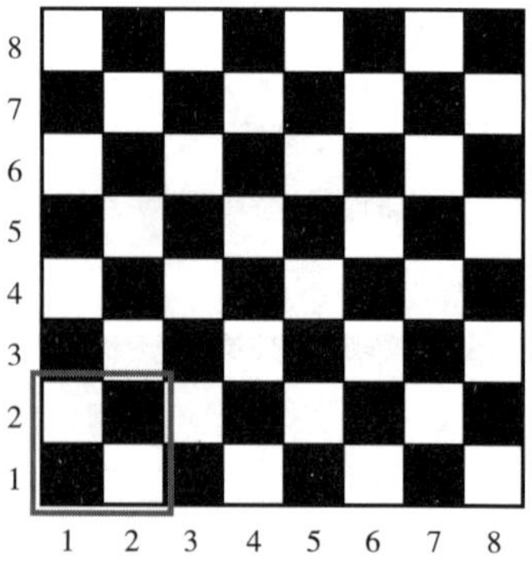

图 2-4　平纹组织

②斜纹组织。斜纹组织（图 2-5）的特点是织物中一个系统的纱线浮长露在织物表面，形成连续斜向纹路，斜纹路由左下方指向右上方的称为右斜，由右下方指向左上方的称为左斜。斜纹组织的经向和纬向组织循环数大于等于 3，即 $R_j = R_w \geqslant 3$。经、纬向飞数均为 1，即 $S_j = S_w = 1$。其交织规律用分

式表示，例如，$\frac{2}{1}\nearrow$、$\frac{2}{1}\nwarrow$、$\frac{1}{2}\nearrow$、$\frac{1}{2}\nwarrow$等，分别读作“二上一下右斜”“二上一下左斜”“一上二下右斜”“一上二下左斜”。交织规律相同，但斜向不同，则是由于飞数正负不同的缘故。斜纹组织的经纬交织点较平纹少，浮长较长，织物正反面不同。

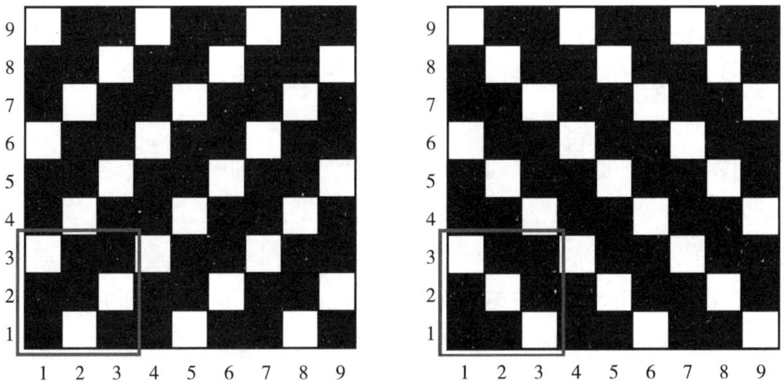

（a）二上一下右斜组织　　（b）二上一下左斜组织

图 2-5　斜纹组织

③缎纹组织。缎纹组织（图 2-6）是原组织中最复杂的一种组织，它的特点是相邻两根纱线上的相应组织点相距较远，因此，另一系统纱线的浮长覆盖于织物表面，形成明显的缎纹。这种组织中，经向、纬向组织循环数大于等于 5（6 除外），即 $R_j = R_w \geq 5$。经、纬向飞数大于 1，小于循环数减 1，且循环数和飞数互为质数。其交织规律也用分式表示，但分式上、下数字的含义与平纹、斜纹不同。例如，$\frac{5}{2}$经面缎纹，读作“五枚二飞经面缎纹”，分式上面的 5 表示经、纬向组织循环数为 5，分式下面的 2 表示经向飞数为 2。缎纹组织交织点最少，浮长最长，织物正反面有明显的区别，正面平滑，富有光泽，反面粗糙无光。

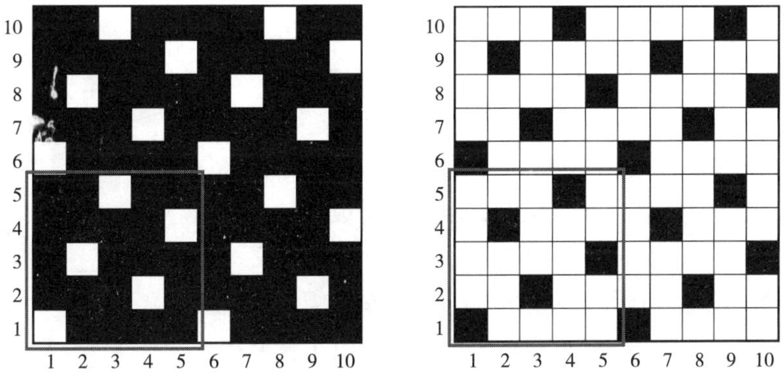

（a）五枚二飞经面缎纹　　（b）五枚二飞纬面缎纹

图 2-6　缎纹组织

总结来看，原组织具有以下特点：

①组织循环经纱数等于组织循环纬纱数，$R_j = R_w = R$。

②在组织循环内，每根经纱（或纬纱）上只有一个经组织点（或纬组织点），其余的都是纬组织点（或经组织点）。

③原组织的飞数 S 是一个常数。

（2）变化组织。变化组织是在原组织基础上改变组织点浮长、飞数、织纹方向等因素中的一个或几个而获得的组织。包括平纹变化组织、斜纹变化组织和缎纹变化组织。各种变化组织的形态虽有所不同，但仍具有原组织的某些特征。

①平纹变化组织。平纹变化组织通常以平纹组织为基础，在一个方向或两个方向上延长组织点而形成。如重平、方平以及变化重平、变化方平等。

在经向上延长组织点所形成的组织叫经重平组织，在纬向上延长组织点所形成的组织叫纬重平组织，在经、纬向同时延长组织点的叫方平组织，如图 2-7 所示。在组织循环中有规律地将个别组织点延长，加以变化，形成变化重平组织。

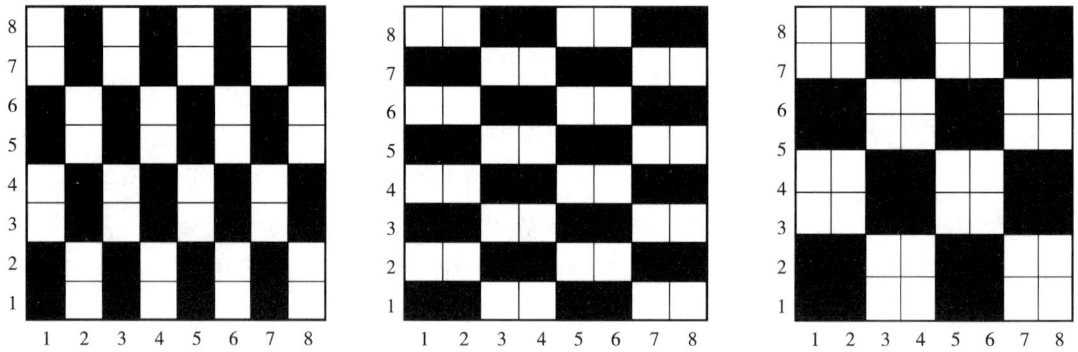

（a）经重平组织　（b）纬重平组织　（c）方平组织

图 2-7　平纹变化组织

②斜纹变化组织。在斜纹原组织基础上，采用延长组织点浮点长度改变组织点飞数或改变斜纹方向等方法，可变化出多种斜纹变化组织（图 2-8）。斜纹变化组织有加强斜纹、复合斜纹、角度斜纹、山行斜纹、破斜纹、菱形斜纹。

图 2-8　二上二下右斜纹组织

③缎纹变化组织。在缎纹原组织的基础上，采用增加经（纬）组织点飞数或延长组织点浮长的方法，可构成缎纹变化组织，如图 2-9 所示。缎纹组织主要有加强缎纹和变则缎纹。

（3）联合组织。是采用两种或两种以上的原组织、变化组织，通过各种不同的方式联合而形成的一种新组织，此类组织品种较多，风格各异。常见的有条格组织、绉组织、蜂巢组织、透孔组织、凸条组织、网目组织和小提花组织等。

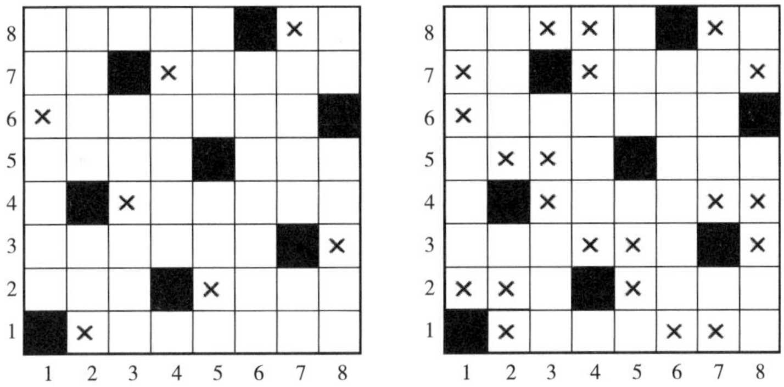

图 2-9 八枚三飞加强缎纹组织

（4）复杂组织。是由一个系统的经纱与两个系统的纬纱，或两个系统的经纱与一个系统的纬纱或两个及两个以上系统的经纱与两个及两个以上系统的纬纱交织而成，应用于衣着、装饰及产业用织物中。采用这种组织织制的织物，厚实、致密，或改善织物的耐磨性及坚牢度，或使织物表面起毛，或满足某种特殊要求。常用的复杂组织有以下几种。

①二重组织。由两个系统的经纱（表经和里经）与一个系统的纬纱交织而成的组织称经二重组织；由两个系统的纬纱（表纬与里纬）与一个系统的经纱交织而成的组织称纬二重组织。

②双层组织。由两个系统的经纱（表经、里纱）和两个系统的纬纱（表纬、里纬）交织、同时形成相互平行的上下两层织物。这两层织物，既可以是相互分开的，也可以是相互连接的，只连接上下两层的两侧，可以形成管状织物。只连接上下两层的 ·侧，则可在狭幅织机上织制双幅织物。采用两种或两种以上色纱作表里经、纬纱，且按设计的图案交换表里层，则可得到表里换色的花纹。把上下层组织缀结在一起，可得到接结双层织物。双层组织常用来织制厚大衣呢、造纸毛毯等毛织物，双层鞋面布和消防水龙带等棉织物。

③起毛组织。由两个系统经纱（地经、毛经）与一个系统纬纱，或一个系统经纱与两个系统纬纱（地纬、毛纬）交织而成。前者由经纱形成织物表面的毛绒，称经起绒织物，相应的组织称为经起毛组织。后者由纬纱形成织物表面的毛绒，称纬起绒织物，相应的组织称为纬起毛组织。经起毛织物织制时，在织机上同时形成上、下两层地布，两层间的距离为两层的绒毛高度，织物经割绒后分成两层独立的经起毛织物。平绒、长毛绒等织物均用经起毛组织织制。纬起毛织物织制时，毛纬与经纱交织形成的纬浮长被覆于织物的表面，经割绒后，纬浮长被割开，经整理加工后形成毛绒。灯芯绒、平绒、拷花呢等织物常用纬起毛组织织制。

④毛巾组织。由两个系统的经纱（地经、毛经）与一个系统的纬纱交织而成。地经与纬纱交织形成毛圈附着的底布，毛经与纬纱交织。借助于织机特殊的送经、打纬机构而形成毛圈，覆盖于织物的表面。面巾、枕巾、浴巾、毛巾等均采用毛巾组织织制。

⑤纱罗组织。由两个系统经纱（地经、绞经）与一个系统的纬纱，在织机上借助于特殊的绞综装置和穿综方法交织而成。绞经有时在地经的左方与纬纱交织，有时又在地经的右方与纬纱交织。由于绞经作左右绞转，在绞转处的纬纱间有较大的空隙而开成绞孔。纱罗组织是纱组织和罗组织的总称。当绞经每改变一次左右位置仅织入一根纬纱时，称纱组织。当绞

经每改变一次左右位置织入三根或三根以上奇数纬纱时，称罗组织。部分夏令衣料、窗帘、蚊帐、筛绢等织物均采用纱罗组织织制。

⑥大提花组织。这种组织的特点是，一个组织循环的经纱数和纬纱数一般都数以千计，大多以一种组织为地部组织，以另一种组织显出花纹图案。也有用不同的表里组织，不同颜色的经纱和纬纱，在织物表面显出彩色大花纹。大花纹组织分为简单大提花组织和复杂大提花组织两类。前者采用一种经纱和一种纬纱，选用原组织和小花纹组织构成花纹图案。后者的经纱或纬纱在一种以上，选用二重组织、双层组织、毛巾组织、纱罗组织等，单独或与其他组织配合形成大花纹组织。提花毛巾被、提花毛毯、丝织物中的许多提花织物等都采用大花纹组织织制。

根据织物组织图要求，把经纱上下分开，形成梭口运动的过程，称为开口，完成开口动作的机构称为开口机构。不同组织对开口机构有不同的要求，其中，平纹、斜纹、缎纹等简单组织织物的织造，多采用凸轮开口机构，平纹也采用成本较低的曲柄连杆开口机构；复杂组织，如小提花织物的织造，多采用多臂开口机构；大提花组织织物，必须在专门的提花织机上进行织造，直接用综丝控制每根经纱的升降。

（二）化纤长丝织物的分类

化纤长丝织物发展迅猛，产量已远远超过所有的天然纤维机织物之和。由于它是从丝绸行业分离出来的，传统产品继续沿用原丝绸行业赋予的名称，而绝大多数新产品没有统一的名称，分类也不清晰。如何对成千上万的化纤长丝织物进行系统的分类与命名，是本行业正在研究的课题。本书主要从以下几个方面对长丝织物进行分类。

1. 按织物原料分类

（1）纯织织物。采用同一种化纤长丝织造的织物。如纯涤纶织物、纯锦纶织物、纯黏胶织物和纯醋酯织物等。

（2）交织织物。采用两种及两种以上的化纤长丝或短纤纱线进行交织的长丝织物。

2. 按丝线颜色分类

（1）纯色织物。用本色或单色长丝织成的织物。

（2）色织织物。用两种及两种以上颜色的长丝织成的织物。

3. 按织物染色后整理加工工艺分类

（1）按织物染色加工工艺分类。

①漂白织物。即白坯布经过炼漂加工后获得的化纤长丝织物。

②染色织物。指白坯布经过炼漂、染色加工后获得的化纤长丝织物。

③印花织物。指白坯布经过炼漂、印花加工后获得的化纤长丝织物。

（2）按后整理加工工艺分类。化纤长丝织物的后整理加工方式十分丰富，如涂层、复合、轧花、贴膜、褶皱、磨毛、割绒等。

4. 根据织物用途分类

按产品用途，化纤长丝织物可分为衣着用长丝织物、装饰用长丝织物及产业用长丝织物。

（1）衣着用长丝织物。服装用纺织品也称衣着用纺织品，服饰用长丝织物是指用于制作服装和服饰的长丝织物。这类长丝织物需要具备实用、舒适、卫生、装饰等基本功能，能够满足人们日常穿着的需求。

（2）装饰用长丝织物。装饰类织物又称家纺类织物，家用装饰纺织品包括“巾、床、橱、墙、帘、艺、毯、帕、旗、线、袋、绒”，该范围随着家用纺织品的发展将进一步扩展。化纤长丝织物在以上家用纺织品应用种类中都有所作为，不少方面还发挥着主力军的作用。

（3）产业用长丝织物。产业用纺织品是专门设计的、具有工程结构的、应用于非纺织行业中的产品、加工过程或公共服务设施的纺织品。用于制作产业用纺织品的化纤长丝织物称为产业用长丝织物，主要包括骨架材料、蓬帆布、渔业用纺织品、工业用呢、革基布、土工织物、轻工业用织物（伞、箱包、鞋等）、汽车内饰、防护服、农业用纺织品、过滤材料、国防用布、屋顶材料、医疗用布、包装材料、绳带缆、绝缘隔音材料等。所有这些产业用纺织品中或多或少都涉及长丝织物。

（三）常用化纤长丝织物命名

化纤长丝织物以其多变的特性，满足了人们的不同需求，发挥着重要的作用。目前，化纤长丝织物的花色品种日新月异，新产品层出不穷，但行业常用的化纤长丝织物命名有以下大类：

1. 涤塔夫

涤塔夫是由涤纶 FDY（消光、半消光）长丝织造的全涤布，织物组织一般为平纹，产品的密度高。根据规格不同，涤塔夫的品质达数百种。涤塔夫价格便宜、用途广泛，常被用于服装面料和里料，包括平时穿的夹克衫、羽绒服的里料，也被制作成各种手提包、帐篷、晚礼服、人造花、睡衣、羽绒服、车套、内衣、运动装等。

2. 春亚纺

主要是用涤纶 DTY 织造的全涤产品，织物基本组织为平纹，常见品种有半弹春亚纺、全弹春亚纺、消光春亚纺、斜纹春亚纺、格子春亚纺等。春亚纺是长丝织造行业的老品种，近年来除了采用消光丝原料和织造工艺创新外，还在染整后处理工艺方面做了延伸，织物密度增加，手感更柔软，功能更拓展。

3. 雪纺

雪纺的学名为乔其纱，是以强捻绉经、绉纬制织的一种丝织物，经丝与纬丝采用 S 捻和 Z 捻两种不同捻向的强捻纱，按 2S、2Z（两左两右）相间排列，以平纹组织交织，织物的经纬密度很小。雪纺面料轻薄透明，手感柔爽富有弹性，外观清淡雅洁，具有良好的透气性和悬垂性，穿着飘逸、舒适，适于制作连衣裙、高级晚礼服、头巾等。

4. 塔丝隆

织物中主要含有空气变形丝（ATY）原料，或经纬向至少有一个方向采用空气变形丝，织物组织有平纹、平纹变化组织、小提花和 2/2 斜纹等。品种有锦纶塔丝隆和涤纶塔丝隆，分别采用锦纶空气变形丝和涤纶空气变形丝。通常说的塔丝隆面料是以锦纶空气变形丝为原料的长丝织物。

5. 尼丝纺

尼丝纺是采用无捻锦纶长丝织成的结构紧密、质地轻薄的织物。织物组织常为平纹组织、变化组织等。织物平整细密，绸面光滑，手感柔软，轻薄而坚牢耐磨，色泽鲜艳，易洗快干，主要用作男女服装面料。

6. 色丁布

色丁是丝绸产品素绉缎英文名的读音，多采用涤纶长丝，即涤色丁，也有尼龙色丁布和交织色丁布。一般经向采用三角异型丝，常用的经纬原料规格有 55.6dtex×83.3dtex（50 旦×75 旦），83.3dtex×111.1dtex（75 旦×100 旦）等，织物组织多为五枚和八枚缎纹组织。由于正则缎纹的经面经浮长较长，织物悬垂性较好。一般经丝选用有光丝，织物正面光亮、爽滑，反面暗淡，类似真丝绸的素绉缎。

7. 牛津布

多以涤纶丝和锦纶丝为原料、采用平纹变化和纬重平组织织造的产品，又称牛津纺。织物具有易洗快干、手感松软、吸湿性好和穿着舒适等特点。牛津纺具有粗犷的外观风格，主要用于衬衫面料或箱包材料。目前市场上化纤牛津纺主要有套格、全弹和提格等品种。

8. 桃皮绒

采用细旦或超细纤维制织的有绒毛效应的织物，常用原料为涤纶丝或涤锦复合丝，一般织物表面需经过磨毛处理形成桃皮绒毛效果。织物质地更柔软，绒毛感强，手感和外观更细腻别致。目前市场上桃皮绒主要有平桃、斜桃、缎桃、双面桃皮绒等。

9. 灯芯绒

灯芯绒是由一组经纱和两组纬纱交织而成，其中一组纬纱（地纬）与经纱交织构成固结绒毛的地组织，另一组纬纱（绒纬）与经纱交织构成有规律的浮纬，割断后形成绒条，通过割绒、刷绒等加工处理后，织物表面呈现形似灯芯状明显隆起的绒条，因而得名。化纤长丝灯芯绒织物常用原料为涤纶，根据加工工艺的不同，可分为染色灯芯绒、印花灯芯绒、色织灯芯绒和提花灯芯绒。

10. 麂皮绒

以海岛丝或超细纤维为原料织制的具有麂皮效应的织物，单丝纤度为 0.05~0.08 旦。由于减量开纤，除去纤维表面 25%左右的水溶性聚酯，为防止布面不至于太稀松，需加入收缩纤维或进行收缩处理。海岛短纤维最早用于织造麂皮革，其性能与高级天然皮革相媲美。目前市场上主要有经麂皮绒、纬麂皮绒、提花麂皮绒等。

（四）化纤长丝织物的应用

根据用途，可以将化纤长丝织物分为衣着用、装饰用和产业用，可见化纤长丝织物的用途非常广泛，既可应用于各式各样的服装，也是家用纺织品的首选面料，在产业用领域也发挥着越来越重要的作用。

1. 在服装中的应用

服装是化纤长丝织物的第一大应用领域。化纤长丝织物最初以仿真丝产品为主，具有结实耐用、抗皱免烫、易打理和性价比高等优点。目前，化纤长丝已经从结构仿真达到超仿真的阶段，不仅外观、手感、性能近似天然产品，还具有很多天然纤维织物不具有的特殊性能和风格，化纤长丝织物在服装中的应用也越来越广泛。

（1）应用于时装。时装要求面料具有潮流新颖、风格独特、便于造型等特点，重点突出服装的时尚美观性。随着时代的发展，各国文化相互交融，国潮文化不断兴起，人们眼界更开阔，思想更多元，对面料的多样性、独特性等要求不断提高，借服饰来展示自我、表达自我的需求越来越强烈。面对这种变化，只有化纤长丝织物能够最大限度地满足新需求。从原料角度，化纤长丝差异化研究已经取得显著成果，且仍在不断深入研究中；从织造角度，化纤长丝织物生产效率高，从产量上看，供给能够完全覆盖需求；从后整理角度，化纤长丝织物可塑性强，能够适应多样化的后整理方式。化纤长丝织物的这些特点，为产品开发人员提供了无穷无尽的思路，根据流行趋势和市场需要，每年都有成千上万款时装面料被开发出来。

如近年来金属感、科技感的时装受到年轻人的喜爱，企业从多角度进行了探索，或是在织物中加入金属丝、或是完全采用金属质感的单丝、或是对织物进行金属质感的涂层整理等方式，研发出各有特点的该类面料，不仅能满足消费者原有需要，还能够引导消费尝试更多新可能；为满足消费者对个性化的需要，企业通过烂花、剪花、植绒、起皱、起泡等方式，生产出立体感、质感兼具且风格独特的产品；随着国潮风的兴起，企业生产出了多种具有中国特色质地和纹样的产品，该类产品性价比高，促进了中国文化在年轻一代中的传承和发展……我们能够明显感受到，化纤长丝织物的很多风格和特点是传统天然纤维无法企及的，化纤长丝织物产品可开发性强的特点让它几乎能够满足消费者对面料所有的需求和期待。

如图 2-10 所示，生活中常见的各种时尚女装、礼服、影视服装，涵盖裙装、上装、裤装等，基本都是由化纤长丝织物制作而成，其色彩饱满、风格多样，传统天然纤维很难实现。

图 2-10

图 2-10　时装

（2）应用于休闲装。休闲装俗称便装，是人们在休闲生活中穿着的服装，该类服装应具备舒适、健康、耐穿和易洗等特点，如图 2-11 所示。化纤长丝织物具有柔软、舒适、耐用、成本低、不起毛等众多优点，是休闲装的首选。

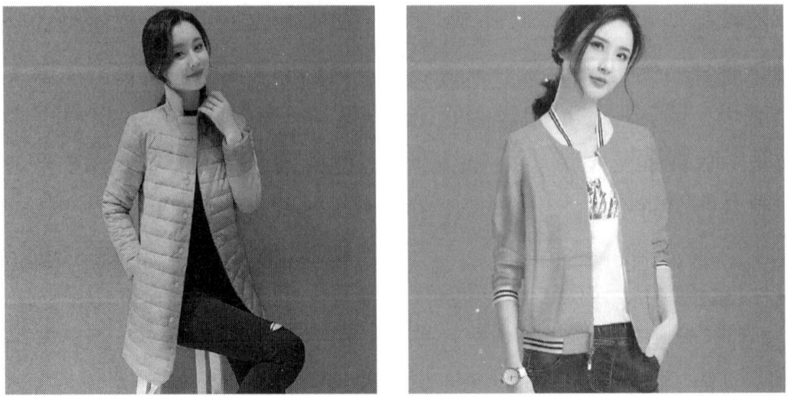

图 2-11　休闲装

随着化纤长丝织造水平的全面提升，休闲类化纤长丝面料的综合性能也实现了质的突破。低旦锦纶织造技术的成熟，轻薄、舒适的锦纶面料，为休闲夹克和夏季防晒服装等提供了全新的选择，也给消费者提供了更加舒适的穿着体验。各种功能性原料或后整理方式的使用，赋予休闲装双重或多重性能，如采用珍珠纤维、石墨烯纤维、纳米气凝胶丝线等新型纤维丝，或进行抗菌、凉感、保暖等功能性整理，都使得休闲服装的内涵不断丰富。

（3）应用于户外运动服装。户外运动服装主要是为户外运动穿着而设计的服装，其中有专门用于体育运动竞赛的服装，包括田径装、球类运动装、水上运动装、举重装、摔跤装、体操服、登山服、冰上运动服和击剑服等，也有日常运动穿着的休闲运动服、防寒服和冲锋衣等，如图 2-12 所示。这类服装的面料大都具有防水透湿、舒适耐磨等特点。随着人们对户外活动的重视，户外运动装在传统性能的基础上得到了新的突破。一是丝线纤度超细化，促使织物更加轻薄、贴肤，极大解放了服装对运动的束缚。二是运动舒适性大大提高，如有企业研发了与人体肌肤结构极为相似的“皮肤膜”贴合在面料上，让透气、透湿、舒弹、防水等多性能集合于一体，解决了运动中防水与透气不能共存的痛点，极大提高了运动舒适性。三是户外服装的功能性更加全面，为户外运动面料赋予防水、抗菌、保暖、抗紫外等性能，已经成为该类运动面料生产的必要手段，为户外运动提供了更全面的保护。如有企业采用非氨弹面料+防水透湿膜+复合里料结合，制成三层结构面料，其服装兼具时尚感与舒适度，还可及时应对突发天气，提供全天候保护。由于健康、运动理念的逐步深入，户外运动服装正逐步成为居家、旅游、度假等服装的首选，化纤长丝面料优异的性能也将在该领域发挥更加重要的作用。

图 2-12　户外运动装

（4）应用于工装。工装又称工作服，是专门为特殊环境工作人员设计的服装，如图 2-13 所示。根据工作环境的需要，工装要求面料具有防污染、防化学药剂、防热辐射等特殊功能，包括防护性、耐洗涤性、防菌防霉性、耐化学药物性、耐热性等。目前，有些防护服装采用的是芳纶、高分子量聚乙烯或工业涤纶等纤维制成，也有些是经过特殊整理的常规涤纶或锦纶长丝面料生产而成。如石油工人的服装，就是采用经防油防水整理后的常规涤纶长丝面料制成，满足石油工人服装不沾油污和易清洁的需求。

图 2-13　工装

当前，随着社会分工的日益专业化和劳动者保护意识的增强，社会对工装的需求日益增加，对工装的功能和质量也提出了更高的要求。棉、麻、毛等天然纤维面料很难满足工装不断提高的特殊要求，而化纤长丝织物却能够轻易满足，其在工装领域的作用不言而喻。

随着新型纤维的不断出现，织造技术的不断发展，以及社会生活水平的不断提高，化纤长丝面料也在不断创新，不断以新的面貌满足新的需求，对社会进步做出更大的贡献。

2. 在家用纺织品中的应用

家纺用长丝织物也称装饰类面料，主要包括毛巾、床上用品、窗帘、墙布、装饰帘及餐桌用的各种纺织品等。目前，对该类面料的普遍要求是实用性和艺术性兼具，同时对其功能性的要求也不断深化。家纺类面料应用范围广阔，主要包括家居用、公共场所用、职业办公用等。家纺面料的运用不仅能装饰空间，满足现代人多样化需求，而且为居住环境注入更多文化内涵，增强环境中的意境，不同材质、不同纹理的面料都可体现不同的生活特征。

随着人们对家居生活的要求逐步提高，家纺产品借助不断成熟的产品研发技术，思路不断拓宽，取得了突破性进展。主要表现为以下三个方面：

（1）窗帘类产品进步明显。消费升级，传统窗帘布仅有遮光、装饰的作用已经无法满足消费者多样需求。随原料的差别化、功能化，织造工艺的进步，后整理技术的丰富，各种阻燃、抗菌、防水、防辐射、解甲醛等功能窗帘布成功开发，为高端需求提供了保障。一种面料可实现内层遮光、中间隔热、外部美观的多重效果，解决了需要多种面料组合使用的问题，对降低成本、提高美观、简化安装等具有重要意义。

（2）墙布发展得到广泛认可。墙布一般以涤纶长丝为原料，运用大提花组织织制而成，经过后整理呈现出千变万化的图案及不同风格，可广泛应用于客厅、卧室、办公室等各种场所。根据客户需要，还可进行防水、防油、防污以及阻燃等处理。总体来说，墙布具有环保、透气、施工方便、整齐美观、便于打理等优点，一经推出即受到用户一致好评。化纤长丝墙布的成功开发和应用，突破了传统思维，打破了化纤长丝面料的传统应用领域，意义重大。

（3）整屋软装定制初步发展。随着居家软装消费观念的转变，家纺产品整屋软装定制成为趋势，以如意屋等为代表的家纺企业，依托优质的产品，为客户提供集窗帘、墙布、地毯、沙发布、床品于一体的整屋软装，突破了单一产品的生产经营模式，对家用纺织类产品的开发商提出了更高的要求，也提供了新的思路，如图 2-14～图 2-17 所示。

图 2-14　床上用品（图片由如意屋提供）

图 2-15　窗帘、桌布

图 2-16 沙发布

图 2-17 功能性墙布

3. 在产业用纺织品中的应用

近年来，国内外各行各业对产业用纺织品的需求不断增加，推动了产业用纺织品的发展。产业用纺织品是指经过专门设计、具有特定功能，应用于工业、医疗卫生、环境保护、土工及建筑、交通运输、航空航天、新能源、农林渔业等领域的纺织品。它技术含量高，应用范围广，市场潜力大，其发展水平是衡量一个国家纺织工业综合竞争力的重要标志之一。

化纤长丝织物产品具有性价比高、强力高、弹性好、耐腐蚀、易打理等独特优势，在农业、基础建设和环境保护等产业用领域可以发挥重要作用。化纤长丝织物原料可塑性强、织造技术先进、后整理加工适应性好等特点，使其在功能性、高性能、智能化等方面的发展远远领先天然纤维织物，在航空航天、安全防护、医疗保健、交通运输等产业领域发挥着不可替代的作用，如图 2-18~图 2-22 所示。

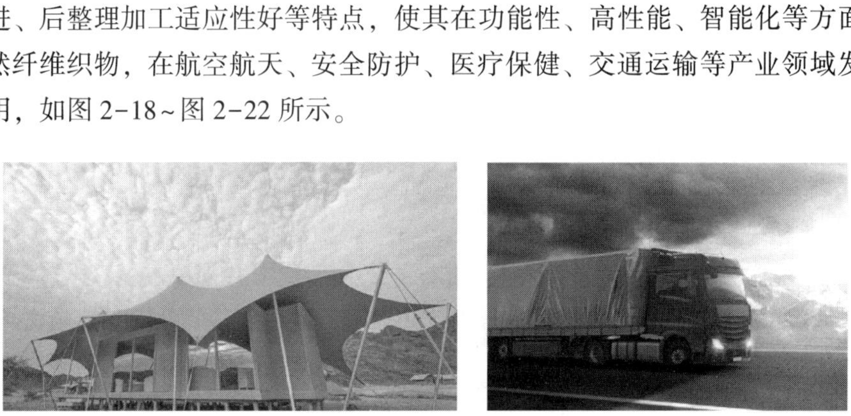

图 2-18 篷盖布

图 2-19　土工布

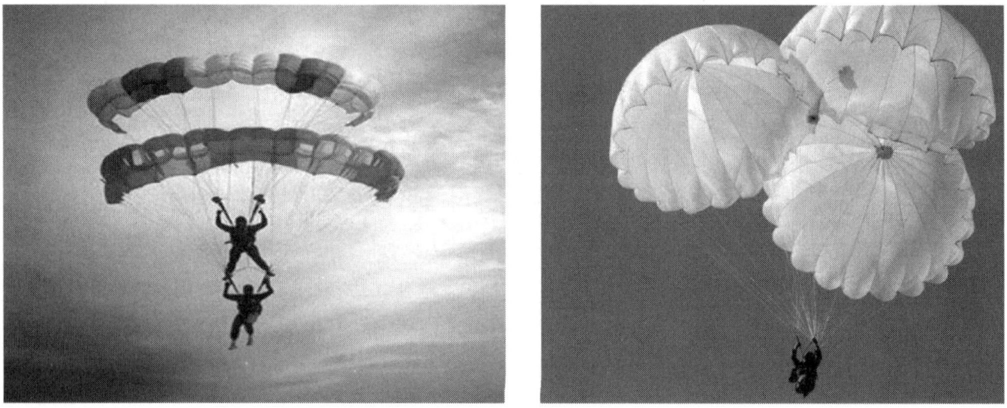

图 2-20　降落伞

图 2-21　箱包布

图 2-22 汽车内饰面料

4. 在军用纺织品中的应用

我国是纺织大国，纺织品在军队中是除武器装备外的第二大军用物资，单兵、武器等诸多方面都离不开纺织品。从社会需求和装备科技发展趋势方面来看，军用纺织品的未来发展方向在于突出战场防护的功能性，纤维的多元化搭配，并向舒适健康和智能化发展，可以说新一代军用纺织品的开发对纺织工业的结构优化和产品升级起到十分重要的促进作用。

纺织品作为军需品的一个重要门类，是军队建设不可或缺的重要资源。军品采购的市场化和公开化促使更多、更高品质的化纤长丝类纺织产品进入军队采购之列。军用纺织品的需求巨大，每年的产值都达到百亿元以上。军用纺织品中，对功能性要求最强烈的是防护类装备材料，它们比一般纺织品更强调功能性，具有更高的附加值，也是纺织科研人员的重点攻关研究对象。

国防建设与化纤长丝织造工业及产品的发展是相互促进、相辅相成、密切相关的，化纤长丝的很多性能，为军用纺织品的开发提供了各种可能，如利用化纤的热熔性，将织造后的化纤长丝织物进行一定切割，能够更好地适应军用隐蔽性要求，而天然棉和麻纤维则无法顺利进行织造后切割整理；军用帐篷要求具有抗风、抗雨性，质量轻，良好的稳定性，同时可能还要求具有防红外等特殊功能，化纤长丝织物的优势能够同时满足上述各种性能。总之，长丝织造产业的发展必将是国防建设的重要组成部分。

在长丝织造产业中，以浙江盛发纺织印染有限公司为代表的骨干企业已成为了军队物资采购稳定供应商，多年来专注可用于军队的化纤长丝功能性面料及成品的开发与生产。盛发公司拥有以中国科学院三位院士加盟，以军队科研院所项目为导向，以东华大学为研发基地的一体化协同机制，在涤纶长丝类军用纺织品研发与转化方面取得了很好的成效，特别是为几次大阅兵活动提供装备面料及装备成品，为助我国防，扬我军威作出了贡献。

盛发公司主要涤纶长丝类军用纺织产品如图 2-23～图 2-26 所示。

图 2-23　各种涤纶长丝类涂层面料及装具产品

图 2-24　迷彩印花涂层伪装用多品种涤纶长丝面料及帐篷产品

图 2-25　涤纶高强长丝伪装面料及产品系列

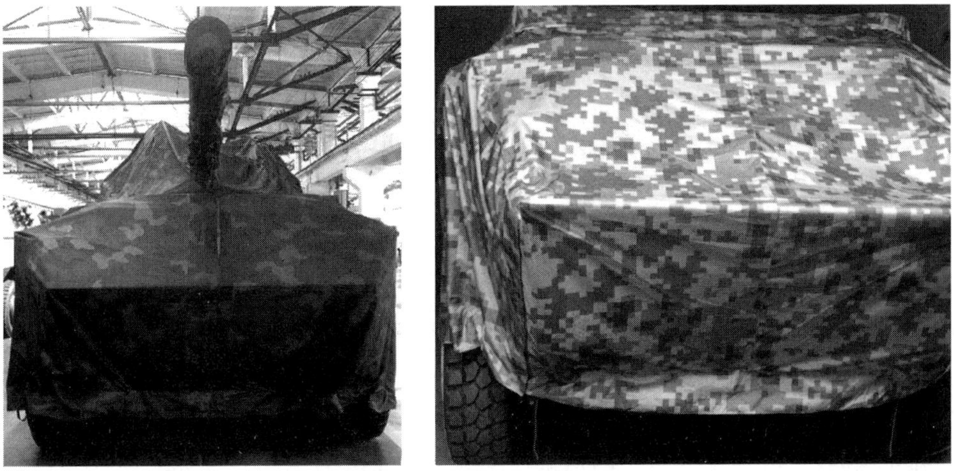

图 2-26　涤纶长丝类涂层各种车衣面料及装备产品系列

（五）化纤长丝产品研发

产品可开发性强、更新速度快、紧贴供给侧结构性改革升级为消费者提供高品质的产品是化纤长丝织物得以快速发展并保持旺盛生命力的重要原因之一。目前，依托化纤长丝织造及上下游产业的进步，长丝织造产品研发进步明显，成效显著。

1. 产品原料逐年丰富

近年来，紧贴消费升级和社会发展，产品开发所用的原料更加丰富多样，各种新型化纤长丝和纱线被用于产品开发。

（1）各种非氨纶弹力丝的使用，满足了消费者对不同着装弹力的需求，打破了氨纶高弹和仅有纬弹的单一局面。

（2）差异化和功能性纤维的使用，涵盖了时装、户外运动、休闲等各服用领域，并逐渐渗入家纺领域，具有蓄热、保暖、抗菌、保健、凉感、导电等功能纤维一直是行业研究的重点和热点，也取得了不错的成果。例如有企业将气凝纱、碳化锆、石墨烯等纤维成功应用于化纤长丝织物的产品开发，还有企业将玉石研磨成次微米等级粉末，加入纺丝液制成具有凉感的纤维，开发出接触凉感十分优越的夏季床上用品，均取得喜人的成果。

（3）绿色纤维的广泛使用，再生涤纶、再生锦纶、生物基合成纤维、原液着色纤维等绿色纤维在产品开发中的得到充分应用，不仅产品性能满足高质量消费需求，也为国家双碳战略目标的实现贡献了力量。原料的充分利用，体现了产品开发人员对上游产品的高度关注和深度研究，只有把握住原料这个开发的源头活水，才能不断创新出好的产品。

2. 交织物和混纤织物受到青睐

交织物的概念在纺织中并不陌生，长丝织造行业的交织产品也很常见，行业发展前期，交织物大多数是经、纬均使用化纤长丝，且经、纬丝都使用一种原料。近年来，不仅单一原料的纯长丝织物较少，交织物的原料和组合方式较以前也更加丰富。多款新产品运用 3~4 种原料，甚至用 5 种及以上原料，这些产品的经、纬用丝都不止一种，且纤维形态也不尽相同，这些设计不仅使织物在性能上得到了互补，各种状态不同的丝线搭配还可形成各具特色的织物外观。不同原料在同一面料上的使用，对织造及印染后整理工艺都有更高的要求，产品研发进步的同时，也体现了织造企业对供应链上下游各环节工艺技术有了更加深刻的研究。

3. 后整理及相关技术得到充分应用

印染后整理是产品成功面世的重要阶段，也是产品开发的重要环节。针对不同的产品，长丝织造企业在后整理方式的选择上有十分清晰的思路。对于时装类的产品，结合流行趋势，企业多采用印花、剪花、起皱、起泡、植绒、压皱、镂空、烧花、烫金等处理方式，结合每种产品设计的特点，同样的后处理方式，产品特点各不相同，该类产品能够很好地满足当下人们审美水平提升、追求独立个性等要求；对于户外运动及休闲类产品，企业紧紧抓住消费者对运动同时具有舒适、保护功能的追求，在研究多层复合整理，防水、透湿、透气整理，抗静电整理，抗紫外线整理等功能整理的同时，加强研究如何在具备功能性的同时，提高舒适性。

4. 产品综合内涵更加丰富

近年来，多有品牌服装图案设计问题引发社会舆论事件，可见，随着供给侧结构性改革不断深入，高质量发展成为共识，消费者追求服饰面料舒适、多元的同时，对其背后承载的积极意义也更加关注。从历年新产品中可以明显看出，研发人员对产品综合内涵的重视不断深入，并将其渗入了产品开发的每一个阶段。如在原料选择上，注重环保、再生；在工艺设计上，注重节能、降碳；在图案设计上，注重文化传承；甚至在命名的时候，都与当下热点等紧密结合，研发人员将社会发展的方方面面，都织进了他们开发的新产品。仔细研究，我们不仅可看到面料开发中的技术进步，也能看到消费者随国家发展而不断提高的印记。

化纤长丝织物原料种类丰富，可开发性强，为丰富产品品种，提升产品品质打下了坚实的基础。化纤长丝织物还可用长丝与各种纤维丝、线进行交织，可取长补短，进一步丰富产品外观和性能。化纤长丝织物产品的独特优势，使其在服装、家纺及产业用领域发挥着越来越重要的作用。此外，化纤长丝织物产量大，性价比高，能够满足不断增长的消费需求。总之产量大，质量高，化纤长丝织造产业在纺织产业中占有重要地位，在满足人民美好生活中发挥了不可替代的作用。

第三章　生产技术

一、织造技术

化纤长丝织造产业是以化纤长丝为主要原料的机织物生产业，其所用的主要原料化纤长丝是通过物理和化学方法生产而成，改变这些方法即可改变化纤长丝的理化性能，从而赋予化纤长丝织物品种的多样性。另外，化纤长丝不需要经过纺纱可以直接用于织布，具有工艺流程短、加工成本低的特点。随着科学技术的进步，化纤长丝织物正在逐步替代天然纤维的市场份额，产量逐年递增。

以下将重点围绕化纤长丝织物的工艺路线、准备工序、织造工序、整理工序和色织与复杂产品工艺路线等内容进行介绍。

（一）工艺路线

化纤长丝织物种类繁多，其生产工艺路线归纳起来可以用图 3-1 表示。

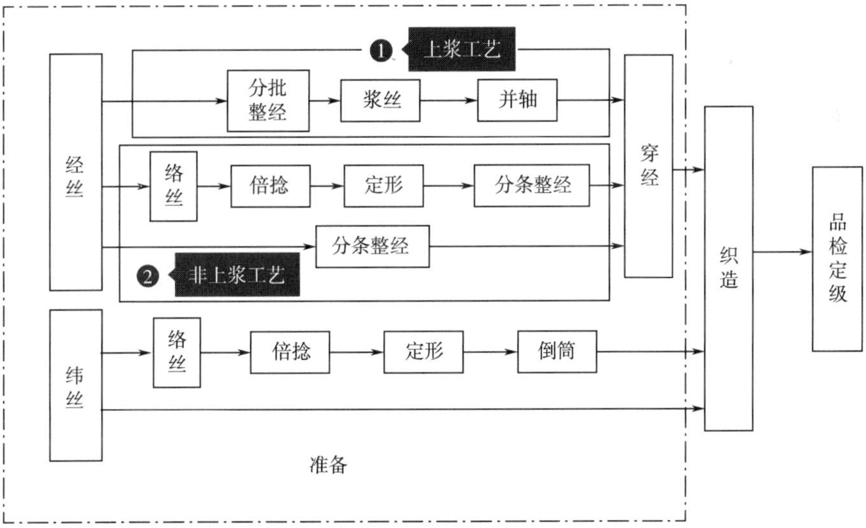

图 3-1　化纤长丝织物生产工艺路线

化纤长丝织物的生产包括准备、织造和整理三大部分，其中准备分为经丝准备和纬丝准备。从化纤长丝织物生产工艺路线图可以看出，根据经丝原料的不同，经丝准备路线分为上浆工艺和非上浆工艺，相对应的织物分为上浆类织物和非上浆类织物。

化纤长丝织物的生产原料分为再生纤维长丝和合成纤维长丝，合成纤维长丝按照加工工艺主要可分为 FDY（全拉伸丝）和 DTY（拉伸变形丝）。经丝在织造过程中需要经过反复拉伸，要求经丝具备良好的力学性能。当经丝采用再生纤维长丝时，为了增加再生纤维长丝的强力，通常需要上浆；当经丝采用合成纤维的 FDY 长丝时，虽然单丝强力能够满足织造要求，但为了减少毛丝现象，需要通过上浆来增强 FDY 的集束性能，这类织物统称为上浆类织物。当经丝采用合成纤维倍捻丝时，倍捻丝的集束性和强度很高，无须上浆；当经丝采用合成纤维 DTY 重网络丝时，由于网络点密集，集束性能很好，也不用上浆，这类织物统称为非上浆类织物。

1. 上浆类织物

化纤长丝织物的经丝采用再生纤维长丝时，由于再生纤维长丝的强力不高，即使通过倍捻工艺加捻后也无法满足后道织造要求，一般需要通过上浆来增加其强力和集束性。当经丝采用合成纤维 FDY 长丝时也需要经过上浆，主要目的是增强 FDY 长丝的集束性，减少织造过程中 FDY 毛丝断经问题。准备工序采用整浆并工艺，即分批整经→浆丝→并轴，工艺路线可用图 3-2 表示。

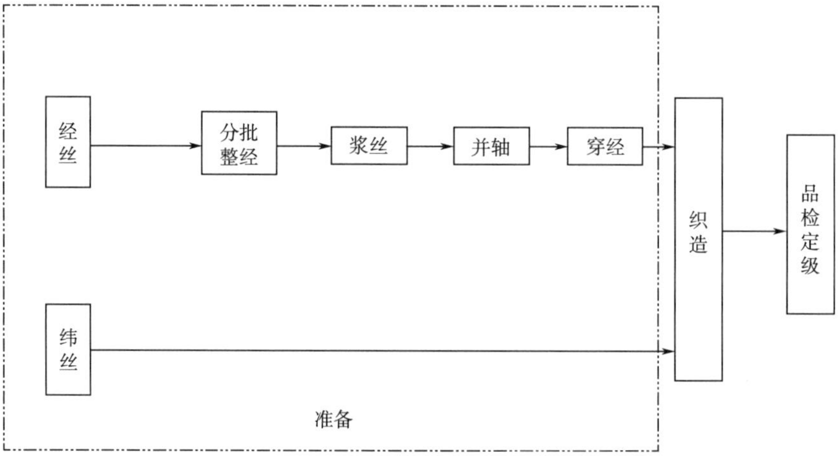

图 3-2 上浆类织物生产工艺路线

上浆类织物的典型产品有户外运动类织物，该类织物主要用于户外防寒、运动休闲类服装。该类面料具有紧密、轻质、柔软和耐磨等特性，多以涤纶或锦纶细旦 FDY 长丝为主要原料。

2. 非上浆类织物

化纤长丝织物的经向采用合成纤维倍捻丝或 DTY 重网络丝时，经丝强力和集束性能都很强，可以满足后道织造要求，经丝无须上浆，可以直接采用分条整经做成织轴，在非上浆类织物中，根据经丝原料的不同，又可分为倍捻丝织物和 DTY 重网络丝织物。

（1）倍捻丝织物。合成纤维倍捻丝织物即经向或经纬双向采用倍捻丝的织物。生产倍捻丝织物时，经丝通常采用络丝→倍捻→定形→分条整经的工艺路线，纬丝采用倍捻工艺（络丝→倍捻→定形）后进行倒筒，或采用不加捻丝直接使用，工艺路线可用图 3-3 表示。仿真丝面料多为倍捻丝织物，其原料成本低，加工工艺简单，深受消费者喜爱，已成为市场上的畅销产品。生产仿真丝织物，关键在于采用倍捻工艺。通过倍捻后，经、纬丝强力增加，光泽柔和，改善了极光效应。经过印染处理后，可使织物产生皱效应，增强织物的垂感和透气性，使织物穿着凉爽、舒适，仿真丝效果极佳。

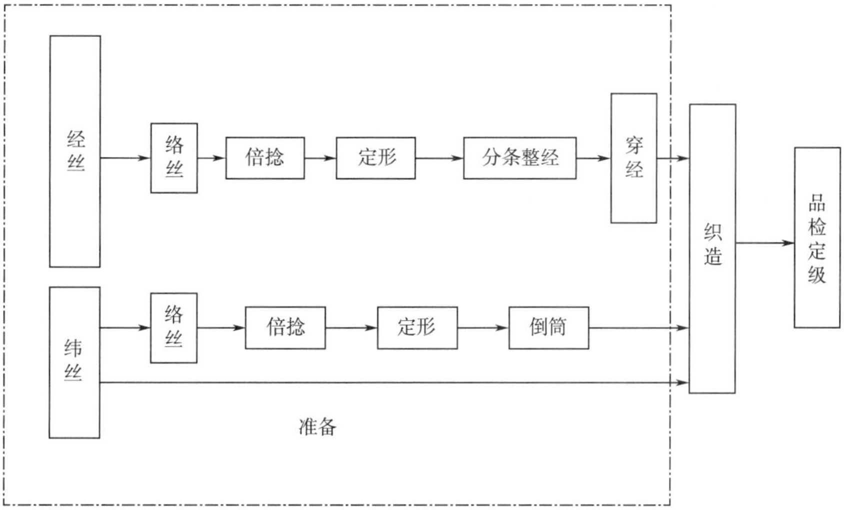

图 3-3 倍捻丝织物生产工艺路线

（2）DTY 重网络丝织物。合成纤维 DTY 重网络丝织物即经向采用 DTY 重网络丝的织物，由于 DTY 网络丝本身的网络点很密，集束性强，可以不进行上浆，经丝准备采用分条整经工艺，纬丝直接织造。工艺路线如图 3-4 所示。

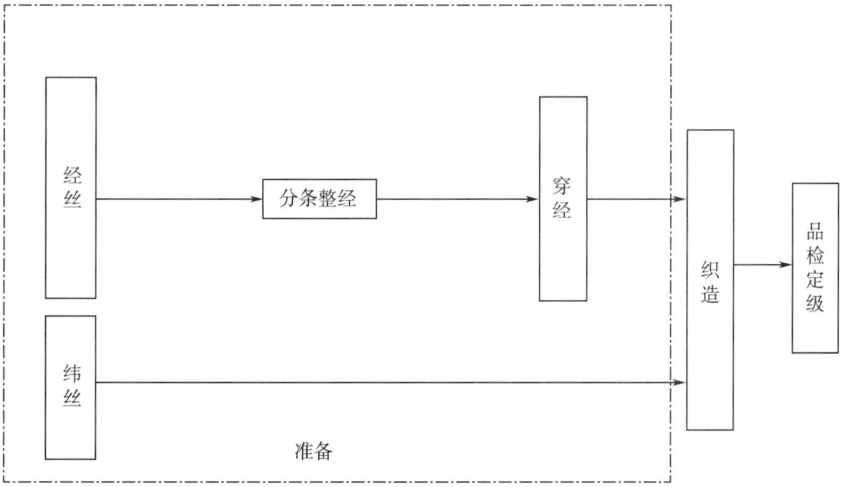

图 3-4 DTY 重网络丝织物生产工艺路线

（二）准备工序

1. 络丝

（1）络丝的目的意义。络丝是将单根丝从一种卷装退出，缠绕到另一种卷装上，只改变其卷装形状，而不改变丝本身的结构与形态的加工过程。络丝的目的是把原丝筒子加工成退解顺畅、成形优良、不损伤丝线性能的、满足下道需要的长度和直径的络丝筒子。简单通俗讲，络丝就是将化纤长丝大卷装丝卷绕成小筒子丝，便于倍捻机对丝线的后续加工，是从大到小的过程。

（2）络丝的工作流程。络丝主要由摆筒（摆原丝筒子）、上筒（上空筒管）、卷绕和下筒等工作来完成。

①摆筒（摆原丝筒子）。将原丝筒子摆放在络丝机的规定位置。摆筒前，要检查原丝筒子规格、批号和质量等是否与工艺相符。摆筒位置要对准导丝器的中心，筒子要垂直摆放。

②上筒（上空筒管）。将空筒管自上而下插入锭座。从原丝筒子引出丝头，穿过张力器、导丝器，在空筒管上绕 2~3 圈，压住丝头。

③卷绕。上述工作完成后，开机运行。操作人员周期巡回，处理异常，发现丝线断头及时进行接头处理。

④下筒。卷绕达到设定的长度后，机器自动停止。打好关门结，抓住筒管的中间部位，从锭子上拔掉筒管，按同一方向，轻放在车上，做好标识。

（3）络丝的要求。

①络丝时需要选取适当的络丝张力、卷装形式和容量（即络丝长度）进行卷绕。

②络丝筒子的卷装结构需要松紧适合，以满足下道工序退解的要求。

③络丝时应尽可能保持丝线原有的力学性能。

2. 倍捻

（1）倍捻的目的意义。倍捻是将化纤长丝加上一定数量的捻回数（捻度），并卷绕成满足后道工序使用的筒子。因为锭子每回转一圈，可以加两个捻，所以称为倍捻。倍捻的目的是将化纤长丝加上规定的捻向和捻度，以提高化纤长丝的强力，改善物理机械性能，减少丝线断头。用倍捻丝织出的织物表面光泽柔和，挺括性好，经印染处理后可以产生很好的绉效应，仿真丝效果极佳，大部分仿真丝面料生产企业采用倍捻工艺路线。

（2）倍捻的工作流程。倍捻主要是由上筒（换退解筒子）、换筒（换捻丝满筒）和处理断头等工作来完成。

①上筒（换退解筒子）。抬起捻丝筒子；拿下锭帽，取出空筒，将退解筒子放入锭杯内；插好张力芯管，放回锭帽，按要求引出丝头。

②换筒（换捻丝满筒）。拿起捻丝满筒，打好关门结后，将捻丝满筒统一放置；随后拿起空筒，拉出退解筒子丝头，绕空筒 3~4 圈后放置在已取下的捻丝满筒位置。

③处理断头。

a. 断头接结。用刹车钳刹住锭子，抬起捻丝筒子，拉出捻丝筒子丝头；然后拿出退解筒子，找出断头丝，按退解方向把退解丝筒放回锭杯内，进行断头接结，结子须退入锭杯磁眼内；随后放下刹车，再放下捻丝筒子。

b. 断头换筒。由于筒子成型等出现问题产生的断头，需另换筒子卷绕。

（3）倍捻的要求。

①上筒（换退解筒子）。换筒前，要检查退解筒子的毛丝、嵌边、软硬程度和着色等。退解筒子放入锭杯时，要轻放，不能碰撞锭杯，退丝方向要一致。

②换筒（换捻丝满筒）。换捻丝满筒前，要检查捻丝满筒质量，过软或过硬筒、油污丝、落沿筒、露网眼筒，要另外放置。检查新换空筒管质量是否有变形、有裂缝和翘边等，开车后快速检查筒子表面成形、丝线张力及锭子运转等情况。

③处理断头。首先查找压牢头或散丝。断头接结时要检查退解筒子多少根、多少股、是否合齐。打结速度要快，结子要抽紧（高捻度丝打一个半结），拉出丝头打结时，要尽量靠近锭杯磁眼，防止丝线松紧不一致，羊角要修齐，不超过 2~3mm，接好后结子退入磁眼内。

3. 定形

（1）定形的目的意义。定形又称蒸丝、定捻。由于丝线加捻后，内部会产生一种回复应力，使丝线扭转、纠缠，不利于后道加工，所以一般加捻后的化纤长丝都需要定形，捻度很低的产品除外。当加捻丝作纬丝时，需要进行定形。因喷气或喷水织机采用气流或水流产生的摩擦牵引进行引纬，引纬力不强，为了防止加捻后的纬丝在引纬过程中产生回缩扭转，保障正常织造生产，因此加捻丝作纬丝时要进行定形处理。

定形分为自然定形、加热定形、加湿定形和热湿定形。自然定形是指在自然界条件下，对低捻度丝线进行 16~48h 的定形，以实现捻度应力的自然平衡；加热定形是指在高温条件下对强捻丝线进行蒸丝，以消除或减弱强捻的内应力；加湿定形是指通过湿蒸汽渗入丝线经过一定的时间，消除或减弱加捻的扭曲应力；热湿定形则兼具加热和加湿定形的特点，通过热湿处理，消除加捻丝的内应力，使其状态和结构获得一定的稳定性，通常化纤长丝倍捻丝的定形采用热湿定形。

（2）定形的工作流程。定形主要由放筒进箱、设定工艺参数、蒸丝运行和取筒等工作来完成。

①放筒进箱。将加捻筒子放入周转箱，装到小车上，推入蒸箱内，关上并锁紧蒸箱门。

②设定工艺参数。根据产品工艺设定蒸箱内真空度、箱内温度、保温时间、真空次数和蒸汽压力等参数。

③蒸丝运行。按下“运行”键，机器将按规定工艺和时间开始运行。

④取筒出箱。当定形达到规定时间后，打开箱门，推出小车，将捻丝筒子放入指定地点，做好标识。

（3）定形的要求。

①定形过程中要求不损伤（或少损伤）丝线的物理机械性能。

②严格按照定形操作的规程进行安全操作。

4. 假捻变形

假捻变形是先加捻、后解捻的过程，目的是给化纤长丝赋予一定的弹性。假捻变形利用丝的热塑性，加捻之后加热定型，接着进行冷却，冷却之后把所加之捻全部解开，由于加捻之后经过了加热和冷却，丝的弯曲形状已固定，解捻之后丝仍然可以保持弯曲形状。假捻变形改变了化纤长丝的物理性能，使其具有一定的弹性、良好的蓬松性，可以改善织物的手感、提高织物的弹性和抗皱性。

5. 倒筒

（1）倒筒的目的意义。倒筒是将加捻、定形后的长丝筒子卷绕到一个大筒子上，是从小到大的过程。一般加捻丝用作纬丝时需要进行倒筒，目的是增大加捻丝的卷装容量，提高织机的运转效率；也可用于处理筒角丝（倒筒角），用作废边丝等。同时加捻丝有皱缩、张力不匀等情况，通过倒筒可使丝条张力均匀，改善筒子质量。

（2）倒筒的工作流程。倒筒主要包括上筒、换筒和落筒等工作。

①上筒。检查捻丝筒子质量，按要求摆放筒子；检查倒丝空筒质量，装空筒；按规定顺序正确穿丝线并开机。

②换筒。当捻丝筒子退解完，更换新捻丝筒子并接结。

③落筒。当倒丝筒子卷满后，卸下满筒，打好关门结，并放置在指定位置。

（3）倒筒的要求。

①检查捻丝筒子是否与工艺要求相符，捻丝筒是否有毛丝、油污等质量问题。检查倒丝空筒管是否破损、边缘毛糙等质量问题。

②安装倒丝空筒要到位，筒管两边要夹紧，按规定留出尾巴，尾巴要紧贴筒子边缘，丝头不要留太短。

③断头接结要及时，禁止出现空转。

④当捻丝筒子仅剩至5~8圈时立刻换筒；换筒前要检查原料规格、批号、捻向是否与退解完的筒子相符。

⑤当倒丝筒子达到95%满或距筒子边缘0.5cm时，即可落筒，打好关门结，写好代号并贴上票签。

⑥要求倒丝筒子成形优良、张力均匀、卷绕硬度适宜。

6. 整经

（1）整经定义及要求。整经是将一定根数的经丝按工艺设计规定的长度和幅宽以适宜的、均匀的张力平行卷绕在经轴或织轴上的工艺过程。整经是十分重要的准备工序，整经的加工质量直接影响无梭高速织机的生产效率及所织织物的质量。因此，对整经提出了较高的技术要求。

①整经张力应适宜，不能损伤长丝的物理机械性能，保持长丝的强力和弹性，同时尽量减少对长丝的摩擦损伤，从而减少高速织造中经丝断头和织疵。

②全片经丝张力均匀，并且在整经过程中保持恒定，以提高织物质量。

③全片经丝排列均匀，经轴卷绕形状正确，表面平整，无凹凸不平现象。

④经轴卷绕密度适当且均匀，软硬一致，边丝卷绕结构正常。

⑤整经根数、整经长度、整经幅度、丝线排列应符合工艺设计的规定。

⑥丝线断头时，应有灵敏的断头自停机构，接头质量符合标准规定。

（2）分批整经。

①分批整经的目的意义。分批整经又称轴经整经，将一定根数的筒装或饼装丝按工艺规定的长度和幅宽，以适宜、均匀的张力平行卷绕在经轴上的过程。分批整经是将整幅织物的总经根数分成 N 批进行卷绕，以便在浆丝时经丝不粘连，浆丝后再将 N 个浆轴进行并轴后形成织轴，经丝需要上浆的织物采用分批整经法。分批整经速度快，生产效率高适用于原色或单色织物的大批量生产。

②分批整经的工作流程。分批整经分为挂筒（也称上筒、挂丝、摆筒）和整经两个阶段。

a. 挂筒阶段。将一个批轴根数的化纤长丝筒子挂在整经机的筒子架上。

b. 整经阶段。将丝线从筒子架的筒子或丝饼上退绕下来，平整地卷绕到经轴上。

③分批整经的要求。

a. 经丝应在挂筒子前 24h 存放至生产车间相似的环境中，打开外包装进行放缩。

b. 挂筒时，筒子架上的原料须保证“三同一近”的原则（同厂家、同规格、同批号、生产日期接近）。筒子（丝饼）截面应保持同一水平。

c. 一个批轴上的经丝要保持整经张力均匀。

（3）分条整经。

①分条整经的目的意义。分条整经又称带式整经，分为整经和倒轴两个阶段，是把织物总经根数分成若干条，按整经长度、密度与幅宽等工艺规定，将筒装或饼装丝以一定的张力均匀地逐条卷绕到整经滚筒上，然后将整经滚筒上的经纱全部退卷到织轴上的过程。分条整经主要用于生产色织织物、非上浆织物（倍捻丝织物或 DTY 重网络丝织物）等。

②分条整经的工作流程。分条整经分为上排、整经和倒轴三个阶段。

a. 上排。根据分条的头份数确定筒子数，根据工艺要求，将筒子按一定的数量、位置，摆放到筒子架上。

b. 整经。根据筒子架的容量和排列循环，将织物所需总经根数分成 n 条，每条的宽度约等于门幅的 $1/n$，每条丝线排列密度与织轴上经丝的排列密度基本相同，按工艺要求的长度逐条卷绕到整经滚筒上。

c. 倒轴。将整经滚筒上的所有经丝一起退绕出来，卷绕到织轴上。

③分条整经的要求。

a. 摆筒子时，要检查筒子质量，批号是否一致，尽量做到筒子大小一致。

b. 整经时，整片经丝排列密度要均匀，每条整经长度须一致且符合工艺规定，经丝要保持均匀的张力。

c. 倒轴时，卷绕层的厚度须均匀，织轴表面应呈圆柱形，织轴开始倒轴时，张力需要大一些。

7. 浆丝

（1）浆丝的目的意义。浆丝是将浆液浸透经丝内部，在经丝表面形成浆膜的过程。浆丝可以增强经丝集束性和强力，减少毛丝断经问题，改善经丝的可织性，提高织造效率。通常经丝为再生纤维长丝或 FDY 长丝时需要上浆。

（2）浆丝的工作流程。浆丝主要包括调浆、上经轴、上空轴、套筘、分层、设定工艺参数、开机和落轴等工作。

①调浆。根据经丝品种，选择适用的浆料，在调浆桶中调制成浆液。

②上经轴和空轴。将经轴和空轴分别安放到浆丝机前后的轴架上，并做好传动联接。

③设定工艺参数。设定经轴卷绕速度、浆丝退卷和卷取张力、上浆和压浆压力、上油高度和速度、浆槽温度和烘房锡林温度等工艺参数；开机时先慢车运转，检查有无异常，然后按设定工艺参数进行浆丝。

④落轴。将浆丝完成后的浆轴卸下，存放到指定地点。

（3）浆丝的要求。

①调浆时，常用的聚丙烯酸酯浆料直接以冷水混合搅匀即可使用。也可用成品浆液，无须再调浆。

②上经轴时，不能碰伤经丝；空轴的边经丝应卷取在边盘内，间距要符合规定值。

③上浆时，根据原料不同，各段经丝牵伸设定要符合工艺值，控制经丝张力和线速度，不能过度拉长丝线；控制上浆浆丝回潮率，使浆膜不粘不脆；控制浆液温度和浓度，达到适当的上浆率。

④落轴时不能损伤经丝。

8. 并轴

（1）并轴的目的意义。并轴是按织造幅宽、总经根数和平整度等工艺要求，将多个浆轴（经轴）的经丝同时退解，合并卷绕成织轴，以使其满足织物总经根数等织造工艺的要求。

（2）并轴的工作流程。并轴的主要任务有上浆轴（经轴）、上空织轴、排筘、落织轴和下空浆轴等。

①上浆轴（经轴）。根据工艺要求的浆轴（经轴）数，用升降车把浆轴（经轴）逐个吊起，安装齿轮和轴承，放置到规定的轴架上。

②上空织轴。用升降车或起落托臂将空织轴准确放置到传动部位。

③排筘。按总经根数要求把筘齿调整到位；将浆轴（经轴）上的经丝按顺序依次拉到筘齿的适当位置。

④运转。开车前，在显示屏上设定送出张力和卷取张力等工艺参数。

⑤落织轴。检查卷取长度，贴好标示胶带纸，把张力锁定开关调回原处。松开手柄，按退回开关，用运输车把织轴送到指定位置。

⑥下空浆轴（经轴）。用升降车把空浆轴吊起，取下齿轮和轴承放回原处，将空浆轴运送到指定位置。

（3）并轴的要求。制定并轴工艺参数的原则是不损伤丝线的力学性能，减少丝线断头；织轴成形良好、软硬程度适中，确保织造丝线退解顺畅。

①上浆轴（经轴）时，要检查批轴质量，原料是否一致，批轴大小是否一致。

②并轴时，整片经丝排列密度要均匀，织轴长度要符合工艺规定长度。

③整片经丝要保持均匀的张力，织轴打底时张力控制要大些，大轴时则反之，织轴表面应呈圆柱形。

④并轴过程要及时处理好丝线断头。

9. 穿结经

穿结经是穿经和结经的统称。穿经包括穿综和穿筘（扒筘）两部分。穿经的任务是根据织物上机图，将经丝依次穿过停经片、综丝和钢筘，以便上机织造时经丝按提升规律形成开口，使经丝与纬丝进行交织；穿筘的作用在于确定经丝的密度和织物的幅宽，并在织造时通过钢筘将纬丝打入布面。结经是旧织轴了机后，把经丝在后梁处剪断，将新织轴的丝头与旧织轴的丝头一一对结起来，然后将结头拉过停经片、综眼及钢筘，可以代替穿经，称为结经。

穿结经是经丝准备的最后一道，是一项十分细致的工作，任何错穿（结）、漏穿（结）都直接影响织造工作的顺利进行，增加停机时间，产生织物外观疵点。

由于合成纤维长丝强度大，一根长丝由多股复丝组成，通常整根经丝断裂（断经）机会少，而其中一股或几股复丝断裂（毛丝）机会多，停经片在毛丝的情况下不能及时落下发出断经停车信号，反而容易刮毛长丝而造成开口不清，因此在生产合成纤维经丝织物时一般不使用停经片。

（三）织造工序

织造是根据织物规格要求，将准备工序制备的具有一定质量和卷装形式的经、纬纱，通过织机交织成符合工艺设计的织物。织造部分包括上轴、换纬、织布、落布等，织造工序各部分的任务和要求如下。

1. 上轴

一个织轴织完后更换一个新织轴的过程，称为上轴。上轴工的任务是：拆下原来的钢筘、综丝和盘头，将机台清洗、润滑、并进行机台的工艺调整等；拉取相应新织轴，将结经完成的经丝，拉过停经片、综眼、钢筘，或将穿经完成的织轴，上到织机上，完成停经片、综框、钢筘等的安装，以达到织机正常运转状态，织出符合规格的织物。新上织轴要注意钢筘、边撑的安装，并注意左右剪刀片的调整等。上轴基本操作应做到轻、准、稳、细、快。

①轻：爱护器材、工具、机架上的所有专用工具做到轻拿轻放，防止损坏。

②准：准确运用目光，看准丝线，防止断头、脱结等，发现后及时处理，保证质量，各零部件安装要一次到位。

③稳：操作要稳，避免损伤织轴和机件。

④细：对安装钢筘、综框及各种零部件等操作要细。

⑤快：在保证质量的基础上，各项动作要连贯，紧密配合，尽量缩短辅助时间。

2. 换纬

换纬是根据织物品种的规格要求，确定纬丝种类，备好纬丝，并及时将纬丝更换到织机的相应位置上，以供织造时使用。

3. 织布

机织物一般由经、纬两个系统的丝线在织机上交织形成的，在织物内与布边平行的纵向丝线为经丝，与布边垂直的横向丝线为纬丝。

（1）织机的主要运动。

织造是围绕着织机进行的，织机的主要运动有开口、引纬、打纬、卷取和送经。

①开口。经纬丝交织是形成机织物的必要条件。要实现经纬的交织，必须把经丝按一定的规律分成上下两层，形成能供引纬器、引纬介质引入纬丝的通道——梭口。待纬丝引入梭口后，两层经纱再根据织物组织的要求上下交替，形成新的梭口。如此反复循环，就是经纱的开口运动，简称开口。

②引纬。在织机上通过一部分经丝向上和其余部分经丝向下的运动形成了梭口，梭口是为引纬而专门设置的，将纬丝引入梭口的运动称为引纬。

③打纬。在织机上，依靠打纬机构的钢筘前后往复摆动，将一根根引入梭口的纬丝推向织口，与经丝交织，形成符合设计要求的织物的过程称为打纬。

④卷取和送经。卷取是将织口处初步形成的织物不断地引离织口，卷绕到卷布辊上，同时从织轴上适量送出经丝，使经纬丝不断地进行交织，以保证织造生产的连续进行。

（2）织布挡车工的主要任务。挡车工开车织布的过程称为织布挡车。织布挡车工（织布工）的主要任务是根据所安排的机台数量和型号，安排合理巡回路线；发现织机停台后，应立即处理断头，重新接好；同时将要看管的机台设备合理使用好，严格执行操作法，把好质量关，织机、布面、经纬丝等有异常时，应立即停机，按规定处理；按照品种的规格要求，织出符合质量标准的织物。

（3）织布挡车工的工作要求。熟练掌握操作技能、手法正确、不违反操作规程；开机前检查各机械部件是否完整就位，保持机台干净清洁；按照规定的质量标准进行生产；准确认识和判断各种布面疵点及机器的异常情况，及时停机；根据所安排的机台数量和型号，合理安排巡回路线；准确填写交接班记录；做好机台及周围的环境卫生。

4. 落布

落布是将织好的织物从织机上取下的过程。落布的任务是根据工艺要求，当卷布辊上的布达到设定长度时，停机剪下布匹，将布卷从织机上卸下，换上一个新轴，将卸下的布匹贴好胶条并做好相应记录，送至品检车间。

在落布时要注意记录质量；注意织轴大小及织疵情况，避免落小卷布；注意挑选良好的卷布辊，使其能满足正常生产需求；注意布卷防护，杜绝油污及布折，使其平整无折皱；杜绝压布棍等毛刺造成布卷划痕；推布至烘干机机架过程中做好织轴及设备防护。

（四）整理工序

整理工序包括对织物进行的烘干、验布及打卷包装等。整理工序各部分的任务和要求如下。

1. 烘干

烘干是利用烘干机去除残余在织物上水分的过程。通常锦纶织物或含天然纤维的交织物，容易发霉、黄变，需要烘干，纯涤纶织物一般不需要烘干。织成的坯布是否需要烘干，要视坯布的流通方式而定，通常直接送往染厂的织物无须烘干。

烘干为喷水织造独有的工序，其工作质量的优劣直接影响到产品品质。烘干工序的要求：

（1）坯布走向要准确，同时注意避免布面油污，最大限度减少折皱。

（2）开车操作要观察布面情况，打底要结实，布面要平整，开车速度由慢到快，杜绝开急车，以免造成设备损坏和布卷成型不良。

（3）温度控制与设定要适合产品类型的要求，升温设定每次调整不可超过5℃，杜绝大幅度调整温度设定开关，以免温度感应器反应不及时，蒸汽进气过猛造成烘缩。

2. 验布

验布是利用验布机检验坯布的过程。验布的任务是将坯布平整地放在验布机上，两眼平视布面，操作验布机，发现疵点停机检查，确定疵点种类，做好记录，按照标准对坯布进行检验评级。验布的要求如下：

（1）规格测量。经、纬密度，幅宽，每批至少检验一次，异常情况需及时追加测量次数。

（2）长度测量。长度测量码表需经常校准，在码表准确的基础上以码表数值为准。

（3）开剪匹长。根据各品种规定的开剪匹长开剪，要求合理开剪。既不影响质量又能利用开剪的机会减少疵点为检验的最高境界。

（4）记录。准确详实记录疵点多少、程度、位置，以达到根据疵点正确定等的目的。坯布检验单、反馈单等做好相关记录，以备倒查。要求书写清晰、工整、避免涂改。

3. 打卷、包装

坯布完成检验后，一般需要打卷、包装。打卷可在验布机上直接完成，打卷后的产品直接送往印染厂进行加工。如果产品直接销售，还需要进行包装，包装要求干净、整洁、美观。包装后的坯布要分品种、批号和等级存放，包装完成后附产品信息标签。

（五）色织与复杂产品工艺路线

1. 色织物

（1）原液染色法。原料采用原液染色长丝生产的织物叫作原液染色色织物。色织物的整经一般采用分条整经，其生产工艺路线一般采用非上浆类织物的工艺路线，如图3-3所示。

（2）筒子染色法。原料采用筒子染色长丝生产的织物叫作筒子染色色织物，筒子染色工艺流程如下：

原丝进厂→松式络筒→装笼→进入染缸→前处理→染色→脱水→烘干

筒子染色织物较原液染色织物颜色丰富。该类织物原料采用筒子染色长丝，一般采用非上浆类织物的工艺路线，如图3-3所示。

（3）经轴染色法。原料采用经轴染色长丝生产的织物叫作经轴染色色织物。经轴染色要求松式卷取，对张力控制十分敏感。经轴染色色织物，除了颜色较原液染色色织物丰富外，经丝横向色泽更加均匀，适宜织造高档色织物。经轴染色色织物的工艺流程为：

原丝进厂→松式整经→前处理→轴染→脱水→浆丝→并轴→织造

2. 化纤长丝灯芯绒织物

灯芯绒织物是表面形成纵向绒条的织物，因绒条像旧时用的灯草芯而得名。灯芯绒，又称条子绒，织物表面具有一定宽度的纵向绒条，绒条中央高于两侧，纹路清晰，毛绒丰满。灯芯绒是一种纬起绒组织，其织物组织由一个系统的经丝和两个系统的纬丝交织而成。两个系统的纬丝有不同的作用，其中一个系统的纬丝叫地纬，另一个系统的叫绒纬。地纬与经丝交织，形成地组织；绒纬和经丝交织，其浮长线形态覆盖于织物表面，织物形成后，纬浮长线被割断，形成绒织物，如图 3-5 所示。

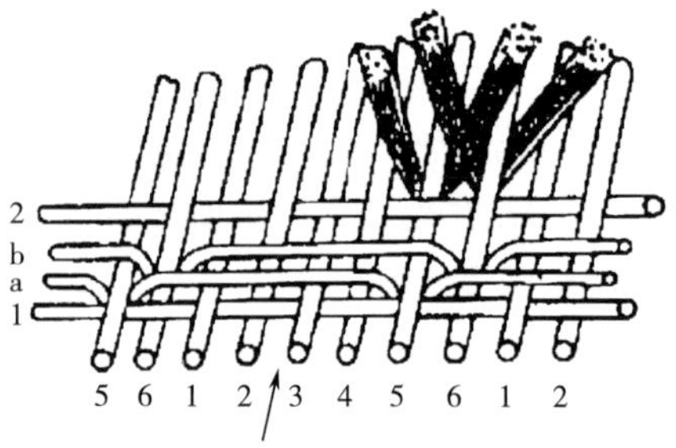

图 3-5　灯芯绒织物结构

生产灯芯绒织物与常规化纤长丝织物的生产工艺路线相近，其特殊的工序为割绒和刷绒整理，即织物形成后，采用割绒机割断纬浮长线，经刷毛整理后，绒毛竖立成中央毛绒高两侧毛绒低呈圆弧状排列的绒条，生产工艺路线如图 3-6 所示。

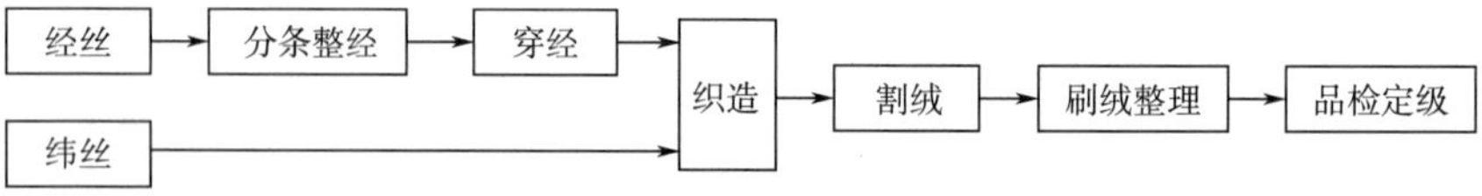

图 3-6　化纤长丝灯芯绒织物生产工艺路线

3. 毛巾织物

毛巾织物是通过采用起绒组织和织机特殊的打纬及送经运动，使织物表面覆盖着经纱毛圈而形成的织物。毛巾织物上毛圈主要由筘座的长短打纬运动、地组织与毛组织的正确配置以及毛经、地经送经运动的协调配合而形成的。毛、地经丝分别卷绕在两个织轴上，地经丝张力较大，毛经丝采用积极送经，张力很小，其工艺路线如图 3-7 所示。

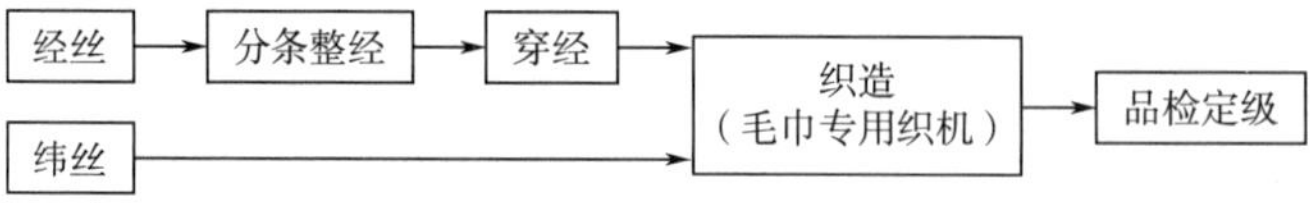

图 3-7　毛巾织物生产工艺路线

4. 双经轴织物

双经轴织物即送经采用两个经轴进行织造而成的织物。送经的两个经轴分为张力相同和张力不同（松紧经）两类。家纺类床品或遮光织物由于幅宽过大或经丝头份过多，往往采用双经轴进行织造，可采用并列式双经轴或上下式双经轴，双经轴的送经张力保持一致；毛巾类织物采用毛巾专用织机，分地经和毛经进行双经轴织造，两个经轴的张力不同，地经轴的张力较大，毛经轴的张力较小，以满足长短打纬的织造需要，产生毛圈。

二、印染后整理技术

（一）染色准备及基本要素

1. 染料的基础知识

（1）染料概念。染料是有颜色的有机化合物，它对纺织纤维有一定的亲和力，能够上染纤维并具有一定的染色牢度。颜料也是一种有色物质，它不溶于水，对纤维没有亲和力，但能靠黏合剂的作用机械地黏着于织物上。

（2）染料的命名。

①冠称。表示染料的应用类别，如直接、还原等。

②色称。染料染色后呈现的色泽名称，如红、黄、蓝等。

③尾注。用数字、字母表示染料的色光、染色性能、状态、用途等，如酸性红 3B、还原蓝 RSN。

（3）染料的力份。是指以一定浓度的染料为标准而比较出的相对浓度，用百分数表示。

（4）染料种类。主要有直接染料、活性染料、还原染料、硫化染料、分散染料、酸性染料、阳离子染料等。直接染料、活性染料、还原染料、硫化染料主要用于纤维素纤维的染色，分散染料用于染涤纶，酸性染料可以染蛋白质纤维和锦纶，阳离子染料则是腈纶的专用染料。

（5）染料的离子性。直接、活性、酸性及还原染料的隐色体在水溶液中呈现阴离子性，阳离子染料在水溶液中呈现阳离子性，分散染料不溶于水，呈现非离子性。

（6）化纤长丝织物染料种类及应用。分散染料主要用于染涤纶长丝织物，酸性染料可以染锦纶长丝织物，阳离子染料染改性涤纶长丝织物，活性染料可染黏胶长丝等。

2. 助剂的基础知识

（1）无机助剂。酸、碱、盐、氧化还原性物质。

（2）表面活性剂。加入很少量表面活性剂就能显著降低液体表面的张力。表面活性剂有离子型表面活性剂（阳离子、阴离子、两性型）和非离子型表面活性剂，一般情况下阴离子型和阳离子型表面活性剂不可混用。表面活性剂的作用如下。

①增溶作用。某些难溶性物质在表面活性剂的作用下，在溶剂中增加溶解度，并形成溶液的过程，称为增溶。

②润湿作用。固体表面上的一种流体被另一流体取代的过程。特别是指用水或水溶液取代表面上气体的过程。习惯上将液体在固体表面上的接触角 $\theta>90°$ 定为不润湿，$\theta<90°$ 则为润湿，接触角 θ 越小，润湿性能越好。

③乳化作用。乳化作用是将一种液体分散到第二种不相溶的液体中的过程。

④发泡与消泡，去污与洗涤等作用。

3. 化纤长丝织物的表述方法

P75×75　112×108　58″表示经纬均为 75 旦涤纶长丝，经纬密分别为 112 根/英寸和 108 根/英寸长丝，幅宽为 58 英寸的长丝机织物。

210T 尼丝纺，是指经纬均为尼龙长丝，且旦数相同，经纬密度之和为 210 根/英寸的尼龙机织物［（经密 48.2 根/cm+纬密 34 根/cm）×2.54≈210T］。

4. 化纤长丝织物前处理准备

（1）前处理概念。去除纤维上所含的天然杂质以及纺织品加工过程中施加的浆料和沾上的油污等，使纺织品具有良好的白度和渗透性，为后道加工提供合格的半制品。

（2）坯布准备。

①原布检验。

a. 外观疵点：缺经、断纬、跳纱、油污纱、破洞等。

b. 物理指标：长度、幅宽、重量、支数、密度、强力等。

②翻布（分批、分箱、打印）。把同一规格、同工艺的原布加以分批、分箱，并打上印记，便于管理。打印位置，每箱布距离布头 10~20cm，内容种类、工艺、批号、箱号、发布日期、翻布人代号等，要求不脱落。

③缝头。将原布进行缝接，缝头要求平、直、齐、牢，确保织物能连续加工。缝头方式有匹与匹环缝，车与车平缝。

（3）化纤长丝机织物的前处理。

①黏胶纤维织物的前处理。黏胶纤维的物理结构较天然纤维素纤维松弛，因此化学敏感性较大，稳定性较差，湿强力低，容易变形，所以练漂加工的工艺条件应尽可能温和，尽量采用松式设备，以免织物受到损伤和发生形变。黏胶纤维的练漂工序与棉织物基本相同，一般需经过烧毛→退浆→煮练→水洗等工序。

②合成纤维织物的前处理。纯合纤织物的练漂主要是为了去除纤维在制造及纺纱过程中所施加的油剂、织造时黏附的油污及化学浆料（聚丙烯酸酯等合成浆料），使织物更加洁净。其工艺流程为：退浆→精炼→水洗。涤纶织物可在平幅练漂机上进行，锦纶织物可在普通卷染机上进行。

③混纺和交织物的前处理。对于混纺或交织织物的练漂，要充分考虑各组成纤维的性能及比例，互相兼顾，以达到良好的练漂效果。涤/棉织物的练漂工艺与纯棉织物基本相同，但要注意的是烧毛要采用高温快速方法。由于使用了化学浆料，要使用热碱退浆或氧化退浆。煮练时要考虑涤纶上有油剂和低聚物，同时烧碱对涤纶有一定的损伤，故要控制烧碱用量，使用乳化分散能力强的表面活性剂。工艺流程为：准备→烧毛→冷堆→热定形。

冷轧堆前处理处方：

室温浸轧（NaOH 46~50g/L，100% $H_2O_2$16~20g/L，水玻璃 14~16g/L，精练剂 10~12g/L）→热水洗→冷水洗。若需丝光，碱溶液浓度和去碱箱温度可低一些，涤/棉织物需要热定形处理，温度一般为 180~200℃。

④丝织物的前处理。丝织物的前处理主要是去除蚕丝中的丝胶，一般称脱胶和漂白。

（4）化纤长丝织物碱减量。

①基本概念。涤纶在碱的作用下，纤维表面大分子会发生水解，由表及里一层层剥落下来，并溶解在碱液中，使纤维逐渐变细变柔软，增加了纤维在纱线中的活动性，使涤纶获得仿真丝的效果，也称“碱剥皮”。

②碱减量处理的作用。主要应用于涤纶仿真丝，超细纤维仿麂皮、仿桃皮绒、春亚纺等品种，通过给坯布退浆及在强碱液中进行碱减量处理，改善织物的手感和光泽，一般减量率为5%~10%。对于加了强捻的涤纶仿真丝绉类织物，通常减量率要达到20%左右才能获得良好的绉效应。

减量率=（碱处理前后重量差/碱处理前织物重量）×100%

③碱减量影响因素。

a. 碱剂种类和浓度。有机碱对酯键水解能力小于无机碱，对纤维强度的破坏却很大，一般使用无机碱，无机碱浓度增大，减量率提高。

b. 促进剂。加快碱对涤纶的水解反应速率，提高碱利用率。通常使用1227[1]和1631[2]作为促进剂，促进剂浓度增大，减量率提高。

c. 温度。温度低于玻璃化温度时，水解反应只能在纤维的最外面；当温度高于玻璃化温度后，水解反应可发生在一定深度的区域。随着温度提高，不仅使速率加快，水解反应剧烈，减量率提高。

d. 时间。应在保证一定生产效率的前提下，采用较低温度、较浓碱液和较长时间进行减量处理。其他条件恒定，时间越长，减量率提高。

e. 浴比。浴比越小，减量率提高，但容易产生减量不匀。

④碱减量设备。主要有间歇式碱减量设备和连续式碱减量设备，如图3-8和图3-9所示。

图3-8 间歇式碱减量设备

图3-9 连续式碱减量设备

---

[1] 1227：十二烷基二甲基溴化胺。

[2] 1631：十六烷基三甲基溴化胺。

（二）化纤长丝织物染色及设备

1. 染色概述

纺织品的染色是利用染料与纤维发生物理的、化学的或物理化相结合的作用，或用颜料黏合在纤维上，使纺织品获得一定牢度的颜色的加工过程。

化纤长丝织物染色分类如下。

（1）按纺织品的形态分类。

①筒纱染色。长丝以筒纱的形式先进行染色，后再织造，称为色织。

②织物染色。长丝织造成织物后，再进行染色，称为面料染色。

（2）按染料施加于纺织品的方式分类。

①浸染。将纺织品浸渍在染液中，并使其固着的染色方法。

②轧染。将织物浸轧染液后，再经过汽蒸后处理，使其固着的染色方法。

③卷染。将织物卷在一只卷布辊上，浸渍染液后，卷到另一只辊上。

2. 化纤长丝织物染色

（1）分散染料染涤纶长丝面料。分散染料的结构中不含水溶性基，微溶于水，色谱齐全。

分散染料按化学结构可分为偶氮型、蒽醌型，按升华牢度可分为 S 型（高温）、SE 型（中温）、E 型（低温）。在碱性条件下，由于染料水解，可使色光变化，商品染料中含有大量助剂。

分散染料主要用于染涤纶，也用于锦纶、醋酯纤维等的染色，染色 pH 为 4~6。

涤纶的疏水性强，亲水性弱，回潮率 0.4%；分子排列整齐，分子间空隙小，有皮芯层结构。

分散染料对锦纶的匀染性较好，但湿牢度较差；上染容易，上染率较高，不宜染浓色；故多用于染涤锦混纺织物，当涤纶含量较低时，可采用常压染色；当涤纶含量较高时，宜采用高温高压或载体染色法。

分散染料染涤纶长丝面料的方法如下。

①高温高压染色。

a. 概念。将涤纶置于盛有染液的密闭容器中，并在 120~130℃、2~3kg/cm^2 压力的染色条件下进行染色的一种方法。

b. 工艺流程。

制备染液→始染（50~60℃）→升温至 130℃→保温（40~60min）→降温→水洗→（还原清洗）→水洗

c. 工艺处方。

分散染料（owf）	x（对织物重）
分散剂 NNO（或胰加漂 T）	0~0.5g/L
冰醋酸	0.5ml/L

或磷酸二氢铵 1~2g/L（调 pH=5~6）。

d. 染色原理。在高温高压条件下，涤纶分子链段运动加剧，分子间瞬间空隙增大，染料运动速度加剧，进入分子空隙，降温后运动的链段闭合，染料镶嵌在涤纶分子中。

②涤纶织物热熔染色。

a. 概念。涤纶织物在热熔染色机上通过干加热（即焙烘），在高温（170~220℃）的染色条件下进行染料上染的一种染色方法。

b. 染色原理。在高温干热（200℃）条件下，涤纶分子链段运动加剧，分子间瞬间空隙增大，同时，分散染料升华为气态的染料分子，从而上染纤维。

c. 染色特点。连续化生产，适用于大批量生产，染料利用率较低，色泽鲜艳度和手感稍差。

d. 工艺流程。

浸轧染液（二浸二轧，轧余率 65%，20~40℃）→预烘（80~120℃）→热熔（180~210℃，1~2min）→后处理

e. 工艺处方。

分散染料	x
渗透剂 JFC	1g/L
磷酸二氢铵	2g/L
扩散剂 NNO	1g/L
抗泳移剂（3%海藻酸钠糊）	5g/L

③载体染色法。

a. 概念。将涤纶置于含有载体的染液中，在常压高温下进行染色的一种染色方法。常用载体有水杨酸甲酯、邻苯基苯酚、苯甲酸、一氯苯、二氯苯等苯的衍生物等。

b. 染色原理。在染液加入载体（酚、酯类等），其被纤维吸附并扩散到纤维内部，使纤维膨化，同时载体对分散染料有增溶作用，加快了染料向纤维内部的扩散。

c. 染色特点。可在 100℃条件下染色，适用于羊毛、蚕丝混纺或交织物染色，但载体有毒，染色过程复杂。

d. 卷染工艺流程。

浸渍载体（60℃，2 道）→浸渍载体（80℃，2 道）→染色（加入染料和磷酸二氢钠，95~98℃，8~12 道）→冷水洗（2~4 道）→皂煮（4~6 道）→热水洗（80~90℃，2~4 道）→冷水洗（2 道）

e. 工艺处方。

分散染料（owf）	nx
磷酸二氢铵	1g/L
载体	3~4g/L

（2）阳离子染料染改性涤纶长丝面料。阳离子染料可溶于水，在水中呈阳离子性，原来主要用于腈纶染色，色泽十分鲜艳，染色牢度好，现用于阳离子改性涤纶染色。

①染色原理。染料中的阳离子与涤纶改性的阴离子基团发生离子键结合。

②染色的影响因素。

a. 温度。超过玻璃化温度后，上染速率迅速上升。

b. pH。最佳 pH 4~4.5。

c. 电解质。元明粉具有缓染作用，降低染料亲和力，有利匀染。

d. 缓染剂。阳离子缓染剂 1227，通过竞染而缓染。

③工艺流程。

制备染液→始染（50~60℃）→控制升温至沸→保温（100~120℃，45~60min）→降温→水洗→出机

④工艺处方。

阳离子染料	X
醋酸	1%~2%
阳离子缓染剂 1227	0~2%
硫酸钠	0~10%
分散剂	0~2%
抗静电剂	0~0.5%

（3）酸性染料染锦纶长丝面料。酸性染料的结构中含水溶性基，能直接溶于水，色谱齐全，色泽较鲜艳；色牢度良好，价格适中，适用于丝、毛、锦纶等的染色。

①酸性染料的分类。

a. 按结构分类。偶氮类酸性染料，蒽醌类酸性染料。

b. 按应用分类。强酸性染料，弱酸性染料，中性染料，见表 3-1。

表 3-1　酸性染料的分类

项目	强酸性染料	弱酸性染料	中性染料
分子结构	较简单	较复杂	较复杂
溶解度	大	较好	较好
色泽鲜艳度	好	较差	较差
匀染性	好	中	中
湿处理度	较差	较好	较好
染浴 pH	2~4	4~6	4~6
染色用酸	H_2SO_4	HAc	HAc

②染色的影响因素。

a. pH 和中性电解质。当染浴 pH 高于等电点时，电解质起促染作用；当染浴 pH 低于等电点时，电解质起缓染作用。

b. 染色温度和时间。温度升高，染料在纤维表面的吸附和向纤维内部扩散的速率加快；应根据染料的聚集倾向大小和扩散性、移染性能高低来控制合适的初染温度、升温速率和染色时间，以达到染色匀透的目的。

③弱酸性染料染锦纶长丝面料。锦纶分子中氨基少于羧基，等电点为 pH 在 5~6 之间。弱酸性染料染锦纶长丝面料具有上染快、初染率高、扩散性差、移染性差的特点，容易色花。可通过控制起染温度、升温速率、加酸方式、加入缓染剂等方法提高匀染性。

a. 浸染染色处方。

浴比	1：（10~12）
弱酸性染料	*X*（对织物重，%）
冰醋酸	0. 5ml/L
平平加 O	1g/L

b. 工艺过程。加入平平加 O 和冰醋酸，升温至 40℃，处理 10~20min，加入染料溶液，在 30~40min 内升温至沸，染 40~60min，然后水洗、固色。

3. 化纤长丝织物常用染色设备

（1）纱线染色机。

①筒纱染色的特点。集煮练、漂白、染色、皂煮等染色工艺为一体的纱线染色过程，适用的纤维和染料广泛。染色浴比低，节约染化料。工艺简洁，操作方便，劳动生产率和自动化程度高，劳动强度低。

②工艺流程。

原纱→松式络筒→装纱→入染（前处理→染色→后处理）→脱水→烘干→络色筒

③染色机构成。主要有主缸、小样缸、载纱器、主循环泵、换向装置、热交换器、加料泵、溢流式化盐装置、辅缸、安全联锁装置、进水阀、排液阀等，如图 3-10~图 3-13 所示。

图 3-10 筒纱染色机外形图

图 3-11 载纱器

图 3-12 装好筒纱的载纱器

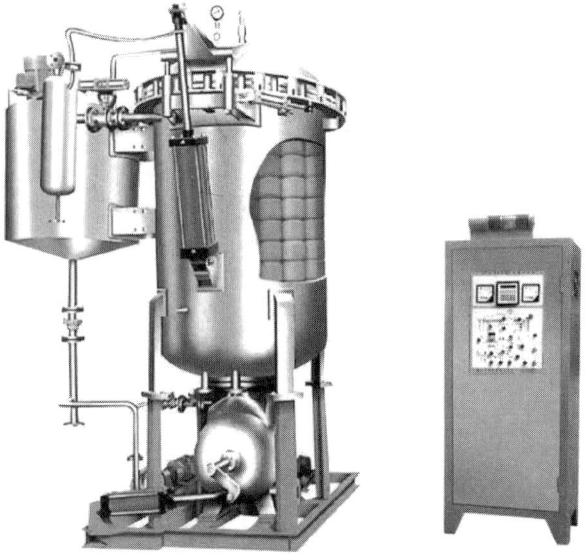

图 3-13 筒纱染色机示意图

（2）织物染色机。

①液流式绳状染色机。织物与染液各自有循环运转系统，分为喷射式、溢流式及溢流喷射式。

a. 喷射式。染液通过主缸体下部的几个吸入口，被离心泵吸入，然后通过热交换器进入喷嘴。喷嘴内有多层狭缝，染液进入喷嘴后，由离心泵产生的压力使得染液直接从狭缝中喷出，对从喷嘴中间穿过的织物产生冲击，带动织物运行，一同进入主缸体，如此往复循环，达到染色目的。染液流速较快，对织物冲击大。

b. 溢流式。染液从染槽前端多孔板底下由离心泵抽出，送到热交换器加热，再从顶端进入溢流槽。溢流槽内有溢流管进口，当染液充满溢流槽后，由于和染槽之间的上下液位差，染液溢入溢流管时带动织物一同进入染槽，如此往复循环，达到染色目的，如图 3-14~图 3-16 所示。

图 3-14 常温常压溢流染色机

图 3-15 高温高压溢流染色机

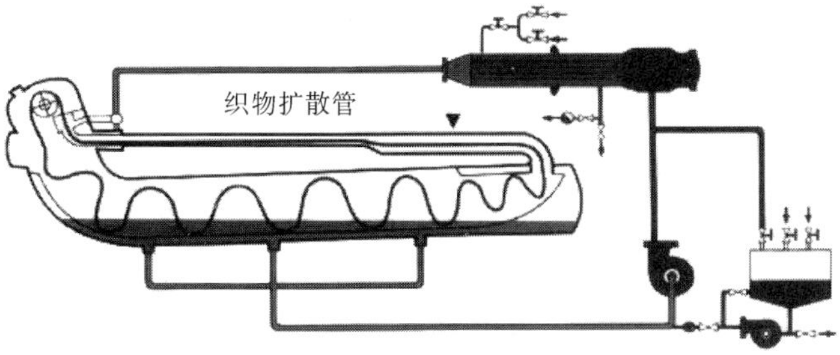

图 3-16　高温高压溢流染色机示意图

c. 溢流喷射式。将溢流和喷射两种方式结合，通过控制两者的流速来适应不同织物的加工要求。

②气流式绳状染色机。以循环空气带动织物运转，经过雾化喷嘴时，在喷嘴口和气流口之间形成低压区，循环染液通过喷嘴时与空气混合，并迅速汽化成雾状，带有雾化染液的气流与被染织物进行交换并牵引织物循环，雾化染液对织物不仅接触面积大，且渗透力较强，加速染液向纤维内部的扩散速度，如图 3-17、图 3-18 所示。

图 3-17　高温高压气流染色机外形图

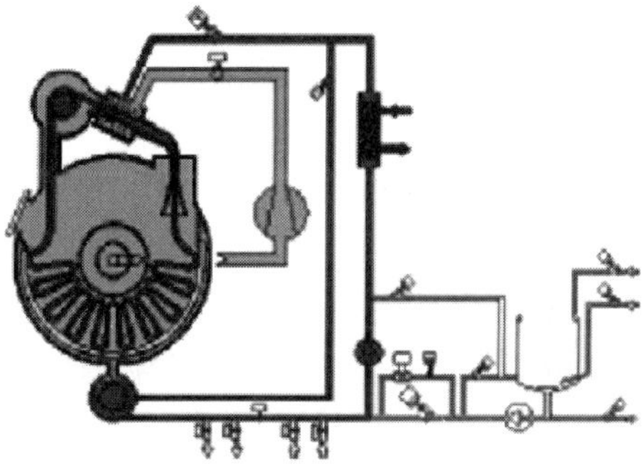

图 3-18　高温高压气流染色机示意图

③平幅染色机。织物以平幅状态进行染色的设备，包括卷染机，经轴染色机和连续轧染联合机。

a. 卷染机。又称平卷缸，各种染料通用的染色机，如图 3-19 所示。

图 3-19　卷染机

b. 经轴染色机。是将织物卷于多孔的空心卷轴（经轴）上，放入压力容器中，由离心泵将染液通过经轴，穿过织物层作自内向外或自外向内的循环，完成上染，如图 3-20 所示。

c. 连续轧染联合机。用于棉型织物的连续轧染，主要组成单元机构有平幅进出布装置、平幅浸轧机、红外线烘燥机、热风烘燥机、汽蒸箱、焙烘机、平幅水洗机和烘筒烘燥机等，如图 3-21 所示。

图 3-20　经轴染色机

图 3-21　连续轧染联合机

（三）染色的评价及质量控制

1. 染色牢度基本知识

（1）染色牢度。指染色产品在使用过程中或染色以后的加工过程中，在各种外界因素的作用下，能保持其原来色泽的能力。

色牢度类型有耐晒、耐气候、耐洗、耐摩擦、耐氯漂、耐熨烫、耐汗渍牢度等。

牢度评价除日晒 8 级外，其余均为 5 级 9 档，1 级最差，5 级、8 级最好。

测试染色牢度常用术语：

①贴衬织物。在色牢度试验中，为判定染色物对其他纤维的沾色程度，和染色物缝合在一起形成组合试样共同进行处理的未染色的白色织物。

②蓝标。在耐光色牢度试验中，为评定染色物的色牢度级别，和染色物一起暴晒的蓝色羊毛织物。

③变色。染色物的颜色在色光、深度或鲜艳度方面的变化，或这些变化的综合结果。

④沾色。经过一定的处理后，染色物上的颜色向相邻的贴衬织物上转移，对贴衬织物的沾污。

（2）耐洗色牢度。耐洗牢度是指染色织物在皂洗过程中褪色和变色的情况。耐洗色牢度试验常用的主要仪器是 SW-12、SW-8 或 SW-4 耐洗色牢度试验机。耐洗色牢度一般需测原样褪色和白布沾色两项指标。原样褪色是指染色织物在皂洗前后色泽的变化。白布沾色是指与染色织物同时皂洗的白布因染色织物的褪色而沾染的情况。

①标准。GB/T 3921—2008《纺织品　色牢度试验　耐皂洗色牢度》

②方法。试样大小为 40mm×100mm，贴衬织物选择单纤维贴衬或多纤维贴衬，沿短边缝合。

③仪器。如图 3-22 所示。

（3）耐摩擦色牢度。耐摩擦牢度是染色织物受到摩擦时保持不褪色、不变色的能力。耐摩擦牢度分为干摩和湿摩两种。干摩是指用标准白布与染色织物进行摩擦后织物的褪色及沾色情况；湿摩是指用含湿95%～105%的标准白布与染色织物进行摩擦后织物的褪色及沾色情况。

①标准。GB/T 3920—2008《纺织品　色牢度试验　耐摩擦色牢度》。

②方法。试样大小为50mm×200mm，10s内摩擦10次，往复动程100mm。

③仪器。如图3-23所示。

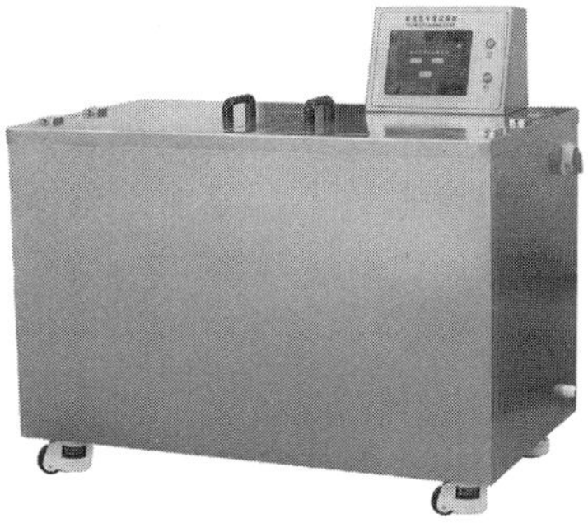

图3-22　耐洗色牢度仪

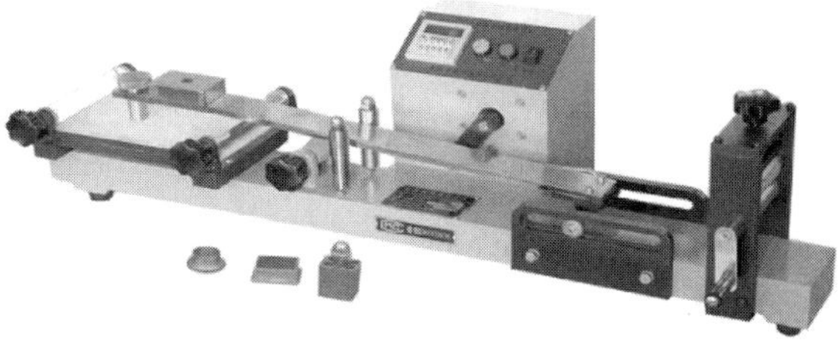

图3-23　耐摩擦色牢仪

（4）耐汗渍色牢度。耐汗渍色牢度是指染色织物受汗渍浸渍后保持不褪色、不沾色的能力。人的汗液是由复杂的成分组成的，其主要成分为盐，汗液因人而异有酸性和碱性之分。纺织品与汗液长时间的接触会对某些染料产生很大的影响。耐汗渍色牢度的测试就是用不同酸碱性的人造汗液模拟人体实际穿着出汗的情况对纺织品进行试验的。

①标准。GB/T 3922—2013《纺织品　色牢度试验　耐汗渍色牢度》。

②方法。试样大小为40mm×100mm，酸性液、碱性液的准备，恒温（37±2）℃，保持4h。

③仪器。如图3-24所示。

（5）耐升华色牢度。耐升华色牢度是指纺织品的颜色耐干热处理的能力，主要针对分散染料染色或印花织物而言的。测试时将染色试样与一块或两块规定的贴衬织物相贴，与加热装置紧密接触，在规定温度和压力下受热后，试样上染料发生不同程度的升华转移，导致原样变色和白布沾色。

①标准。GB/T 5718—1997《纺织品　色牢度试验　耐升华（干热）色牢度》。

②方法。试样大小为40mm×100mm，一定温度，30s。

③仪器。如图3-25所示。

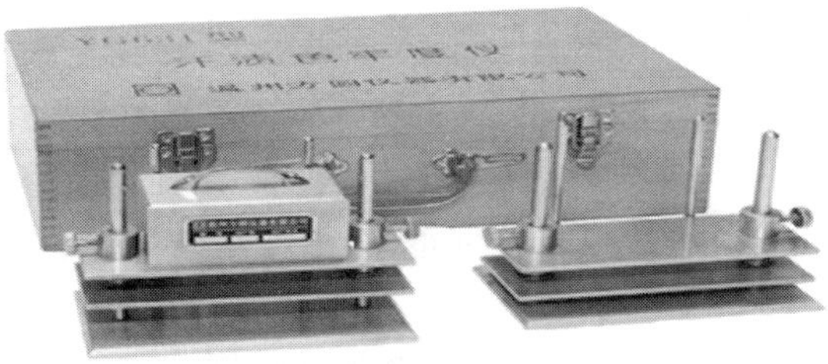

图3-24　耐汗渍色牢度仪

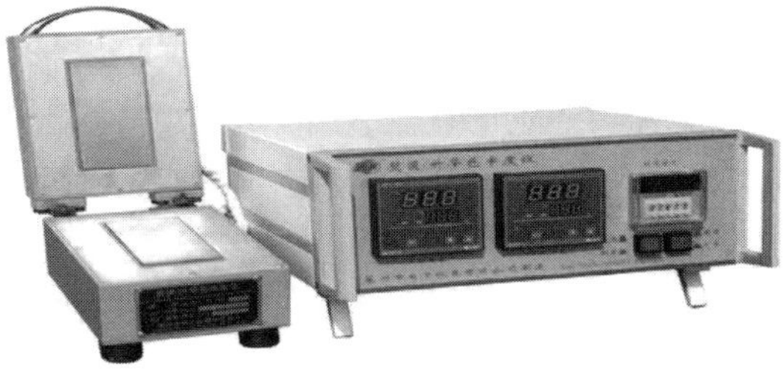

图3-25　耐升华色牢度仪

（6）耐晒色牢度。耐晒牢度又称耐光牢度，是指染色织物受光照时保持不褪色、不变色的能力。耐晒牢度分为 8 级，其中 8 级最好，1 级最差。

①标准。GB/T 8427—2019《纺织品　色牢度试验耐人造光色牢度　氙弧》。

②方法。试样的尺寸和形状应与蓝色羊毛标准相同。

方法一：通过检查试样来控制暴晒时间。

方法二：适用于大量试样同时测试，通过检查蓝色羊毛标准来控制暴晒时间。

方法三：适用于核对与某种性能规格是否一致。

方法四：适用于检验是否符合某一商定的参比样。

③仪器。如图 3-26 所示。

图 3-26　耐晒色牢度仪

2. 染色色差的种类及检验

（1）色差种类。常见的纺织品色差主要包括头尾差、前后差、匹差、缸差、管差、左中右色差和页差等多种。

①头尾差。指长车轧染织物，某种颜色一匹布的头部和尾部的颜色差别，一般要求不得低于 4 级。

②前后差。指每种颜色的前端和后端颜色之间的差别，目前的要求也是 4 级。

③匹差。指相同颜色或相同包装内不同匹数之间的颜色差别，要求不得低于 4 级。

④左中右色差。指长车轧染的整幅织物之内，左边、右边和中间三个部位的颜色差别，有时候也叫作左右色差或左右差。通常客户要求织物的左右色差不得低于 4. 5 级。

⑤缸差。指用绳状浸染的方式对批量比较大的某一个颜色进行染色时，染色的缸数经常会超过一缸以上。当染色配方相同，染色缸号不同的织物，其间存在的颜色差别就是缸差。通常客户要求织物的缸差不得低于 4 级。

⑥管差。指一缸双管染色设备对织物染色后形成的两只染管之间的颜色差别。通常要求管差不得低于 4. 5 级。

⑦页差。指一匹染色织物经挂码计量后在织物折痕处发现的不同页之间的颜色差别。若目测能够发现成品织物有页差，说明染色时出现了严重的色花现象。

（2）色差检验条件。颜色检验的目的就是确定生产大样与客户来样之间的颜色差别。这种检验有时是由客户提出的，有时是由染厂内部技术主管提出的。无论是谁提出的颜色检验，都需要一定的检验条件。如检验光源的确定、检验场地的光线、检验工具的确定、样品尺寸的确定、对色方法的确定等。

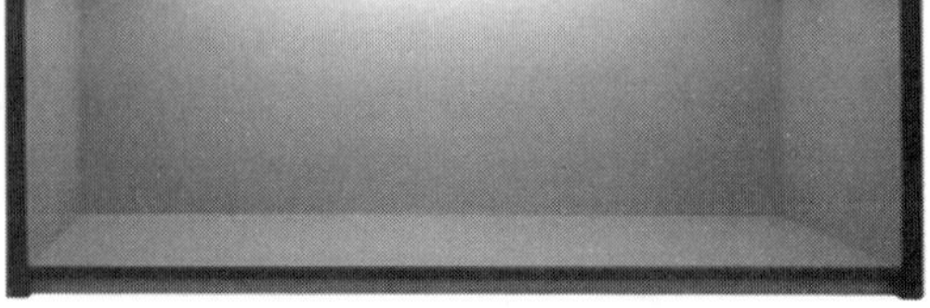

图 3-27　标准光源箱

①光源。颜色检验时的光源可由标准光源箱内的灯光提供。在标准光源箱（图 3-27）内一般有以下几种光源：D65 光源，UV 光源，

CWF 光源和 A 光源。每一种光源有不同的含义和作用。

②光线。颜色检验时，检验环境的光线强度对检验结果有较大影响。在没有标准光源箱的染厂内检验颜色的准确性必须在照度适中的日光灯下进行。

颜色检验时必须要求在北光下进行。所谓北光，就是阳光无法从窗户照射到室内，仅可以从朝北的窗户中对室内颜色检验产生较微弱的影响。这时的颜色检验才可以在日光灯下正常进行。日光的光照强度以 4 只 40 瓦的日光灯，距离颜色检验工作台的高度为 50cm 为宜。灯架过高影响照度，过低影响值班人员工作。

③背景。对色的背景对于对色结果产生较大影响。为了尽可能地把这种影响减少到最低，可以把颜色检验工作台表面用毛玻璃盖住，毛玻璃下面垫上平纹涤棉半漂织物即可。如果没有毛玻璃，可以在普通玻璃下铺垫一层白色复印纸或其他白度较高的纸张。

④样品尺寸。人们都有这样的经验，那就是在一块较大的样品上剪下来尺寸较小的小样，如 1cm×1cm 的尺寸。然后把这块小样放在原来的大块样品的中央，此时大多数人都认为那块放在大样上的小样颜色更深。其实这是一种错觉，产生这种错觉的主要原因就是因为被对比的两块颜色样中，小样的尺寸小，大样的尺寸大。一般情况下，在对比颜色差别时，两块色样的尺寸应该尽量接近，样品的尺寸最好为 3cm×3cm 大小。

（3）对色方法。

①传统对色方法。把两块尺寸接近的色样并排摆放在工作台上，中间不留任何缝隙。观察色样颜色的差别；换一个方向再次比对颜色的差别，或把两个色样位置对调一下，再次观察色样的差别。通过这样的方法用肉眼就能对两块色样的颜色差别给出一个基本的判断。先看深浅，后看色光，就可以对颜色差别给出具体的判断结论。

也可通过对折样品的方法来比对颜色间的差别，分别把两块小样对折后叠放在一起，观察这两块小样的颜色差别。如果不能马上判断出两块色样的颜色差别，那就把两块色样的位置再对调一次。在单独对折两块小样的时候，小样的对折纹路必须相同。

为了准确判断纺织品之间的颜色差别，国家标准 GB/T 250—2008 还配备了灰色样卡。灰色样卡简称灰卡，由灰卡外套、灰卡内套和灰卡三部分组成。

②计算机测色。用计算机对颜色的差别进行检测，是目前许多染厂都在使用的方法之一。当人工测配色无法满足客户需求时，对颜色的检验就可以运用计算机对颜色的差别进行检测。

比如，染厂打样室打出小样后，交跟单员送客户确认，但是跟单员却认为打样室打出的小样颜色的准确性不高，需要重新打样。如果双方争执不下，就可以借助计算机进行颜色色差的检验。

3. 染色主要疵点及产生原因

（1）染色疵点。染色疵点在织物表面有别于底色的颜色和不规则外形等。色点、色花、色迹是常见的染色疵点。发现这些疵点并作出明显标注，按照检验标准进行适当处理，是检验染色疵点的基本要求。

在染色过程中很有可能因各种原因造成织物的堵缸或断头，特别是堵缸，会对纺织品造成极大的伤害，在织物表面产生诸如“鸡爪印”的疵点。此类疵点也属于染色疵点。

（2）染色疵点的产生原因。

①色点。是因染料聚集后在织物表面形成的染色疵点。在浅颜色织物中较多见。粉状染料在化料阶段由于漂浮于比较干燥的空气中也会在浅色织物表面产生蓝点子或红点子之类的染料沾污。检验此类外观疵点相对容易。

②色花。是染料上染织物不均匀而在织物表面形成的染色疵点。由于织物在染色时运行不畅形成的堵缸，或织物在染色前出水不净，不同的部位酸碱度不一致，影响染料上染速度，都会在织物表面形成色花现象。

③色迹。严重的色花也叫作色迹。由于布车内不清洁而造成的织物严重沾色，也常被称作色迹。色点、色花和色迹经常出现在间歇式绳状染色加工中。

4. 染色质量问题分析及控制方法：鱼刺图法

鱼刺图也叫鱼骨图或因果图，是质量管理中常用的分析方法。这种图一般以某类疵点为主要鱼骨，以可能产生的最主要的原因为鱼刺，以所有可能的原因为更小的鱼刺。现举例说明如下。

经过统计得知，某染厂3月总产量为310万米，出库产量322万米。无法回修的次品合计数为1954米。其中染料点1400m，污迹430m，布边拉破101m，其他次品23m。如果4月把1400m的染料点减少一半，4月次品总量可控制在1300m以内。以质量统计中排第一位的疵点为主要攻关目标，发动全体员工献计献策，找出可能产生染料点的原因。

绘制鱼刺图如图3-28所示。

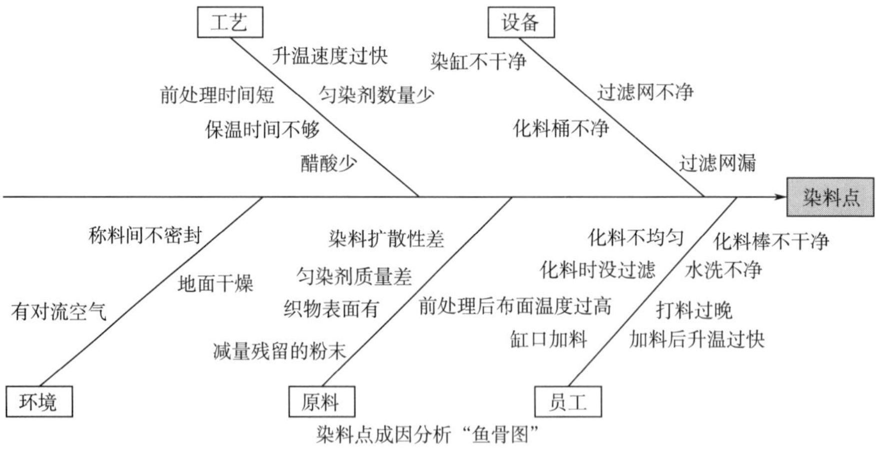

图3-28 鱼刺图

（四）化纤长丝织物印花

1. 印花概述

纺织品印花是指将各种染料或颜料调制成印花色浆，局部施加在纺织品上，使之获得各色花纹图案的加工过程。

印花过程如下：

图案设计→花筒雕刻（或筛网制版）→色浆调制→印制花纹→后处理

（1）印花分类。

①直接印花。将印花色浆直接印在白地织物或浅色织物上，获得各色花纹图案的印花方法。

②拔染印花。将织物先进行染色，再进行印花，有拔白和色拔效果。

③防染印花。织物先印花（防止染料上染的浆）后染色。有防白或色防效果。比如扎染、蜡染等。

（2）印花原糊。是具有一定黏度的亲水性分散体系，作为载递剂把染料、助剂等传递到织物上，防止花纹渗化。当染料固色以后，又可从织物上洗除。包括淀粉及变性产物、海藻酸钠、植物胶及衍生物、乳化糊、合成增稠剂等。

（3）制版。分花筒雕刻和筛网制作。

①花筒雕刻。在金属辊筒上雕刻凹凸不平的图案。

②筛网制作。工艺流程为：

网框绷网→涂感光胶→干燥→感光（分色描样片）→水洗显影→印花筛网

2. 涤纶长丝织物直接印花

（1）工艺流程。

色浆调制→印花→烘干→固色→水洗→皂洗→水洗→烘干

（2）印花色浆处方。

组成	用量	作用
分散染料	X	着色剂
尿素	50~100g	吸湿膨化剂
酸或释酸剂	5~10g	pH 调节剂
防染盐 S	5~10g	抗还原剂
原糊	Y	增稠剂
合成	1000g	

（3）固色方法及条件。

①热溶法（HTS 法）。180~210℃，1~2min，不适合弹性涤纶织物和针织涤纶织物等易变形织物。

②高温高压汽蒸法。128~130℃，30~45min，密闭蒸箱间歇式生产，适合易变形的织物。

③常压高温汽蒸法。170~185℃，6~10min，不适合弹性涤纶织物。

3. 锦纶长丝织物直接印花

（1）工艺流程。

调浆→印花→（烘干）→汽蒸→后处理

（2）色浆处方。

组成	用量	作用
弱酸性染料	X	着色剂
硫脲	50~70g	助溶、吸湿剂
甘油	30g	助溶、吸湿剂
古立辛 A	30~50g	助溶、吸湿剂
原糊（合成龙胶）	500~600g	增稠剂
硫酸铵（1∶2）	50~60g	释酸剂
氯酸钠（1∶2）	20g	氧化剂
水合成	1000g	溶剂

（3）汽蒸。

高温无底蒸箱蒸化 102~105℃，20~30min。

圆筒蒸箱蒸化 102~105℃，20~30min。

（4）后处理。

水洗→皂洗→水洗

宜采用松式后处理，以防织物形变。为更好地去除浮色，皂洗液中可加 1g/L 纯碱。

4. 化纤长丝织物涂料直接印花

（1）工艺流程。

调制色浆→印花→烘干→焙烘

160~165℃，2~3min。

（2）色浆组成。

涂料	x
黏合剂	30%~50%
乳化糊或 2%合成增稠剂	y
尿素	5%
交联剂	1.5%~3.5%
加水合成	100%

5. 涤纶长丝织物转移印花

（1）优点。花型逼真、花纹细致、层次清晰、立体感强；设备简单、占地小、投资少；张力小、适用性广；无环境污染。

（2）缺点。适用纤维有限，成本较高，生产效率较低。

（3）转移印花机主要机构。进布装置，转印装置（热辊、压毯），落布装置。

（4）转移印花机运行过程。

进布（花纸、衬纸）→转移印花→出布（花纸、衬纸）

6. 化纤长丝织物喷墨印花

（1）特点。非常灵活，套数不受限制，高效、更换方便，只需（黄、品红、青、黑）四色油墨，无须配色，减少浪费，无排污。

（2）印花图案数字化处理。

①原稿扫描。扫描仪、扫描软件。

②数字印花图案的拍摄。专业相机，需几千万像素。

③数字印花图案计算机制作。如 Photoshop。

（3）喷墨印花前织物前处理。上浆的浆料组成包括增稠剂、尿素、碱、抗还原剂等。

（4）锦纶长丝织物数码印花酸性染料墨水组成。

酸性染料	7%
表面活性剂	0.5%
杀菌剂	0.1%
二甘醇	10%
丙三醇	10%
去离子水	72.4%

（5）涤纶长丝面料数码印花分散染料墨水组成。

超细分散染料分散液	35%
硫二甘醇	19%
二甘醇	11%
异丙醇	5%
表面活性剂	X
杀菌剂	Y
加水至	100mL

（五）化纤长丝织物后整理

1. 整理概述

整理是指用物理、化学、物理化学联合的方法改善纺织品的外观、内在品质，服用性能及其他应用性能，赋予织物某种特殊功能。

整理的目的是使纺织品规格化，织物幅宽整齐，尺寸和形态稳定；改善纺织品的手感，如柔软整理、硬挺整理；改变纺织品的外观，如轧光、起毛、磨绒等；赋予纺织品某种特殊功能，如拒水拒油、阻燃、抗静电、抗菌、防霉等。

（1）按织物整理加工的工艺性质分类。

①机械物理性整理。又称一般性整理，利用湿、热、压力及机械作用，如拉幅、机械预缩等。

②化学整理。通过树脂或其他化学整理剂与纤维发生化学反应，如树脂、化学柔软、功能整理等。

③物理—化学整理。化学整理与机械物理性整理合并完成，如耐久性轧光、轧纹等。

（2）按纺织品整理目的分类。

①常规整理。又称为一般整理，通常把使织物幅宽整齐、尺寸和形态稳定的定形和预缩

整理、外观整理、手感等整理划分为常规整理。

②功能整理。又称特种整理，是赋予织物某种特殊性能的整理加工方式。主要包括防护性功能整理、舒适性功能整理、抗生物功能整理等。

（3）按纺织品整理效果的耐久性。

①暂时性整理。短时间内保持效果。

②半耐久性整理。保持一定时间，能耐较少次数的洗涤。

③耐久性整理。保持较长时间，耐多次洗涤。

2. 化纤长丝织物拉幅定形整理

（1）目的。定形整理使织物幅宽整齐或尺寸、形态稳定。

（2）原理。消除织物中积存的应力和应变，使织物内的纤维能处于较适当的自然排列状态，从而减少织物的变形因素。

（3）拉幅定形机的组成。

①给湿。利用纤维在潮湿状态下具有一定的可塑性，织物在进行定幅整理前，先给以适量的含湿，有利于织物接受机械或物理作用。给湿主要用于干布，给湿程度因工艺要求而不同。

②拉幅、烘干。拉幅机是由许多布铗或针板链环组成左右两条长链，长度一般为 15～34m，织物在布铗或针板的握持下通过蒸汽热辐射管的上方或烘房中受到上下对吹的高温热风均匀烘燥，在逐渐拉幅和烘燥过程中烘干，达到规定的幅宽。

③冷却。落布经过冷却辊使布面温度低于 50℃，防止布面折印等。

3. 化纤长丝织物柔软整理

柔软是指人们在服用过程中所感受到的物理上和生理上的舒适感，为了使织物具有柔软、滑爽、丰满的手感，或富有弹性，满足服用要求，大部分纺织品在后整理时都要进行柔软整理。

（1）柔软整理分类。

①机械柔软整理。用机械的方法，在有张力或无张力状态下将织物多次揉搓、弯曲，以降低织物的刚性，适当提高织物的柔软度。

②化学柔软整理。利用柔软剂对织物进行柔软整理的方法。通过柔软剂处理织物，减少织物中组分间（如纱线之间、纤维之间）的摩擦阻力和织物与人体之间的摩擦阻力，从而起到柔软、平滑的作用。

（2）化纤长丝织物柔软整理方法。

①浸轧法。

浸轧整理液（柔软剂 25g/L，30～40℃、轧余率 70%～80%，车速 40～45m/min）→预烘（100～110℃）→拉幅烘干（150～160℃）→冷却→落布

②浸渍法。浸渍法一般在筒纱染色机、溢流染色机内进行，浴比 1：10～1：20，柔软剂用量 0.5%～1.5%（owf），温度 30～40℃，处理时间 10～20min，脱液后用松式热风烘干。

4. 化纤长丝织物绒毛整理

（1）起毛整理。指利用机械作用，将纤维末端从纱线中均匀地拉出来，使织物表面产生一层绒毛的加工过程。

（2）磨毛整理。指磨毛机将织物在一定的张力、压力及进布速度与磨辊速度的控制下进入磨毛区，在高速转动的磨辊作用下，砂皮使织物表面层纤维拉出，磨成一定的绒毛。

5. 化纤长丝织物功能整理

化纤长丝织物功能整理是在织物上施加功能性的整理剂，使长丝织物具有特定功能的整理。

（1）拒水拒油整理。拒水拒油整理是在织物上施加一种具有特殊分子结构的整理剂，改变纤维表面层的组成，并牢固地附着于纤维上或与纤维化学结合，使织物不再被水和常用的食用油类所润湿的加工过程。

拒水剂种类很多，有金属皂类、蜡和蜡状物质、金属络合物、吡啶类衍生物、羟甲基化合物、有机硅（聚硅氧烷）和含氟化合物等。目前常用的拒水剂主要是有机硅和含氟化合物，拒油剂则是含氟化合物。

（2）阻燃整理。阻燃织物并非指织物在火焰中外形没有任何改变，安然无恙，而是指织物在遇到火焰后不会起明焰燃烧，离开火焰后能立即自动熄灭，无阴燃、续燃现象。在织物上施加阻燃整理剂，使织物具有阻燃功能。

在所有化学物质中，具有阻燃效果的元素主要限于元素周期表中的下列少数元素。

Ⅲ（A）：硼（B）和铝（Al）

Ⅴ（A）：氮（N）、磷（P）和锑（Sb）

Ⅶ（A）：卤素

Ⅳ（B）：钛（Ti）和锆（Zr）

阻燃剂主要有有机阻燃剂和无机阻燃剂，有机是以溴系、磷氮系、氮系和红磷及化合物为代表的阻燃剂，无机主要是三氧化二锑、氢氧化镁、氢氧化铝，硅系等阻燃剂。

（3）抗静电整理。抗静电整理是指提高纤维材料的吸湿能力，改善织物的导电性能，减少静电现象。

抗静电整理剂是表面活性剂类化合物，按离子型来分有阴离子型、阳离子型、非离子型和两性型。

①阴离子型抗静电剂。包括烷基磺酸盐、烷基磷酸酯盐。

②阳离子型抗静电剂。脂肪族的季铵盐衍生物。

③非离子型抗静电剂。包括聚乙二醇、烷基酚的环氧乙烷加成物，高级脂肪酸酰胺的环氧乙烷加成物等。

④两性型抗静电剂。主要是脂肪烃基咪唑啉衍生物。

（4）抗菌整理。抗菌整理是在织物上施加一种具有特殊分子结构的整理剂，提高织物抗菌功能，如细菌（如金黄色葡萄球菌、大肠杆菌、枯草杆菌、乳酸链球菌）、真菌（霉菌、酵母菌）、病毒等。

(六) 生产案例

1. 涤纶仿真丝绸整理

(1) 整理目的。使涤纶长丝织物的性能与外观模仿天然真丝织物。仿真丝绸整理有酸、碱两种工艺，整理品在酸、碱的水解作用下，重量有所减轻，又称为减量整理。

(2) 涤纶仿真丝绸整理工艺流程。

坯布→准备→退浆、精练→热松弛（开纤）→脱水→开幅→烘燥→预定形→碱减量→水洗→干燥→染色→水洗→脱水→开幅→烘干→后定形→功能整理→验布→卷布→成品

2. 仿桃皮绒

(1) 整理目的。仿桃皮绒是由超细纤维组成的一种薄型织物，经磨绒整理，织物表面产生紧密覆盖约 0.2mm 的短绒，犹如水蜜桃的表面。

(2) 仿桃皮绒整理工艺流程。

坯布准备→翻缝→退浆、精练、松弛→预定形→碱减量→开纤→柔软烘干→定形→磨绒→砂洗→松烘→定形→染色→柔软拉幅定形→成品

3. 仿麂皮绒

(1) 整理目的。选用的原料是超细纤维的长丝，将其织制成织物，经过特殊的后整理工艺加工，在织物成品的表面形成了细密均匀的绒毛。超细纤维具有蓬松、飘逸、手感柔软的优点，超细纤维织物的悬垂性及柔软性极好，手感舒适。

(2) 仿麂皮绒整理工艺流程。

基布准备→退浆松弛→（碱减量、开纤）→起绒→预定形→染色→干燥→聚氨酯树脂整理→磨绒→后整理→后定形→成品

(七) 化纤长丝织物后整理发展趋势

化纤长丝织物的花色品种日新月异，新产品层出不穷，随着人工智能、电子、医学和航空航天等科技的发展，应用越来越广阔，在智能穿戴、医疗、航空航天等领域，发挥着不可替代的作用。化纤长丝织造行业正在加快技术进步和转型升级步伐，企业生产管理和技术水平正不断改善提升。化纤长丝织造产品将以其独特的优势，在纺织行业中展现出更大的活力和韧性。

化纤长丝织物整理发展趋势为低碳，少水无水，短流程，低排污，低能耗，产品绿色、安全、可降解。

1. 印染企业进行新能源、资源利用

(1) 屋顶光伏及光伏建筑一体化建设。

(2) 使用中压蒸汽替代导热油，将热风加热至 160~217℃。

(3) 实现蒸汽热能有效梯级利用。

2. 印染环节使用绿色原材料

对有毒有害化学品进行替代，减少印染助剂使用。

3. 印染工序余能利用

（1）废气余热。将定型机的进风温度从20℃升高至120~140℃，节能效果显著。

（2）蒸汽余热。将自然排放的废蒸汽热量与常温水进行热交换，热水可用于印花蒸化后的水洗。

（3）保温隔热。对缸体表面加装保温层，减少热损失。

（4）废水余热。采用废水、工业水或清洁水对流或逆流的形式进行热交换。

4. 采用节能减排设备

（1）采用连续式前处理设备。

（2）采用小浴比、无水少水染色机。

（3）采用高效节能定型机、起剪烫后整理数控成套装备。

（4）采用高速数码印花机。

（5）采用数字化能耗监控系统。

5. 采用绿色低碳印染工艺

（1）前处理采用短流程、低温、低浴比、生物酶、低碱/无碱等工艺。

（2）染色采用低温、低盐/无盐、少水/无水、低浴比、非水介质染色、超临界二氧化碳染色等工艺。

（3）印花采用高速数码印花、转移印花等工艺。

6. 废水、废气处理

采用先进技术，推广印染废水膜处理先进技术，膜过滤等技术处理，处理后的再生水会用于生产；安装废气净化装置。

第四章　准备技术装备

由于长丝织物在原料、织物组织和规格以及用途等方面具有各自的特殊性，因此应根据化纤长丝原料性能、经纬组合、织物风格和织造工艺合理选择生产工艺流程并使用配套的技术装备。

一、络丝机

第三章中介绍道，络丝是将化纤长丝大卷装卷绕成小筒子卷装，便于倍捻机对丝线的后续加工，是从大到小的过程，完成该工序的设备就是络丝机，如图 4-1 所示。

图 4-1　络丝机

络丝机的主要机构包括张力装置、断头自停装置、计长装置、卷绕装置等。其工作原理是将单根化纤长丝从原丝筒上退解下来，经过导丝环、张力器和导丝钩卷绕到络丝筒子上，其中导丝钩在导丝杆的带动下做上下往复运动，可根据需要改变导丝动程，通常形成双锥形筒子，最终达到更换卷装形式的目的。

二、倍捻机

倍捻机是指倍捻锭子每一个回转给予纱线加上两个捻回的加捻设备。倍捻具有增加丝线的强力，使其在以后工序中能够耐摩擦，减少丝线起毛或断头，并使织物增加牢度；使丝线具有一定的外形，制成的织物具有皱纹形状，增加美观；增加丝线的弹性，使制成的织物抗皱能力增加。

倍捻的原理如图 4-2 所示：需要加捻的丝线 1 自静止的供丝筒子 2 上引出，从锭子顶端穿入空心锭杆 3，随锭杆的一回转，丝线其中一段得到一个捻回（即 *AB* 段），然后丝线再从空心锭杆下端贮丝盘 4 的横向孔眼穿出引向上方的导丝钩。贮丝盘随锭子而回转，丝线随着横向孔眼对导丝钩固定点的一回转，丝线另一段又加了一个捻回（即 *BC* 段）。锭杆做逆时针（或顺时针）方向一回转时，其中一段丝线获得 S 向（或 Z 向）一捻回，另一段丝线也获得 S

向（或 Z 向）一捻回，丝线移动时，相同捻向的两个捻回叠加，得到倍捻效果。

倍捻机锭子一转，可产生两个捻度，使生产效率提高近一倍，而且其大卷装能减少丝线的结子，明显提高产品质量，为此倍捻机投入工业化生产后，显示出其强大的生命力，制造和使用与日俱增。从 20 世纪 70 年代到现在，四十多年的工业化生产中倍捻机不断改进，尤其是电子技术等高新技术的应用，使倍捻机的生产技术取得了明显的进步，并在生产中发挥出越来越强的生命力，使用厂商获得了明显的经济效益。

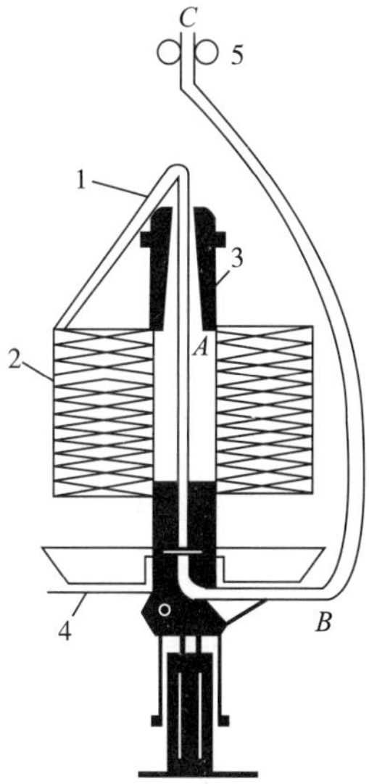

图 4-2 倍捻原理

1—丝线 2—筒子 3—空心锭杆 4—贮丝盘 5—导丝钩

目前，常用的真丝倍捻机锭速为 9000r/min，化纤倍捻机的锭速可达 18000r/min。近年来，倍捻机的技术进步主要表现在以下几方面：

（1）采用变频无级调速电动机。通常长丝倍捻机全部采用普通电动机，由龙带传动锭子转动，从满足加工品种规格来讲，更换皮带轮只能变换 4～5 种锭速，并且会影响龙带的张力，产生锭子与锭子之间的锭速差异，导致锭子之间捻度不匀。苏拉、萨维奥、村田厂相继推出了龙带传动电动机由普通电机改为变频无级调速电机。采用超喂机构，过去超喂量的变化是靠调换齿轮或链轮来达到，对于丝线张力和筒子成形状态影响很大。

新型智能型倍捻机改变了传统齿轮箱、一个电动机和龙带传动方式，成为倍捻电动机、卷绕电动机和横动电动机三个独立电动机传动方式，通过中央控制机构 PLC 来控制加捻单元、卷绕单元、横动导丝单元的机械执行机构，使锭速、卷绕速度、横动速度单独控制。通过触摸屏来调整捻度、锭速、卷绕角度等工艺参数，更加数字化和智能化。

（2）电子式断纱自停技术在倍捻机上广泛采用，从而减少了断头后筒纱表面磨损。锭子转速在线监测技术也在倍捻机上投入应用，当锭子转速超过允差，就能自动提醒生产管理人员，使捻度允差控制在生产之前，省去了许多测定工作。

（3）低捻筒子的大卷装化。目前，有的倍捻机在加工低捻度的纱线时，加工筒子的最大卷装容量达到 5kg，从而使加工丝线的结子明显减少，可以获得更为光洁和平整的织物。

（4）机器结构和辅助设施的不断完善，如上油、上蜡、空气捻接器及吸风、吸尘装置等可以任意选用，为生产理想的加捻丝提供了良好的条件；机器模块式的结构设计，分节组装出厂也为纺织厂按生产需要选用锭子、台数和方便运输提供了良好的条件，如图 4-3 所示。

图 4-3 倍捻长车

三、假捻机

假捻机是通过将原丝拉伸和假捻变形加工成假捻变形丝的设备，成品往往有一定的弹性及收缩性。我国的假捻机是从20世纪80年代与德国巴马格合作逐步发展起来的。假捻机主要分为加弹机和假捻倍捻机。

（一）假捻的原理

假捻变形是利用丝的热塑性，加捻后加热定形，接着进行冷却，冷却后把所加的捻全部解开，由于加捻后经加热和冷却，丝的弯曲形状已固定，解捻后丝仍然保持弯曲形状。加工过程包括假捻、加热和冷却。

1. 假捻

若固定丝条的一端，握持住另一端使其自身转动，每转动一圈，丝条就加上一个捻，逆时针方向转动得到S捻，顺时方向转动得到Z捻。若将丝的两端均固定，握持住中间部分转动，以握持点为界，上、下两部分将分别得到捻数相同、捻向相反的捻。去掉握持点后，丝束所获得的方向相反的捻回相互抵消，丝束上的捻回消失。这种先加捻、后解捻的过程称为假捻。

假捻过程如图4-4所示。将丝的两端均固定，握持住中间部分转动，经过假捻器后的丝上、下两部分将分别得到捻数相同、捻向相反的捻。

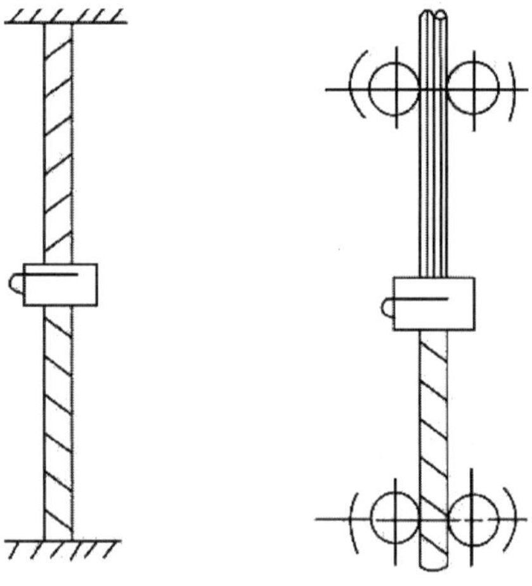

图4-4 假捻过程示意图

2. 加热和冷却

加热和冷却是利用合成纤维的热塑性获得假捻效果的必要条件。在假捻过程中的加捻阶段进行加热，其目的是利用分子的热运动消除因加捻而产生的内应力，使加捻变形固定。另外，丝条受热后塑性增强，刚性减弱，可以降低加捻张力，便于加捻。

冷却的目的是使加捻变形得到的塑性变形固定下来。冷却到二次转变温度（玻璃化温度，81℃）以下时，加捻后的形变已固化，虽经解捻，但每根单丝仍保留原来的卷曲形状，变得蓬松有弹性。

（二）假捻机构

假捻机构是变形丝机的最重要的部件，对假捻加工速度起着决定性的影响。目前使用的假捻机构有转子式和摩擦式两种。

1. 转子式

转子式假捻机构的优点是在加捻时不打滑，假捻度均匀，其缺点是速度及原丝的纤度受到限制。就握持形式而言，有机械式和磁性式两种。

2. 摩擦式

摩擦假捻头分内摩擦与外摩擦两种。目前主流的高速变形丝机大多采用外摩擦假捻装置，内摩擦假捻装置适合加工细旦涤纶及锦纶丝。

（三）加弹机

加弹机是常见的假捻变形机（图 4-5），可将 POY 加工成 DTY。加弹丝的工艺流程一般是：POY 从放置在原丝架上的筒子上引出，自一罗拉喂入热箱，在热箱里达到工艺要求的温度，同时在二罗拉的作用下拉伸；然后经冷却板冷却到合适温度后，进入假捻器进行假捻加工，使丝线既有良好的弹性和蓬松性，又有一定的几何尺寸稳定性，然后丝线经上油导丝器上油后，卷绕成丝饼，供后道使用。

图 4-5　加弹机

加弹机的主要工艺参数分别为拉伸倍数、加弹速度、变形温度、假捻张力、卷绕张力等。

（1）拉伸倍数。指 POY 丝未经加弹强度低、伸长长，大分子结构不稳定的特点，不具备直接纺织织造的条件。经过加弹机的一定拉伸倍数的拉伸，使得 POY 丝强度增强，伸长变短，纤维结构稳定性好，满足后道纺织服饰使用的要求，这就是拉伸倍数。

（2）加弹速度。泛指加弹机几道罗拉中第二罗拉的线速度，俗称加弹速度，简称车速，计量单位 m/min。

（3）变形温度。POY 丝如果在低温状态下进行硬拉伸，则单丝表面容易拉毛或断裂。而变形温度是通过加弹机设定一定的温度条件，然后对 POY 丝实现热拉伸，使得 POY 拉伸变形充分，纤维不毛不断。

（4）假捻张力。又称变形张力，指 POY 丝沿着丝道进入假捻器前的张力值，和出假捻器到第二罗拉前的张力值，两者合称为假捻张力，对 DTY 的品质尤为重要。

（5）卷绕张力。控制 DTY 丝的卷绕张力对后加工影响很大，卷绕张力越大，DTY 丝饼直径越小，DTY 丝饼硬度越高。反之，卷绕张力越小，则 DTY 丝饼直径越大，DTY 丝饼硬度越小。

四、假捻倍捻一体机

假捻倍捻一体机是集倍捻、假捻、定形于一体的设备，多用于仿真丝类绉丝的加工，又被称为一步法假捻倍捻机（图 4-6）。主要组成机构为倍捻锭子、磁性转子式假捻器、加热器、超喂罗

图 4-6　假捻倍捻一体机

拉和卷绕装置。正常情况下，加热器温度为180~220℃，倍捻锭子和假捻器均高速旋转，给丝线加上真捻和假捻。

工作原理是：长丝经过倍捻锭子后被加上真捻，随后经过超喂罗拉进入磁性转子式假捻器，假捻器上有用红宝石级高耐磨材料制成的横销，长丝在横销处绕一圈或两圈后出假捻器，再由罗拉引出而被卷绕成形。假捻器的作用是给横销之前的丝段加上假捻，并经热箱加热而变形，经冷却后通过横销而退捻，赋予长丝一定的蓬松、弹性以及可伸缩性。经假捻后的长丝要进行热处理。进入加热区域的长丝，既有倍捻，又有假捻。加热器的作用对倍捻来讲，是对其进行定形处理；对假捻而言，是对其进行变性处理，经退捻后使长丝产生卷曲效应。同时，长丝在较低张力下加热，对其进行热变性处理，使丝线预缩，降低热缩率，有利于绉效应的显现。

通过一步法被加工出的绉丝由于引入了假捻，使其具有普通绉丝无法比拟的特性，如假捻度的高低和真捻度的各种比例配置，将形成性能各异的一步法弹力型绉丝。

五、包覆（丝）机

包覆（丝）机是用于将外包丝螺旋缠绕在芯线上（双色或单色），从而生产出包覆丝的设备。外包丝多为涤纶等化纤长丝，芯线多为氨纶，包覆丝成品既有氨纶的弹性，又具有外包丝的外观及良好手感，是生产弹性机织物理想的原料。根据包覆原理的不同，可将包覆机分为空气包覆机和机械包覆机。

（一）空气包覆机

空气包覆机简称空包机，其工作原理是通过空气喷嘴将两种以上的纤维长丝吹结成网络节，使其结合在一起。它能够实现单一纤维难以兼备的多种性能，如高弹、高强、高服用性等。空包机主要用于生产涤氨包覆丝，即涤纶丝包覆氨纶丝。近年来，化纤长丝面料开发与创新日趋活跃，对优质的超细、高弹的空变丝、竹节丝、空包丝的需求量日益增加，例如，20~50旦的高弹包覆丝的市场供不应求。

空包机又可分为单锭式和长车式（类似加弹机）两种，单锭式应用更多（图4-7），这是因为单锭式可以做到分锭设置，一台车上可以同时生产几个品种，实现多品种、小批量生产；现在大多采取对加弹机进行改造，增加芯丝退卷装置，通过空气喷嘴将外包丝与芯丝吹结成网络节的方法，实现加弹包覆一体化，不需要单上空包长车。

图4-7　单锭式空包机

在生产过程中需要注意张力、网络结密度、罗拉转速、芯丝预伸长等工艺参数的设置，保证芯丝张力要大于外包丝，氨纶丝预伸长率一般为300%~400%。

（二）机械包覆机

机械包覆机（图 4-8、图 4-9）的工作原理是：卷绕在丝筒上的纤维 A，以锭子为圆心边旋转边退绕，缠绕到从锭子中心穿过的纤维 B 上，形成 A、B 两种纤维“鞘与芯”的分布，故名包芯丝或包芯纱。

机械包覆机多用来生产涤纶丝包氨纶丝（涤氨包芯丝）、锦氨包芯丝，涤纶丝包棉纱（涤棉包芯纱）、锦棉包芯纱，也可以棉包涤、棉包锦等。包氨纶可以赋予化纤长丝高弹性；包棉可以增加棉纱强力，同时改善化纤丝吸湿排汗性能。

机械包覆机在工作过程中会产生一定的捻度，需注意捻度、张力、罗拉转速、芯丝预伸长等工艺参数的设置。

图 4-8　机械包覆机

图 4-9　机械包覆机工作过程

（三）空气包覆机与机械包覆机的对比

空气包覆机和机械包覆机都能改善单一纤维的性能，实现高弹、高强、高服用性等，拓展了面料的开发空间。表 4-1 对比了空气包覆机和机械包覆机在使用原料及产品等方面的不同。

表 4-1　空气包覆机与机械包覆机的对比

设备	原料	捻度	网络点	包覆质量	速度	产品用途	使用厂家
空气包覆机	化纤长丝	无	有	易漏芯	高（为机包的 7~10 倍）	化纤长丝机织物	化纤厂 织造厂 专业厂
机械包覆机	化纤长丝、短纤纱	鞘有芯无	无	不易漏芯	低	化纤长丝织物，织袜、制服等	织造厂 织袜厂

六、平行牵伸机

牵伸机（牵伸卷绕机）是一种用于锦纶、涤纶等纺丝加工中所得到的初生纤维（如POY、UDY）给予进一步的补充加工，并使其形成一定卷装形式的专用机械。主要作用是在一定的条件下向丝束轴向施以外力，把丝束中的单纤维拉细，提高取向度，使单纤维由低强、高伸的塑性状态变为高强、低伸的弹性状态。牵伸机可采用环锭式卷装和平行卷绕，长丝织造行业多采用平行牵伸机进行加工。平行牵伸机俗称平牵机，其卷装形式为平行卷绕，成品丝饼为圆柱形，可用于生产常规丝和开发差别化纤维。

平行牵伸机的基本工作流程是：

原丝→切丝器→罗拉→热牵伸盘→热箱→冷牵伸盘→网络器→卷绕

丝条由丝架供应，经过合股轮、热牵伸盘及上方的探丝器与合股轮、热箱、冷牵伸盘及上方的合股轮，再经过合股轮进入网络喷嘴复合，经过空气吹结形成网络点，达到复合的目的，最后经过卷绕成丝饼。

平牵机可采用物理方法进行丝的复合、混纤、混色，生产多重性的差别化纤维，生产的主要方法如下。

1. 异收缩率的聚酯长丝

将不同沸水收缩率的丝束 A、B 进行合股、网络，得到异收缩拉伸网络丝。两丝束中一股丝束经过热箱定形，另一股丝束不经过热箱定形。经过热箱定形的丝束，沸水收缩率低于没有经过热箱定形的丝束，且热箱温度不同，可制得不同沸水收缩率的异收缩拉伸网络丝。

2. 混纤牵伸网络丝

将两种不同纤度、不同颜色、不同材料的丝在喂入罗拉前直接并股，然后同时拉伸、定形、网络和卷绕。采用这种生产方式，只要两股丝的牵伸倍数接近，可多股丝束并股拉伸；也可将丝束 A 经过拉伸定形，而丝束 B 不经过拉伸定形，直接在冷盘上与丝束 A 并股，然后网络卷绕。丝束 A 一般为半消光或消光，阳离子可染涤纶 UDY、POY；丝束 B 为 POY、FDY、DTY、PA6、黏胶长丝等，采用这种生产方式，也可多股丝复合加工。

3. 细旦丝

由于细旦丝单丝纤度小，承受外力能力差，因此细旦丝拉伸倍数和加工速度都要比普通纤维低，热盘温度较低，网络压力不宜太高。

七、整经机

整经机是指将一定根数的经纱按工艺设计规定的长度和幅宽，以适宜的、均匀的张力平行卷绕在经轴或织轴上的设备。根据不同的纱线种类和工艺要求，整经机可分为分批整经机、分条整经机和分段整经机等。如第三章所述，化纤长丝整经工艺主要有分条整经和分批整经两种，故长丝织造主要应用的是分批整经机和分条整经机。

（一）分批整经机

分批整经机是将全幅织物所需要的经丝总根数先分成 n 批，每批经丝根数尽可能相等，分别卷绕成 n 只经轴，然后将这 n 只经轴通过浆丝机（或并轴机）进行并合，按规定长度卷绕到织轴上的整经机。分批整经机的工艺流程：

筒子架（张力器、导丝部件）→张力辊组件→伸缩筘→导丝辊→整经轴

分批整经机示意图如图 4-10 所示，外形图如图 4-11 所示。

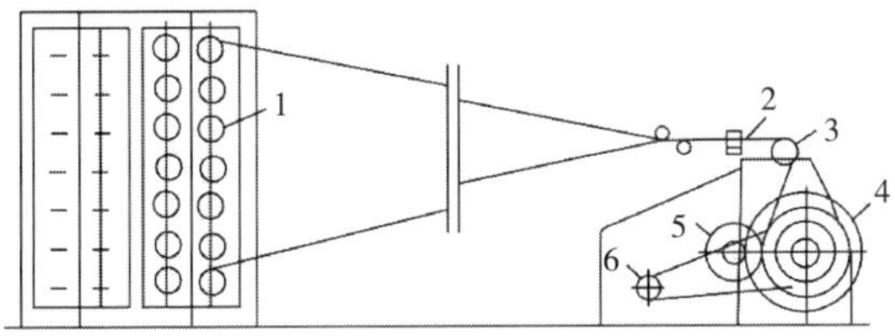

图 4-10 分批整经机示意图

1—筒子 2—伸缩筘 3—导纱辊
4—经轴 5—压辊 6—电动机

图 4-11 分批整经机外形图

1. 分批整经机的特点

分批整经机的任务是将筒子架引出的经纱（经丝）平行地卷绕成经轴，供上浆和并轴用。

（1）新型分批整经机的技术特点。

①具有高速度、大卷装、自动化。新型分批整经机整经速度快（一般为 500~700m/min，高速整经可达 1000m/min），具有经轴转速自调、停车制动时压轴自动脱离、断经自停显示、电子测长及满轴自停、自动上落轴等自动化功能。

②用直接传动方式传动经轴。采用液压变速、可控硅无级变速或变频调速方式传动经轴，保持整经线速恒定和可调。

③采用精密、微量的上下及横动伸缩筘、吹风清洁和防护装置。精密伸缩筘可确保纱线排列均匀，上下运动可延长筘齿的寿命。横向运动的结果是经轴表面平顺。吹风清洁装置可清洁伸缩筘。安全防护装置可保护操作人员的安全。

④采用高效制动装置。新型整经机筒子架自停系统至张力辊组件的距离一般为 5~6m，故停车制动距离不能超过 4m。因此新型整经机的制动装置大多采用高效能的液压式制动装置。

（2）分批整经机的工艺特点。生产效率高，片纱张力均匀，经轴质量好，适宜于大批量生产，可应用于各种纱线的整经加工。缺点是回丝多，对于多色或不同捻向经纱的整经，色经的排列困难，因此分批整经只能用于白坯织物或单色织物的整经，所成经轴大多数需要经过浆丝工序才能制成织轴。

2. 机构组成

分批整经机由机头、张力辊组件和筒子架三部分组成。机头部分主要包括传动机构、伸缩筘、退卷储纱机构、制动机构、上蜡（油）机构等。张力辊组件主要包括集丝板、张力辊组、传动机构等。筒子架一般为矩形，可两面或三面使用，筒子架上装有一定数量的筒子插座、张力装置和导丝瓷板，断纱自停装置也可安装在筒子架上。化纤长丝整经筒子架上的筒子容量一般为 1680 只工作筒子，最多可达 2880 只。

3. 主要机型

目前，新型分批整经机向着机电一体化和高速大卷装的方向发展。高速整经机的恒线速卷绕、高效同步制动、上落轴、压辊加压、主轴电动机的开停调速以及连锁安全保护装置等一系列操作，都有电脑储存、显示工艺参数，并对整个运行状态进行监控。进口的分批整经机有贝宁格（Benninger）、日本津田驹、德国祖克（Sucker）和卡尔·迈耶（Karl Mayer）等。国产设备有 GA 型、ASGA 型等。

（二）分条整经机

分条整经机是将织物所需的总经根数根据纱线配列循环和筒子架的容量分成根数尽可能相等、纱线配置和排列相同的若干份条带，并按工艺规定的幅宽和长度一条挨一条平行卷绕到整经大滚筒上，待所有条带都卷绕到整经大滚筒上后，再将全部经纱条带由整经大滚筒同时退绕到织轴上的整经设备。退绕到织轴上的过程称为倒轴。倒轴的工艺流程：

筒子架→屏风筘→分绞筘→定幅筘→导丝辊→滚筒→前导丝辊→上油辊→后导丝辊→织轴

分条整经机如图 4-12 所示。

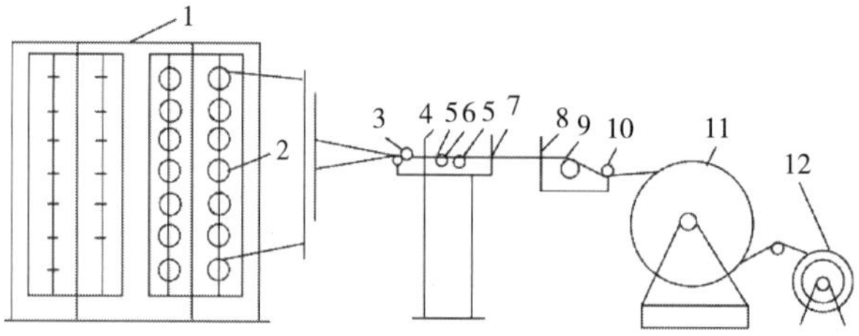

图 4-12　分条整经机示意图

1—筒子架　2—筒子　3，5—导杆　4—后筘　6—光电断头自停片
7—分绞筘　8—定幅筘　9—测长辊　10—导辊　11—大滚筒　12—织轴

1. 分条整经机的特点

分条整经机速度高、幅宽范围大、大卷装、自动化程度高。

（1）分条整经机的主要技术特点。

①整经采用机、电、气一体化，计算机控制，精确可靠。

②采用交流变频调速，实现整经、倒轴无级调速，恒线速卷绕。

③主机大滚筒整体在地轨上由伺服电动机控制移动，倒轴部件、分绞筘架及筒子架等固

定。整经时条带相对位置不变，保持片纱张力均匀。

④整经滚筒坚固，固定倾斜角，计算机控制条带位移。

⑤设置了定幅筘随条带增厚的自动后退装置，使条带相对滚筒的卷绕位置不变，减轻条带的扩散，有利于卷绕成形。

⑥采用经纱自动对绞、自调中心，灵敏的断头自停等电气控制系统。

⑦采用 PLC 控制技术，具有计长、计匹、计条和满长、满匹、满条、断头自停及断头记忆等功能。

⑧设置上油、上蜡、静电消除和织轴加压装置。

（2）分条整经机的工艺特点。条带增减方便，适宜于宽幅和不同幅宽织物的织造；也适合小批量、多品种的生产，如色织、丝织等；可直接做成织轴，适合不需要上浆的股线、加捻或重网合成纤维长丝的织造。缺点是两次卷绕成形（逐条卷绕、倒轴）生产效率低，各条带之间张力不够均匀等。

2. 机构组成

分条整经机也是由筒子架、分绞筘、机头、倒轴四部分组成的，筒子架包括插筒门框、张力器、导丝板、自停装置。分绞筘包括屏风筘、夹丝棒、分绞筘。机头包括机架、大滚筒、主传动、制动系统、整经台、伺服传动系统、计长系统。倒轴包括机架、主传动、制动系统、导丝辊、上油机构、加压机构、上下轴机构、安全机构。其筒子架分为矩形回转式筒子架、固定式筒子架、小车式筒子架，筒子架上的工作筒子一般为 640~800 锭，最多可达 1200 锭。

3. 主要机型

按织轴盘头直径的大小，分条整经机可分为 ϕ800mm 盘头、ϕ1000mm 盘头、ϕ1250mm 盘头三种规格。目前使用的高速分条整经机型号较多，引进的设备主要有卡尔·迈耶（Karl Mayer）等，国产设备主要有 GA 型、SHGA 型、KGA 型、HFGA 型等。

（三）数字化整经发展方向

随着变频技术、数字化控制等先进技术在整经系统的应用，整经机普遍开始采用多套 PLC、多套交流数字伺服控制，实现了运行恒线速、恒张力、高速度，定位准确，操作便捷。高精度控制的整经机在织造超细纤维织物，特别是锦纶长丝织物中获得了广泛应用，降低了物料消耗、提高了产品质量和品种适应性，为生产高端纺织面料提供了硬件保障。

目前，机器人自动挂经系统已开始在部分企业试运行，大大提高了整经架的上落纱效率。可实现多规格纱筒兼容，自动识别纱管；工业机械臂挂经，轻松应对高经架，保障生产安全；自动落轴系统可与 AGV 自动对接，实现智能物流；有效降低用工成本。

部分整经机还配备了视觉断纱自停系统，通过嵌入式智能相机及断纱报警数据库系统，可及时停止并提示挡车工断纱、缺纱的原因，并带自学功能，智能化水平较高，无须人工干预，也有效缓解了用工难题。

可用于强捻化纤长丝织物、色织物及特种产业用等品种的分条整经性能逐步优化并投入实际生产。整经机操作台的轴向位移由高精度伺服电动机控制，起点定位、条定位可一次按键自动完成，通过独立的步进电动机控制，使定幅筘与成形纱面保持等距离，距离可任意设定。采用计算机及 PLC 等先进技术，具有计总长、计匹长、计条及断头记忆等功能和满总长自停、满匹长自停、断头自停等功能。配备多类型传感器，实现自动位移检测及全流程自动张力控制功能。PLC 及触摸屏配备数据接口，方便实现数据采集及远程监控。配备的大屏幕触摸屏，显示清晰、信息量大、操作方便。

八、浆丝机

浆丝机是指把一定数量的浆液黏附在经丝上，经烘燥后形成浆膜的设备。无捻、低捻或低网络点化纤长丝作经丝通常需采用浆丝机进行上浆。

（一）浆丝机的结构

浆丝机由经轴架、上浆装置、烘燥装置、冷风箱、车头部分装置组成，如图 4-13 所示。

图 4-13　浆丝机

（1）经轴架。经轴架位于浆丝机的后方，轴架上最多可配置 12~16 只经轴，具体用量要根据整经根数和总经根数确定。经丝从若干经轴上引出合并，以达到工艺要求的总经根数。为节省占地，多采用双层甚至多层排列。因为化纤长丝上浆多采用单轴上浆工艺，因此常见的浆丝机往往只配置一个单经轴架。经轴架的结构如图 4-14 所示。

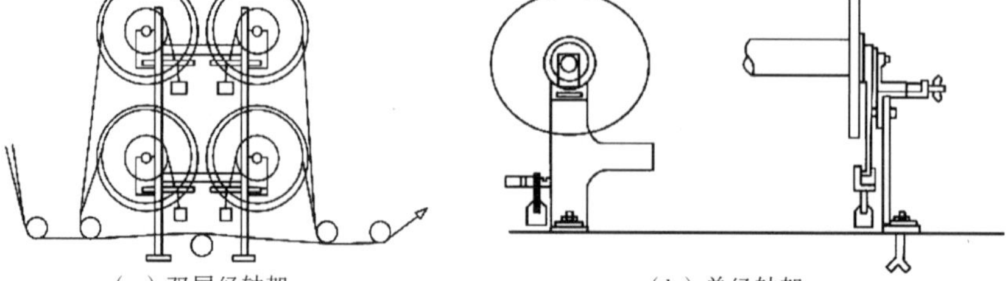

（a）双层经轴架　　（b）单经轴架

图 4-14　经轴架结构

（2）上浆装置。上浆装置的作用是让经丝按规定的浸浆路线通过浆槽，使被覆与浸透达到所需比例，获得一定的上浆率。不同于短纤纱，化纤长丝上浆以浸透为主，提高复丝的集束性和强力，以保证后道工序的顺利进行。上浆装置主要由浆槽、引纱辊、浸没辊、上浆辊与压浆辊、循环浆泵、浆箱、湿分绞等部分组成。单浆槽上浆装置工艺流程如图 4-15 所示。

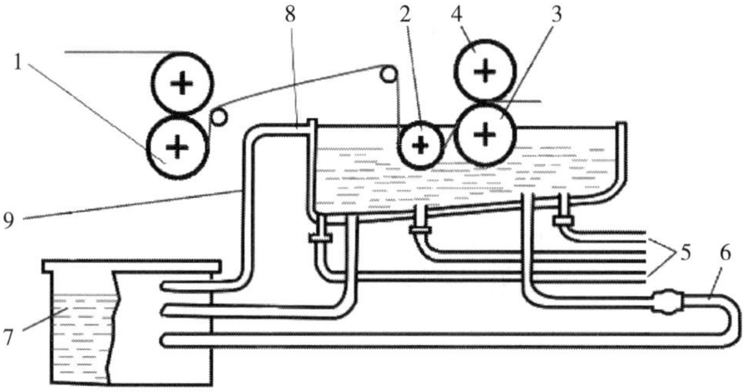

图 4-15　单浆槽上浆装置工艺流程

1—引纱辊　2—第一浸没辊　3—第一上浆辊　4—第一压浆辊　5—蒸汽管　6—循环浆泵　7—浆箱　8—溢流口　9—溢流管

上浆方式分为单浸单压、单浸双压、双浸双压等，如图 4-16 所示。单浸单压上浆率低，浸压次数少，浸浆长度短，化纤长丝上浆一般采用单浸单压式。单浸双压压浆力符合前重后轻的原则，上浆率和浆液对纱浸透和被覆适当，适用于短纤纱上浆，如棉纱。双浸双压浆槽容积大，压浆力符合前轻后重原则，根据品种和工艺不同也可使浸没辊贴紧上浆辊而产生侧压，形成双浸四压式，适用于中压、高压上浆或对上浆率要求大、浆液黏度高的纱线上浆，如高经密织物等。

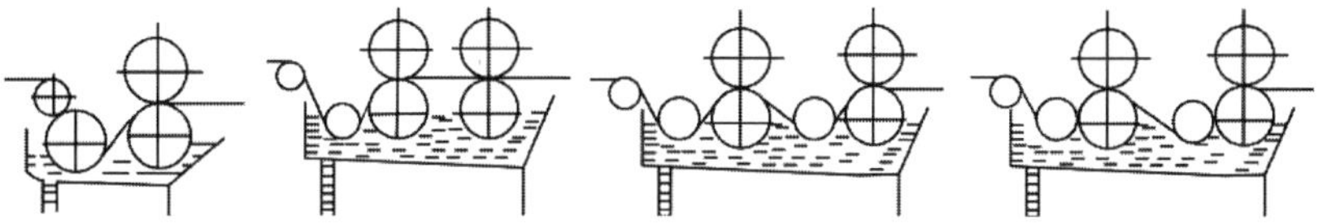

图 4-16　上浆方式

引纱辊将经纱从经轴上引出后送入浆槽，浆槽内外层均为不锈钢，夹层内充填玻璃纤维等保温材料或由高温水浴间接加热，与此不同，化纤长丝采用低温上浆，以防止经丝伸长，由循环浆泵实现浆箱与浆槽之间的浆液循环。然后，浸没辊使经丝浸入浆液内，一般以轴芯与浆液平面平齐为准，但不宜单纯用调节浸没辊高低位置来改变上浆率大小，以免增加经丝的张力和伸长。浸浆深度可利用自动或手动升降齿条进行调节。之后，压浆辊由上浆辊（钢辊）摩擦传动，当浆丝在它们之间通过时，依靠压浆辊与上浆辊表面对浆丝进行挤压，一部分浆液压入长丝内部，多余的部分被挤出流回浆槽。浆丝在压浆辊和上浆辊之间受到挤压的程度不仅局限于两者相接触的压力区的影响，而且还受到浆丝在离开压力区的瞬时压浆辊表面包覆层弹性恢复能力，以及长丝本身变形能力的影响。现代浆丝机多采用橡胶压浆辊使表面弹性稳定。压浆工艺如图 4-17 所示。

湿分绞棒安装在浆槽和烘房之间，浆丝机湿分绞棒装置如图4-18 所示。浆丝从浆槽中出来，经湿分绞棒分成数层后，平行进入烘房，减少浆膜在烘干之前的粘连。一般来说，分绞棒的根数由总经根数和安装位置来决定。湿分绞棒根数增加，经丝分布密度减少，分绞棒作用更明显。湿分绞棒由边轴传动，通过变速箱调节速比；也可用电动机单独传动。停车时，湿分绞棒仍需慢速转动，以防止黏浆。

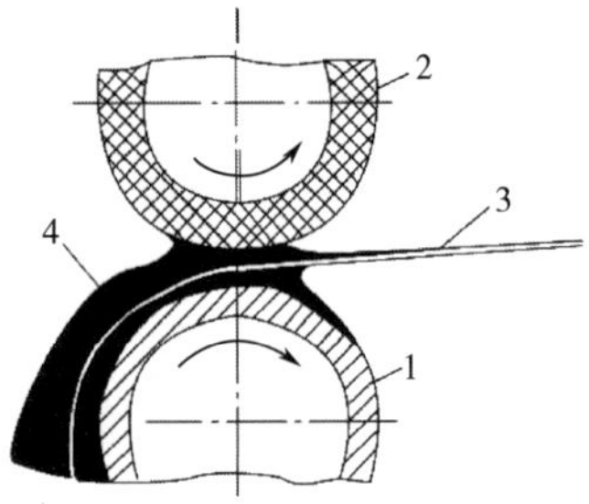

图 4-17　压浆工艺图

1—上浆辊　2—压浆辊
3—经丝　4—浆液

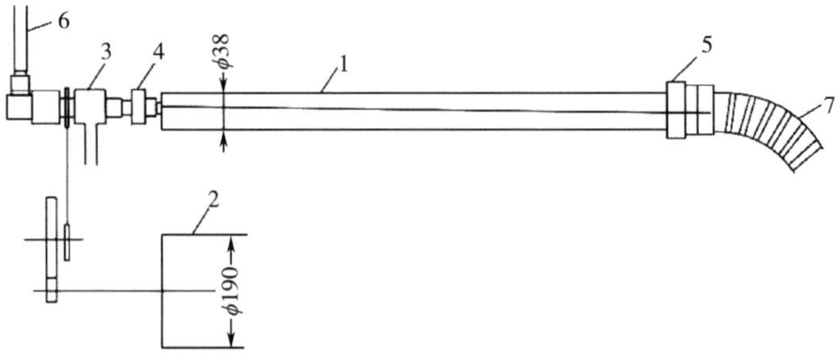

图 4-18　浆丝机湿分绞棒装置

1—湿分绞棒　2—上浆辊　3—湿分绞棒托脚　4—进水套筒
5—出水套筒　6—进水管　7—出水管

化纤长丝采用先并后浆工艺时，由于密度大、总经头份多，需使用湿分绞，从而使单丝进入烘房，避免烘燥后浆丝之间的互相粘连。通常湿分绞棒要保持慢速回转、内部要通入循环冷却水，让分绞棒表面形成冷凝水膜，防止分绞棒表面结浆垢，这对保护浆膜完整、降低落浆率、提高浆丝的质量极为有利。

（3）烘燥装置。烘燥装置的任务是去除湿浆丝上的多余水分，达到工艺要求的回潮率，固化浆丝上黏覆的浆液，使其形成黏结内部纤维，表面平整光滑的浆膜。浆丝机多采用热风式或先热风后烘筒的联合式烘燥装置，如图 4-19 所示。热风式烘燥装置是通过热空气与湿浆丝进行热湿交换，使水分汽化而烘干浆丝；烘筒式烘燥装置是通过湿浆丝与高温金属烘筒相接触，从烘筒表面获得热量，汽化浆丝中所含的水分。

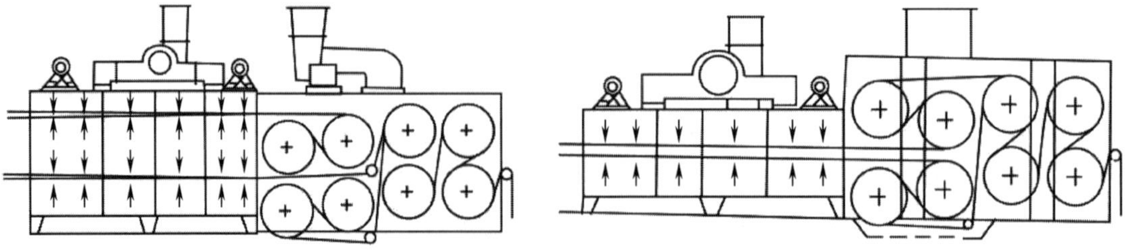

图 4-19　热风烘筒联合式烘燥装置

(4) 冷风箱。浆丝机还需配备冷风箱，将出烘房温度尚高的浆丝迅速冷却到常温状态，以避免在高温下合成纤维长丝在卷绕织轴过程中产生塑性伸长，制冷功率大约5匹。

(5) 车头部分装置。浆丝机车头部分由测湿、张力检测、上蜡、分纱、浆丝牵引、织轴卷绕、静电消除等装置组成，主要作用是保证长丝排列均匀、丝片不偏斜，织轴卷绕张力均匀、松紧适度，消除浆丝静电，落轴灵活及车速调节方便。

由于长丝本身特性，不同于浆纱机采取的上蜡工艺，经丝上浆后采取上抗静电油或抗静电蜡的措施，以增加丝条的吸湿性、导电性和表面光滑程度。另外，浆丝机为消除浆丝静电也专门配备静电消除装置，浆纱机不配备。

目前，新型浆丝机改边轴集体传动为各自由变速电机（伺服电机、变频调速）直接传动，调速范围大（从0.2m/min的微动速度到最高400m/min生产速度），过渡平滑；能作长时期的低速运行以防止结浆斑，满足操作上的需要。

（二）单轴上浆机

棉织物上浆采用多轴上浆，先并合再进行上浆、烘燥，而后绕成织轴。化纤长丝上浆多采用单轴上浆，后并成织轴的形式。对于一些特殊品种，如超细旦锦纶织物，也有采用先并后浆的工序。

化纤长丝上浆采用的单轴上浆机是将整经后的经轴单个进行上浆、烘燥、卷绕后再通过并轴机并成织轴，同时这种上浆机也适用于小批量色织物的经纱或特种纱线的上浆。长丝采用单经轴上浆时，为防止上浆烘干过程中长丝粘连，各根长丝应保持一定距离（大于1.5mm），呈单丝分离状态进行上浆、烘燥。

（三）并浆联合机

并浆联合机是一种可以同时完成上浆和并轴过程的机器（图4-20、图4-21），主要用于细旦锦纶长丝。细旦锦纶长丝在准备过程中容易发生伸长，经丝对张力非常敏感，为保证轴与轴之间的经丝张力均匀一致，实现锦纶长丝上浆品质的均一化，降低经轴上的起泡现象，因此将浆丝和并轴工序合并在一起同时进行。

图4-20　并浆联合机

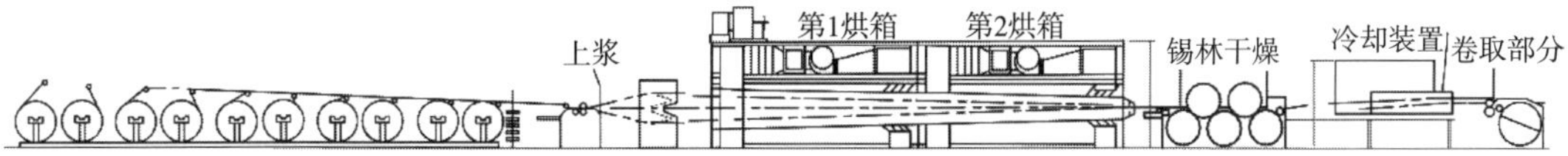

图4-21　并浆联合机简图

这种设备特点是将构成总经头份的所有经轴并合后同时上浆，最大限度地减少轴与轴之间的张力差异；出浆槽后的浆丝通过水冷湿分绞棒将各轴经丝及轴与轴之间的经丝分成若干层，使所有经丝彼此完全处于分离状态进入烘房，以有效防止经丝粘连，保持浆膜的完整性，减少织造过程中经丝的毛丝断头。

该设备由计算机系统控制，可以在线监视浆液黏度、温度、上浆率和浆丝张力等。经轴退解和卷绕装置采用直流电动机控制，并有张力检测辊检测反馈，可使正常运转、停车、起动和减速时的张力保持一致；上浆装置采用浸浆压浆结合方式，压浆辊可进行准确均匀的上浆，通过对应经丝的自动控制装置也能实现压浆压力的无级变动。另外，为了防止在机器停止时的浆液固化，上浆部分还附带有浸润装置，可以有效减少经丝浆液固化，提高浆丝质量。

九、并轴机

并轴是按织造幅宽、总经根数和硬度、平整度等工艺要求，将多个浆轴（经轴）合并成织轴的工序，完成这一任务的设备为并轴机。并轴机的结构主要有织轴传动系统、张力传感导丝辊、拖引辊、测长辊、伸缩筘装置、浆轴架及其制动系统等组成（图 4-22、图 4-23）。

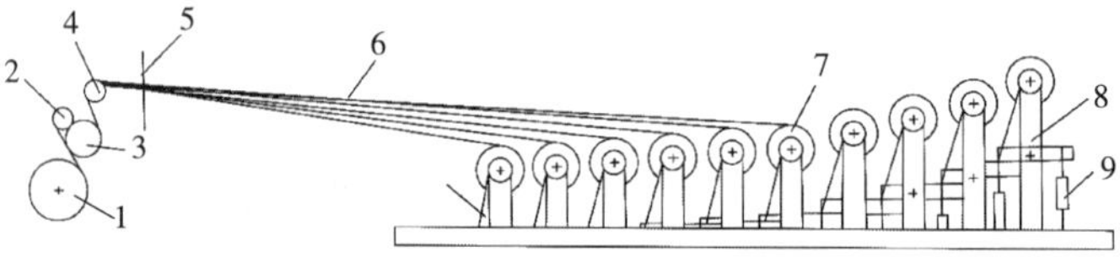

图 4-22　并轴机结构简图

1—织轴　2—张力传感导丝辊　3—拖引辊　4—测长辊　5—伸缩筘　6—经丝片　7—浆轴　8—浆轴架　9—气缸

图 4-23　并轴机

工作原理是：浆轴 7 放在浆轴架 8 上，在拖引辊 3 的牵引下，经丝从浆轴 7 上退绕，穿过伸缩筘 5，再经过测长辊 4、拖引辊 3 和张力传感导丝辊 2 后，卷绕到织轴 1 上。并轴机生产工艺参数包括：总经丝根数、分经轴经丝根数、并轴只数、卷取长度、打印长度、卷取速度、织轴幅宽、浆轴退绕张力、卷取张力、制动带挂钩位置、织轴硬度等。

传统并轴机多采用磁粉制动器，但是磁粉散热效率低，在高速时发热严重，高温时输出扭矩也不稳定，即使是闭环控制系统，偶尔也会出现张力松紧不一的现象，给布面造成或多或少的瑕疵，磁粉发热严重时张力波动也较大，还可能在运行过程中突然出现咬死的现象；磁粉制动器的性能严重影响到并轴机效率的提升。现在先进的并轴机已经将传统的磁粉制动器更换为变频电动机传动，采用变频调速的方法自动控制每个轴的张力，实现了单轴张力独立设定并控制，保持了浆轴退绕由大到小经丝张力的一致性和稳定性，减少了轴与轴之间的张力差异，品种适用范围广，效率高，生产速度由原来的150m/min提升至300m/min，速度增加了一倍。

十、整浆联合机

整浆联合机是一台可以同时完成整经和上浆过程的机器（即整经架+单轴上浆机），如图4-24和图4-25所示。由于在化纤长丝织造中，通常采用单轴上浆，整经的经丝头份在2000根以内，可以实现将准备工序的整经和浆丝合并一起，即整浆联合。将传统的“整经→浆丝→并轴”的准备工艺变为“整浆联合→并轴”。整浆联合机的优点是减少了上浆时的浆回丝、白回丝，省去了经轴的储存、搬运、装卸工作，提高了生产效率；缺点是一次断头会影响两台车的效率。

图4-24 整浆联合机

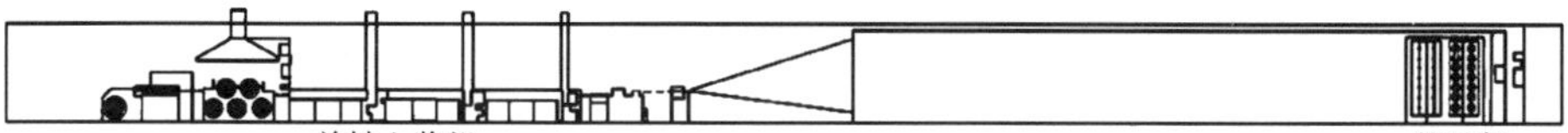

图4-25 整浆联合机简图

十一、分绞机

由于化纤长丝细滑，容易产生错位，完成浆并工作的织轴在穿经前通常需要通过分绞机进行分绞。现有的分绞机是将经纱上下分奇偶错开，把片经丝分成上下层，然后从中穿分绞线，分绞线严格确定了经丝的排列次序，使经丝呈现出根据纺织花样需要的序列排列，以供后续工艺需要，如图4-26所示。

图4-26 分绞机

十二、穿经机

穿经分手工穿经、半自动（三自动）穿经和全自动穿经。穿经过程示意图如图 4-27 所示。

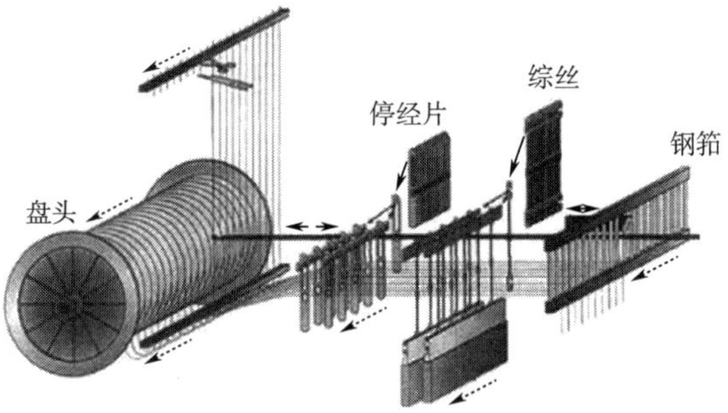

图 4-27　穿经过程示意图

（一）手工穿经

在穿经架上进行，由人工分离经丝后，先用穿经钩将经丝依次穿入经停片（长丝织造中较少使用）和综丝眼中，然后用插筘刀将经丝穿过钢筘缝隙。特点是劳动强度大，效率低，质量高。

（二）半自动（三自动）穿经机

在普通穿经架上安装自动分纱、自动分停经片、自动穿筘（电磁插筘）的三种装置。生产效率有所提高，劳动强度有所降低，但仍未摆脱繁重的手工操作，并未在长丝织造行业普及。

（三）自动穿经机

指可以将经丝自动穿过停经片、综丝、钢筘的装置，完成各个穿经动作的设备。自动穿经机的速度和穿经质量比原来的手工穿经有了较大的进步，大大降低了人工劳动强度，提高了劳动生产效率。当前，针对长丝高强、细旦特性专门研制的化纤长丝自动穿经机已得到企业认可，并逐渐在企业中批量使用。自动穿经日产能可达 20 万～30 万根/（台・天），可相当于 15～20 名熟练工人，在提升生产效率和产品质量的同时，也为开发生产复杂组织织物提供了技术保障，有效降低了对熟练工人的依赖，显著节约了劳动力成本。

十三、结经机

结经机也是用机械操作代替手工操作的一种穿经机械。结经机将新织轴上的经纱（经丝）和带有停经片、综丝和钢筘的了机经纱（经丝）逐根进行打结，然后把新经纱（经丝）按原来的穿经顺序拉过停经片、综丝和钢筘，完成穿经任务。只适合于经纱（经丝）头份和穿经工艺相同且对了机停经片、综丝和钢筘暂无维修清洁要求的产品，是穿经工序的一种辅助设备。

自动结经设备包括固定机架和自动结经机两部分。如图 4-28 所示，固定机架由固定机架座 1、综框支架 2、停经片支架 3、钢筘支架 4、理纱辊 5 和织轴架 8 组成。自动结经机由打结机头 6、活动机架 7 等组成。

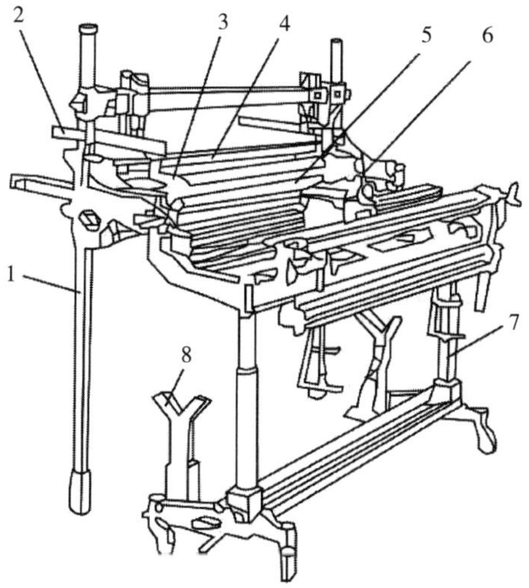

图 4-28 自动结经机和固定机架

1—固定机架座 2—综框支架 3—停经片支架 4—钢筘支架 5—理纱辊 6—打结机头 7—活动支架 8—织轴架

第五章 织造及整理技术装备

无梭织机按照引纬介质的不同，可分为喷水织机、喷气织机、剑杆织机和片梭织机等。喷水、喷气和剑杆织机，都是化纤长丝织造行业常用的织机，其中喷水织机为行业重点机型。

一、喷水织机

以水为介质引纬的喷水织机，具有效率高、能耗低等特点，且水有一定的导电性，能消除织造中产生的静电，故喷水织机特别适合本行业产品，成为行业主流织造设备。截至2022年底，我国长丝织造行业织机规模达到83.6万台，其中喷水织机占长丝织造织机总量的90%以上。但喷水织机以水为介质进行引纬，一方面限制了其产品适应性，另一方面，在环保驱动的发展现状下，行业面临一定的节水压力。目前，喷水织造除了提速、增效、节能、智能化等目标，节水和水处理也成为行业关注的重点。

（一）喷水织机的发展历史

喷水织机从发明到如今的蓬勃发展，经历了以下几个过程。

（1）发明期。20世纪50年代，捷克斯洛伐克人斯瓦杜（V·Svaty）发明了世界上第一台喷水织机并取得了专利，1959年，捷克斯洛伐克开始生产H型喷水织机，当时筘幅仅1050mm，最高车速约400r/min。

（2）发展期间。20世纪60年代日本远洲公司引进捷克斯洛伐克专利，仿制生产，日产公司的LW型喷水织机研制成功。

（3）方兴期。20世纪70年代，日本津田驹公司研发生产了ZW型喷水织机。

（4）高速成长期。20世纪80年代，日产和津田驹成功运作，喷水织机快速发展，进入高速成长期。

1980年，上海第十五丝织厂首先引进日本津田驹ZW型喷水织机52台，在丝绸届刮起一股喷水织机引进风。随着喷水织机的广泛使用，国内喷水织机制造企业也逐渐发展起来。

目前，国内已形成了以日发、引春、德尔德、天一红旗、海佳等为代表的一批优秀喷水织机制造企业。国外主要以日本津田驹和丰田的喷水织机为代表。

（二）喷水织机发展现状及趋势

（1）产品适应性。新型喷水织机突破了老式喷水织机对品种和原料的局限，发展为不仅可以织造常规丝，还可以织造粗旦丝、超细旦丝、各种变形丝、复丝、金属丝等多种原料；不仅可以生产单层织物，还可以生产各种多层织物及特殊规格的纺织品，产量、质量和效率显著提升，产品的适应性更加宽泛。据调查，目前国产高速高密喷水织机以超高速性能为根本，对机架结构、打纬机构、卷取及送经装置进行了优化设计，同时配合防溅式 U 型短间距喷嘴，进一步提高了引纬性能。通过送经装置的优化设计，实现送经装置的稳定性，可从容应对从极细支纱到粗支纱，从窄幅到宽幅，从一般织物到双层织物等特殊规格织物的不同密度织造。未来，充分发挥喷水织机高生产性能，扩大其可织范围是喷水织机的重要研究方向。

（2）织机速度。随着共轭凸轮开口、高速电子储纬器及偏心打纬等先进技术在喷水织机上推广应用，水泵、喷嘴、综框和机架材质不断优化改进，以及电子数控技术的配置应用，使织机的运行更加平稳高效。目前，多家国内织机企业喷水织机演示速度最高达到 1000r/min 以上，部分织机可达 1200r/min 以上。青岛天一红旗公司研发的一款新型喷水织机采用凸轮开口和六连杆打纬装置，织机演示速度达 850r/min，达到了配置四连杆打纬织机的速度，织造产量比上一代提升了 30%左右。

（3）自动化、智能化水平。随着永磁直驱电机技术的推广，喷水织机的精细控制和机电一体化程度显著提升。汇川公司推出的织机电主轴节能效率达 20%~30%；可实现自由变换车速，具备慢点动、超启动功能；电动机采用一体化灌胶工艺，永久防水，有限抗衡高温高湿等恶劣环境；采用第三代稀土永磁体，欧洲汽车电动机制造技术，结合闭环矢量控制技术，确保电动机在生命周期内永不退磁。

越来越多的织机设备安装信息采集装置和数据传输接口，把织机从纯机械手动控制变为数控面板控制，借助 ERP 等管理系统实时采集数据传输到监控室或手机端，解决数据孤岛，实现“云检测”，完成精准控制，达到更加节能、智能的目的，提高织机效率。喷水织机电控系统大大提升了织机的自动化、数字化水平，有效提高了生产效率和产品质量，为企业精细化管理打下基础。

专门针对喷水织机开发的电控系统层出不穷。伟创电气公司开发的喷水织机 VC600C 一体化电控系统具备主轴永磁直驱控制、双经轴控制、电子多臂控制、高低压刹车、电子选纬、可视化探纬、探纬自动调整、送经张力快速收敛 PID 控制等功能，大幅提高了喷水织机的数字化、智能化水平。而且电控箱采取全封闭、无风扇的嵌入式一体化设计，解决了传统电控系统因水汽引起柜体器件短路、探纬调节复杂落后、柜体体积大、功能扩展少等问题。

二、喷气织机

喷气织机以压缩空气为介质进行引纬，相较于其他织机，喷气织机的速度居无梭织机之首，受到行业青睐。且喷气织机对于纤维的选择性更强，没有纤维吸湿性的顾虑，故在长丝织造行业，很多生产交织物的企业，尤其是产品中含有吸湿性较好的纤维产品，都考虑使用喷气织机。喷气织机采用气流引纬方式，最大的缺点是能量消耗较高。喷气织机织布所需要电力的 60%~80%都用在供应压缩空气的空压机上，实现引纬气流的精确控制和喷嘴之间的协同工作，减少间歇喷气造成的空气浪费，也成为喷气织机节能降耗的核心技术。

（一）喷气织机发展历史

1914 年美国人发明了喷气织机，1950 年捷克斯洛伐克生产第一台商用喷气织机，20 世纪 70 年代喷气织机开始应用于工业生产。早期的喷气织机只能生产窄幅织物，织机速度低、织物质量差，只能生产单色的、简单的普通平纹织物。

我国自 1982 年首次由上海织布科研所引进日本津田驹公司 ZA200 型喷气织机用于试织，1984 年首次引进津田驹 ZA203 型喷气织机制造技术。

目前，国外喷气织机代表企业有日本津田驹、丰田，比利时必佳乐，意大利意达，德国多尼尔等，中国的喷气织机也在快速发展，主要代表企业有日发、天一红旗、丝普兰、华信等企业。近年来，国外织机制造厂商织机性能进一步优化，国内织机制造厂商的织机性能进一步完善和提高，市场竞争依然激烈。

（二）喷气织机发展现状和趋势

（1）织机速度。目前，喷气织机的车速基本处于稳定状态，各机型车速更加贴近用户实际生产需求。国外几家公司车速基本在 1000r/min 左右，国内各厂家多数在 900r/min 左右，也有部分厂家在 1000r/min 以上，说明各厂家都在积极响应喷气织机高速化的发展趋势。

（2）产品适应性。随着喷气织机的不断发展，其品种适应性已经很广泛，纬纱颜色从 2 色到 8 色不等，除了传统的短纤坯布、衬衫面料、床单布外，还扩展到了厚重牛仔布、安全气囊、汽车内饰面料、高级衣料、中厚面料、网格布、四面弹、多层布、围巾布等其他领域，其中必佳乐和津田驹的厚重牛仔布、多尼尔的安全气囊、意达的汽车内饰面料是织造难度较大的品种，体现了喷气织机在品种适应性方面的技术进步。

（3）自动化、智能化水平。自动化及智能化是当前喷气织机重要的发展方向，各厂商都非常重视且进步明显。国外喷气织机电子绞边、电子剪刀、电动独立织边等机构均为标准配置，国外大部分喷气织机厂商标配了自动补纬装置，并在机构上不断进行完善，如在原先的用喷嘴把故障纬纱吹出梭口的基础上增加了主动拉伸轮机构，提高了成功率。

织机主传动环节，欧洲机型均采用超启电动机直驱技术，织机转速可以在线变速，且更加节能。日本机型主传动标配为变频器驱动技术，从技术角度看，主传动超启电动机直驱要优于变频器调速技术。

电控系统环节，国外机型均配置有织造导航系统，导航系统内置的上机参数可以自动设定，提高了客户上机新品种时的效率。丰田公司喷气机型还具备升级为网络化织造工厂的功能。除了提高单机自动化程度之外，很多设备已经具备联网功能，机台运行数据可以通过网络实现采集，并与上层控制系统实现互联互通，为将来实现织造环节的前后工序自动对接打下了基础。

近年来，国产喷气织机在自动化、智能化环节进步比较明显，部分机型配置了电子剪刀、电子绞边；主传动配置了变频调速；日发、天一红旗等厂家的机型配置了自动补纬装置；日发喷气机型主传动采用了类似欧洲机型的直驱模式；还有部分厂商织机的电控系统具备了远程联网功能，显示了国产喷气织机厂家对自动化、智能化环节的重视，并取得了较大技术进步。

（4）能耗。环保问题事关重大，日益受到各国各行业重视，也是全球织造业发展的大趋势。喷气织机各厂家都非常重视能耗指标，在降低能耗的技术手段上也非常丰富。由于喷气织机采用压缩空气的引纬特点，控制压缩空气的消耗成为重点，具体技术手段有以下几种。

一是优化喷嘴钢筘等引纬器材件。如采用双串联固定主喷嘴机构；采用节能型钢筘，对筘槽形状进行优化，并配置与其配套的辅喷嘴，代表性机型有丰田、意达公司的产品。

二是优化气路结构。如辅气包采用了多段式结构，引纬过程中的压力分开设定，最大程度上降低了耗气量，代表性机型为必佳乐、意达公司的产品，它们在降低织机能耗同时扩展了品种适应性。

三是通过软件控制手段优化控制环节。增加引纬自动调整修正功能，辅助喷嘴开闭时间根据纬纱到达自动调整优化，像津田驹公司的 AJC 功能，增加主喷嘴压力及流量自动调整功能；如必佳乐机型，在钢筘上增加传感器，根据纬纱飞行状态实时调整各电磁阀开闭时间，这种调整对电控要求较高，仅有极少数企业产品采用了此功能。显示屏上实时显示织机耗气量，并与织机导航系统相对应，每个品种设定相应标准值，当织造品种实际耗气量超过系统预定值时设备自动报警，提示客户进行修正，可避免管理环节的能耗浪费。

四是降低喷气织机电耗。由于与气耗相比电耗占比较少，各厂商在此环节研究较少。欧洲喷气机型采用主电动机直驱技术，取消了电磁离合器、皮带、带轮等元件，通过提高传动效率实现节能，欧洲喷气织机主传动直驱技术已经是标准配置，而日本机型仍然在采用带轮加变频器驱动技术。

三、剑杆织机

剑杆织机是无梭织机中选纬功能最强、使用最广的一种，适合小、中批量品种频繁翻改的花式织物加工，故剑杆织机也被用于化纤长丝织造。

（一）剑杆织机发展历史

剑杆织机的开发始于 1844 年，当时索尔福德的约翰·史密斯获得了一项织机设计专利，该专利取消了早期织机型号中典型的梭子。1870 年发明刚性剑杆，1899 年完善刚性剑杆技术，1922 年发明挠性剑杆技术。20 世纪 30 年代开始试制剑杆织机。1951 年在第一届国际纺织机械展览会上首次展出剑杆织机，后来逐步改进提高，并商业化。

世界上生产剑杆织机的厂商主要集中在欧洲，我国自 20 世纪 60 年代中期开始研制剑杆织机。目前，国外剑杆织机生产厂商主要有比利时的必佳乐、意大利意达、德国多尼尔、意大利奔特等企业，国内的主要有日发、丰凯、万利、新辉等企业。

（二）发展现状及趋势

（1）织机速度和效率。为提高剑杆织机速度和效率，国内外各家企业对织机构件进行结构优化，使运动构件质量减小，尤其是采用轻型小剑头，不仅降低了运动惯性，而且减轻了剑头与经丝之间的摩擦；但同时对支撑构件，如墙板进行加强，以保证在高速运行的情况下机身稳定，震动和噪声减小。如有企业通过采用轻质小尺寸剑头和新设计的剑杆导钩、强化筘座驱动以及集成了 BlueBox 电子控制平台等方法，提升了织机引纬率；有企业采取采用 C 型导钩引纬方式，优化剑头截面，实现小角度开口，降低了开口时间，从而提高了生产速度。

（2）自动化、智能化水平。纺织设备的自动化、智能化是发展的必然趋势。同时，织造设备的自动化和智能化又能促进生产效率和产品质量的提高。同其他织机一样电子送经、电子卷取、电子开口、电子选色、自动寻纬、电子剪刀、电子绞边、电子电动机直接传动，以及触摸屏或液晶式控制系统在剑杆织机上普遍配备，织机的自动化程度高，产品更换容易，质量稳定。

（3）能耗。近几年，各厂商都强调本企业生产的剑杆织机在降低能耗、提高生产效率方面的优势。

在节能方面，意达表示其 R9000 型剑杆织机比之前型号织机的性能和节能效果上有了很大的改进；SMIT 公司表示其 GS980 型剑杆织机是目前市场上速度最快的无导向钩剑杆织机之一，其功能、性能、产品质量、效率和可持续性都有很大提升；由甲表示其 BEST-PLUS-280 型剑杆织机比常规驱动形式节能 10%等。

在降耗节省原材料方面，必佳乐 OptiMax-i2-R-190 型工业用布剑杆织机上配有 ECOFIL 左侧无废边装置，可以减少芳纶等高价格特种纤维的浪费，为企业节省成本；又如意达推出的 iSAVER™ 新技术及装置，具有四个夹子，在引纬过程中能够夹持纱线并跟随纬纱移动，可处理 4 种纬纱颜色/纱线。

（4）产品适应性。剑杆织机本身就具有产品适应性优势，随着技术的发展，剑杆织机适应性强、应用范围广的特点体现得淋漓尽致，时装面料、牛仔布、素毛巾、提花毛巾、工业用布、装饰用布乃至商标、鞋面织物，纱线有棉纱、涤纶、锦纶、芳纶、蚕丝、包芯纱、雪尼尔纱等。成熟的剑杆引纬技术和多臂开口或电子提花开口相结合，能够生产出各种组织结构、各种花色品种的织物，尤其是在宽幅、重型工业用织物方面具有显著优势。

四、整理设备

（一）验布机

验布的目的是检验织物的外观质量。纺织各道工序，因种种原因产生的纱疵和织疵，都要通过验布工序检验出来。织物疵点的检验是织物评定质量优劣、评定等级的主要依据，通常按疵点的影响程度、大小、对后加工要求评定分数，并进行疵点的清除、修复或开剪，保证后加工产品的正品率，对纺织生产企业具有重要的经济意义。

图 5-1 是传统验布机的示意图。织物经导辊 1、2、3 由拖布辊 6 牵引，匀速通过验布台 5。为便于检验，验布台呈 45°倾斜。检验后的织物经导辊 4 和摆斗 9，落入元宝车内。织物的运动主要依靠拖布辊 6，在其上方有橡胶压辊，以增加对织物的握持力。为了使已经检验

过的织物能够倒回来复查，验布机上采用了一套离合器来控制拖布辊 6 的顺转、倒转和停转，以达到织物前进、后退和停止的目的。验布台面为白色磨砂玻璃，配有上下灯光，适用于检验各类织物。

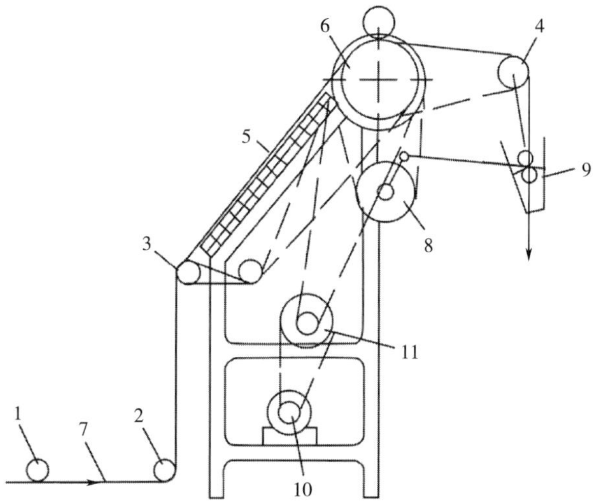

图 5-1 传统验布机示意图

1，2，3，4—导辊 5—验布台 6—拖布辊 7—织物 8—偏心轮 9—摆斗 10—电动机 11—过桥带轮

部分验布机兼有卷布功能，用于不需专门修织、折布、打包的织物的检验，可以直接成卷和包装入库，或送印染厂加工使用。这类机器采用可控硅直流电动机驱动，对验布速度实行无级调整，利用张力控制装置使卷布张力均匀。通过红外光电跟踪的自动对布边装置使卷绕布辊两边整齐，采用自动计长装置保证布辊长度准确。

传统验布主要由人工在验布机上进行。该方法劳动强度大，对检验人员要求较高，且易受主观因素影响。随着计算机技术和数字图像技术的发展，用基于图像处理和计算机平台的织物疵点自动检测器替代传统的人工检测，成为织物检验的一个发展方向。

自动验布有一定的难度，多年前国外就已有相关的研究，但迄今为止，未见大面积推广使用的报道，相对成熟的设备有乌斯特（USTER）公司的 VISOTER 自动验布系统、EVS 公司的自动验布系统和 Barco 公司的织机疵点在线检测系统，最快可达 1000m/min。国内有家公司研发的自动验布机基于 Sharp Vision 成像技术，采用背照式三层堆叠 CMOS、内置三轴加速感应器和超高速视觉传感器，能够捕捉及跟踪高速运动物体，并保证成像清晰。在光源设计中，采用混合光源成像，自动调节光照强度，可识别布匹正反面的疵点。最终生产速度可达 60m/min，单台日产量达 2.2 万米，疵点检出率 95%以上。而且自动验布可以在夜晚检验，增加验布机利用率，缩短交期。

（二）烘布机

烘布是将织物烘干至规定的回潮率之下，以防霉变。烘布仅在黄梅季节织物回潮率超标时使用，合成纤维织物由于本身疏水，部分企业在织物下机后不烘干或直接送往印染厂，进行下道工序。烘布机在夏季使用时不仅消耗蒸汽，而且影响劳动环境。

烘布在烘布机上进行。烘布机如图 5-2 所示，织物经导辊 1、3、5 和扩布杆 2、4 进入烘筒部分，织物正反面经烘筒 6、7 的烘燥，干燥的织物出烘筒后经导辊 8、9 和出布辊 10 落入运输车中。蒸汽从管道经调压阀进入烘筒，烘筒内的冷凝水则通过烘筒另一侧的疏水器排除。使用烘布机时应注意操作程序，确保安全生产。

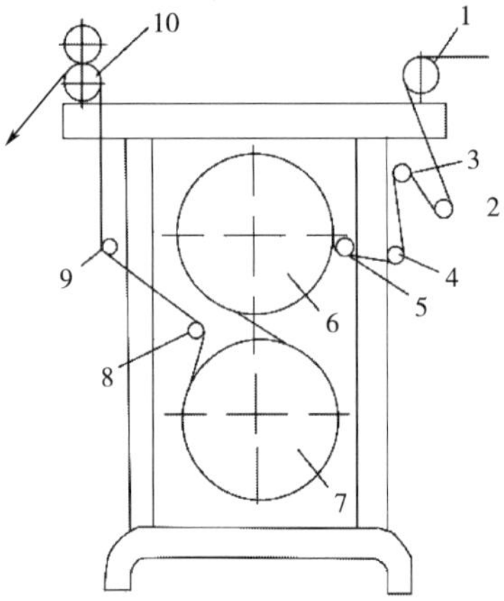

图 5-2　烘布机示意图

1，3，5，8，9—导辊　2，4—扩布杆　6，7—烘筒　10—出布辊

第六章　织机机构

织造装备即织机，是用来完成织造过程、获得织物的机械。根据织造方式的不同，可将织机分为机织（梭织）织机和针织织机两大类。其中，机织织机是将相互垂直的纱线按一定的组织规律交织形成织物的设备。化纤长丝织造行业所用织造设备为机织织机。

机织织机（以下简称织机）按不同的方式分类，图 6-1 列出了织机的分类：

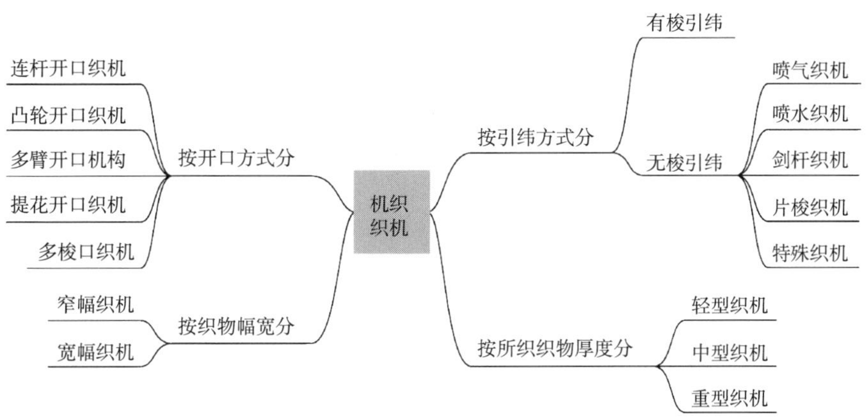

图 6-1　织机分类

不管是哪种织机，在织制织物时，织机都需具有开口、引纬、打纬、送经、卷取五大机构，每一机构分别完成相应的运动，即开口运动、引纬运动、打纬运动、送经运动和卷取运动，五大运动相互配合，往复进行，完成织物织造。所以，了解织造装备，必须了解织机五大运动机构、相关辅助机构及有关原理。

一、开口机构

在织机上，按照织物组织要求，把经丝上下分开，形成梭口的机构称为开口机构，开口机构完成的运动称为开口运动。开口机构由提综装置、回综装置、综框升降次序的控制装置组成，一方面可使纱线上下分成两层形成梭口，另一方面可根据织物组织的设计，控制综框升降的次序。

（一）开口基本理论

1. 梭口（图 6-2）

开口时，全部经丝随着综框的运动被分成上、下两层，形成一个菱形的通道 BC_1DC_2B，这就是梭口。构成梭口上方的一层经丝 BC_1D 为上层经丝，而下方的 BC_2D 为下层经丝。梭口完全闭合时，两层经丝又随着综框回到原来的位置，此位置称为经丝的综平位置 BCD。

梭口的尺寸通常以梭口高度和深度来衡量。如图 6-2 所示，开口时经丝随同综框做上下运动时的最大位移 C_1C_2，称为梭口高度（用 H 表示）；从织口 B 到停经架中的导棒 D 之间的水平距离为梭口深度，前部深度 l_1、后部深度 l_2。梭口的前半部 BC_1C_2，是梭口的工作部分，梭子或其他载纬器从这里通过并引入纬纱，完成经、纬纱的交织。

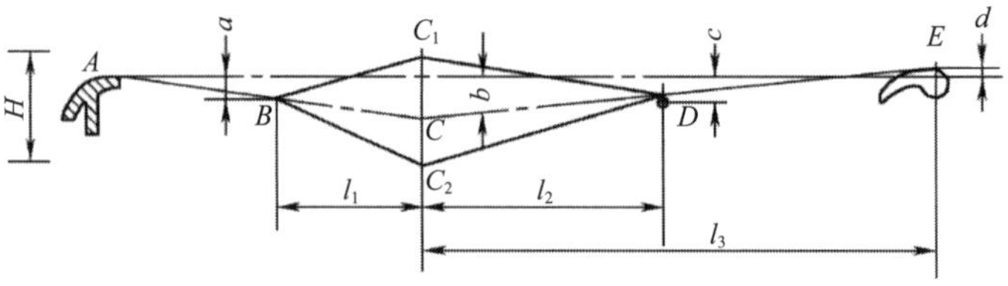

图 6-2　梭口

a—织口与胸梁之间的高度差异　*b*—综平时综丝眼与胸梁之间的高度差异

c—中导杆与胸梁之间的高度差异　*d*—后梁与胸梁之间的高度差异

2. 经位置线

经位置线是织机上的经丝处于综平位置时，经丝自后梁、停经片导棒、综平时综眼到织口所经过的路线，即图 6-2 中的 $EDCB$，简称经位置线。如果停经片导棒和后梁处在 AB 的延长线上，经位置线将是一条直线，称为经直线。经直线是经位置线的一个特例，此时形成的是等张力梭口。

经位置线的设计与布面风格、断经等有关。如后梁抬高，上、下两层经丝的张力差异较大，张力小的那层经丝在打纬时容易弯曲，利于纬丝滑向织口，经浮点清晰、丰满，具有府绸风格。如果后梁抬高过大，下层经丝的张力过大，容易造成断经，而上层经丝的张力过小，织造时容易造成开口不清，产生三跳疵点。

3. 纱线的拉伸变形与影响因素

在开口过程中，经丝随着综框做上下运动，受到反复拉伸，且经丝与经丝、综丝与钢筘之间的反复摩擦，在综丝眼处，经丝还要被反复弯曲，使得经丝容易出现断头（化纤长丝容易出现毛丝），拉伸变形越大，断头或毛丝就越多，所以在开口过程中，需充分考虑经丝的拉伸形变。在实际生产中，图 6-2 中的参数 a 和 b 的值是不变的，前部深度 l_1 主要由筘座摆动的动程决定，也是个常量。因此，造成经丝拉伸变形的变化参数有梭口高度 H、梭口后部深度 l_2 和后梁高度 d。

（1）梭口高度 H 对拉伸变形的影响。经丝变形几乎与梭口高度的平方成正比，在快速变形条件下，经丝的伸长量和引起伸长变形的拉力成正比，即梭口高度的少量增加会引起经丝张力的明显增大。因此，在保证纬丝顺利通过梭口的前提下，梭口高度应尽量减小。

（2）梭口后部深度 l_2 对拉伸变形的影响。梭口后部深度 l_2 增加，拉伸变形减小，反之拉伸变形增加。在生产实际中，应视加工纱线原料和所织制织物的不同而灵活掌握。如真丝的强力小，通常把织机的梭口后部深度放大，而在织造高密织物时，应将梭口后部深度缩短，通过增加经丝的拉伸变形和张力，使梭口得以开清。

（3）后梁高与胸梁差值 d 对拉伸变形的影响。可分为三种情况：一是后梁位于经直线上，上、下层经丝的张力相等，形成的是等张力梭口；二是后梁在经直线的上方，则下层经丝张力大于上层经丝张力，形成的是不等张力梭口；三是后梁在经直线的下方，下层经丝张力小于上层经丝张力，形成的也是不等张力梭口，但这种情况在实际生产中并不能应用。实际生产中常采用第二种配置方式，这种不等张力梭口有助于打紧纬纱，消除筘痕。

4. 梭口的形成方式

不同开口机构在形成梭口时，按照综框运动的方式，通常有中央闭合梭口、全开梭口、半开梭口三种。

（1）中央闭合梭口。指每次开口运动中，全部经丝都由综平位置出发，分别向上、向下两个方向分开形成所需梭口。梭口闭合时，所有上下层经丝都要回到综平位置。该开口方式的优点是所有经丝的张力基本相同，且变化规律一致，便于通过后梁的摆动进行调节。由于经丝每次都能回到综平位置，故挡车工处理断头很方便。缺点是增加了经丝受拉伸和摩擦的次数，可能增加经丝的断头。形成梭口时，所有经丝都在运动，梭口不够稳定，对引纬不利。在一些毛织机和丝织机的多臂开口机构或提花开口机构常采用这种开口方式。

（2）全开梭口。指开口运动中，仅要求下一次经丝要变换位置的综框运动到新位置，而其他经丝所在的综框保持静止不动。这种开口方式的优点是经丝受拉伸和摩擦的次数减少，有利于降低经丝的断头。形成梭口时，只有部分经丝在运动，梭口较稳定，对引纬有利。缺点是由于经丝没有统一的综平时刻，故在织造非平纹组织的织物时需专门设置平综装置，以便处理经丝断头。凸轮、多臂和提花三种开口机构均可采用这种开口方式。

（3）半开梭口。介于中央闭合梭口与全开梭口之间，凡下一次开口时经丝要变换位置的综框运动到新的位置，其他下层经丝保持不动，上层经丝则稍微下降然后上升。半开梭口与全开梭口基本相似，但不变位的上层经丝，在开口过程中略微下降，降低了该层经丝张力的差异。部分多臂开口机构采用半开梭口。

5. 梭口的清晰度

当梭口满开时，梭口前部的上、下层经丝或位于同一平面，或位于不同的平面，据此可形成三种不同清晰度的梭口，即清晰梭口、不清晰梭口、半清晰梭口。

（1）清晰梭口。当梭口满开时，梭口前部的上下层经丝均位于同一平面。在其他条件相同的情况下，清晰梭口的前部具有最大的有效空间，引纬条件最好。但当综框页数较多或综框间距较大时，后几页综框的梭口高度过大，以致相应的经丝伸长过大，易产生断头。

（2）不清晰梭口。将后几页综框的梭口高度适当减小，当梭口满开时，梭口前半部所有的上层经丝和所有的下层经丝各位于不同的平面，即形成不清晰梭口，主要是为了缓解清晰梭口的缺点。但其前部的有效空间小，对引纬极为不利，易造成经丝断头、跳花、轧梭和飞梭等织疵或故障。

（3）半清晰梭口。当梭口满开时，梭口前半部所有的上层经丝位于不同平面，而所有的下层经丝位于同一平面。

比较三种梭口，清晰梭口适合任何引纬方式，如梭子（含片梭）、剑杆、喷气或喷水，尤其适用于喷水织机，因为喷水所引入的纬丝可能碰击经丝层，当经丝十分平整时就不会发生织疵。从综框动程和经丝张力的观点来看，不清晰梭口后综的开口高度比较小，这对织造是有利的，轻微的不清晰梭口还有利于开清梭口、减少断头。对于剑杆织机，剑头沿着梭口底层运动，因此以下齐上不齐的半清晰梭口为宜。

6. 综框运动角

织机主轴每一回转，经丝形成一次梭口，其所需要的时间称为一个开口周期。在一个周期内，经丝的运动经历三个时期。

（1）开口时期。经丝离开综平位置，上下分开，直到梭口满开为止。

（2）静止时期。梭口满开后，为使纬丝有足够时间通过梭口，经丝要有一段时间静止不动。

（3）闭合时期。经丝经一段时间的静止后，再从梭口满开的位置返回到综平位置。经丝达到综平位置的时刻，称为开口时间，俗称综平时间，它是重要的工艺参数。

这三个时期的长短，一般用织机主轴一回转中所占角（开口角、静止角、闭合角）表示。开口角、静止角和闭口角的分配，随织机筘幅、织物品种、织机速度、不同的开口机构、引纬方式、综框的运动规律等因素而异，具体如下：

有梭织机，为使梭子能顺利通过梭口，静止角大、开口角和闭口角小，综框运动不平稳。一般平纹织物，开口角、静止角和闭口角各占主轴的 1/3 转。无梭织机，梭口接近满开和开始闭合时，经丝尚在运动时即可引纬，因此可适当减小静止角，扩大凸轮运动角。

织机筘幅增加，纬丝在梭口中的飞行时间也将增加。静止角应适当加大，开口角和闭口角则相应减小；斜纹和缎纹类织物，为了减少开口凸轮的压力角，开口角和闭口角可适当加大，以减少开口凸轮的压力角，改善受力状态；采用连杆开口机构（部分喷水织机），由于该开口机构的结构特点，静止角为零，开口角和闭口角较大；在设计高速织机的开口凸轮时，考虑到开口机构开口过程载荷逐渐增加，闭口过程载荷逐渐减小，为使综框运动平稳，常采用开口角大于闭口角。

（二）开口机构的原理

织机常用的开口机构有凸轮、连杆、电子、多臂、提花等几种类型。开口机构应和所生产的织物品种相适应，且开口机构应满足以下要求：梭口前端清楚，两侧梭口高度一致；综框平稳，振动小；精确依次完成每个完全组织的各次开口；张力变化小，经丝断头率低。

1. 凸轮开口机构

凸轮开口机构适用于生产平纹、斜纹、缎纹三原组织等组织循环数小的织物。凸轮开口机构分类如图 6-3 所示。

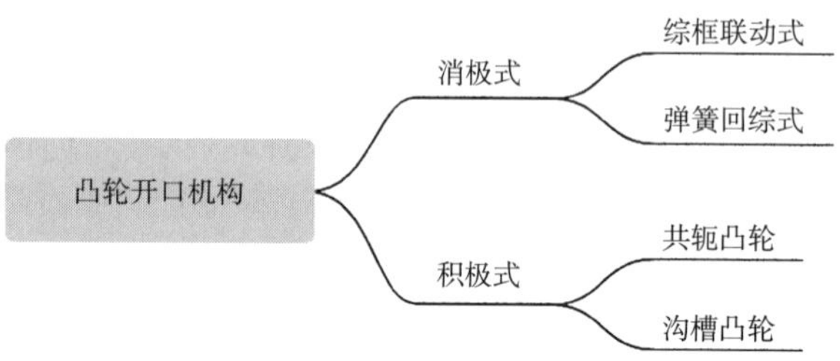

图 6-3　凸轮开口机构分类

（1）综框联动式凸轮开口机构。图 6-4 是有梭织机织制平纹织物时的凸轮开口机构。这类开口机构综框的下降由凸轮积极驱动，上升依靠两页综框的关联作用，即凸轮对上升综框只起约束作用，因此是消极式凸轮开口机构。图中凸轮 1 和 2 以 180°相位差联结在一起，并固装在织机的中心轴 3 上。凸轮轴每回转一次，就通过转子 4、5 使两根踏综杆 6、7 按相反的方向上下摆动一次，由吊综辘轳 8 连在一起的前、后页综框 9、10 做一次升（降）、降（升）运动，形成两次梭口。其中，梭口的高度由凸轮的大小半径之差以及踏综杆作用臂的长短决定，而综框的运动规律则由凸轮外廓曲线形状决定。

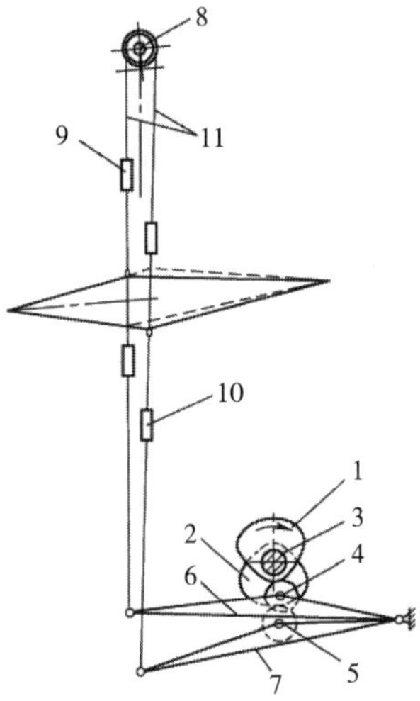

图 6-4 综框联动式凸轮开口机构

1，2—凸轮 3—中心轴 4，5—转子
6，7—踏综杆 8—吊综辘轳
9，10—综框 11—吊综带

这种凸轮开口机构结构简单，安装维修方便，制造精度要求不高。但缺点也比较明显：吊综皮带在使用过程中会逐渐伸长，皮带松懈，梭口高度就不能实现，故须周期性检查梭口位置；踏综杆挂综处作圆弧摆动，综框在运动中前后晃动，经丝与综丝的摩擦增多，易引起断头或毛丝；上梁和吊综装置影响机台光线，不利于检查布面；定滑轮要上油，在使用过程中，可能漏油，污染布面。

（2）弹簧回综式凸轮开口机构。这种开口机构的综框下降是受凸轮驱动的，而综框上升则依靠弹簧的回复力，因此也是消极式凸轮开口。弹簧回复力的调节通过增减弹簧根数来完成。每页综框对应一只开口凸轮，凸轮箱安装于织机墙板的外侧，故这种凸轮开口机构也称为外侧式凸轮开口机构。如图 6-5 所示，凸轮 1 与转子 2 接触，当凸轮由小半径转向大半径时，将转子压下，使提综杆 3 顺时针转过一定的角度，连接于提综杆铁鞋 4 上的钢丝绳 5、5′同时拉动综框下沿，将综框 6 拉下；综框上沿通过钢丝绳 7、7′连接到吊综杆 8、8′内侧的圆弧面上，吊综杆的外侧连接有数根回综弹簧 9、9′，回综弹簧始终保持张紧状态。当综框下降时，回综弹簧被拉伸，储蓄能量。当凸轮由大半径转向小半径时，弹簧释放能量，使综框回复至上方位置。

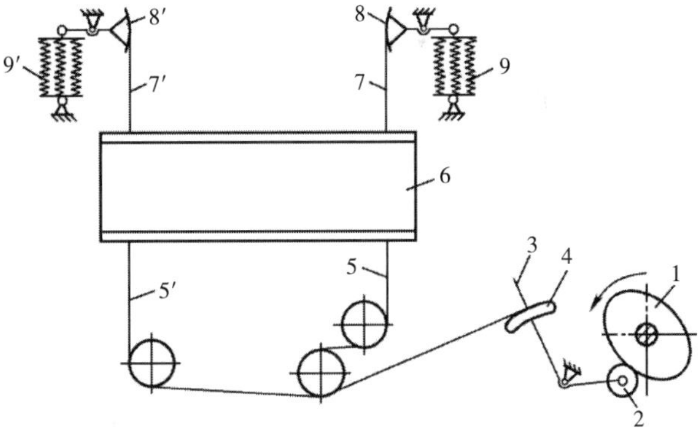

图 6-5 弹簧回综式凸轮开口机构示意图

1—凸轮 2—转子 3—提综杆 4—提综杆铁鞋
5，5′，7，7′—钢丝绳 6—综框
8，8′—吊综杆 9，9′—回综弹簧

这种形式的开口机构的优点是最高织机转速可达 1000r/min；各页综框的开口凸轮可以互换；改变铁鞋在提综杆上的位置即可调节综框动程，而各页综框的最高位置则通过初始吊综来设定。缺点是拉伸弹簧长期使用后会产生疲劳现象，回复力减弱，以致造成开口不清，产生三跳织疵。

（3）共轭凸轮开口机构。共轭凸轮开口机构利用双凸轮积极地控制综框的升降运动，不需吊综装置。其传动过程如图 6-6 所示，凸轮 2 从小半径转至大半径时（此时凸轮 2′从大半径转至小半径）推动综框下降，凸轮 2′从小半径转至大半径时（此时凸轮 2 从大半径转至小半径）推动综框上升，两只凸轮依次轮流工作，因此综框的升降运动都是积极的。图 6-7 为共轭凸轮开口机构实物图。

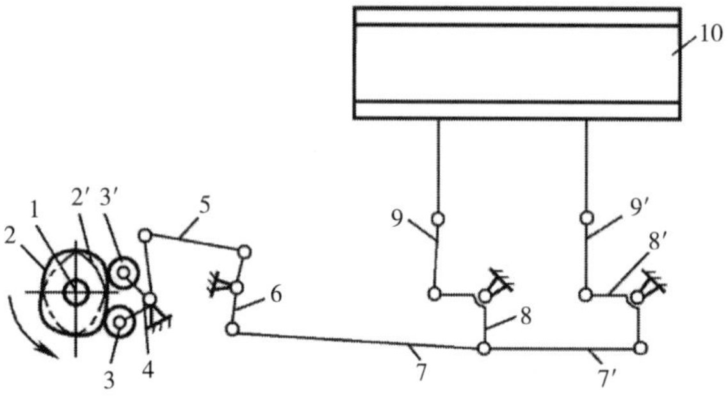

图 6-6 共轭凸轮开口机构示意图

1—凸轮轴 2，2′—共轭凸轮 3，3′—转子 4—摆杆 5—连杆 6—双臂杆 7，7′—拉杆 8，8′—传递杆 9，9′—竖杆 10—综框

图 6-7 共轭凸轮开口机构实物图

由于共轭凸轮装于织机外侧，能充分利用空间，可以适当加大凸轮基圆直径和缩小凸轮大小半径之差，达到减小凸轮压力角的目的。此外，共轭凸轮开口机构从摆杆一直到提综杆都是刚性连接，因此综框运动更为稳定和准确。共轭凸轮开口机构用于平纹、斜纹和简单的缎纹组织，综框数一般达到 8 片综。

（4）沟槽凸轮开口机构。沟槽凸轮开口即利用沟槽积极操纵综框的升降。图 6-8 为一种沟槽凸轮开口机构的示意图。凸轮轴 1 上装有沟槽凸轮 2，转子 3 嵌在沟槽中，其动作受到沟槽曲线的控制。当凸轮轴 1 回转时，沟槽凸轮通过转子 3 使摆杆 4 绕支点 5 转动，经连杆 6 和角形杆 7、7′及传递杆 8、8′，使综框 9 做升降运动。

沟槽凸轮开口的特点是可使凸轮转子的个数减少一半，但沟槽凸轮的材料加工要求很高，一旦磨损，综框运动不稳定，震动和噪声增大。

2. 连杆开口机构

凸轮开口机构能按照优化的综框运动规律进行设计，所以工艺性能好，但凸轮容易磨损，制造成本高。因此，在织制简单的平纹织物时，尚需寻求更为简单开口机构，连杆开口机构就能满足这种需要。图 6-9 为四连杆开口机构的示意图。当转盘 1 回转时，提综杆 6 和 6′便绕各自轴心上下摆动，两者的摆动方向正好相反，因此综框 8 和 8′便获得了平纹组织所需要的一上、一下的开口运动。

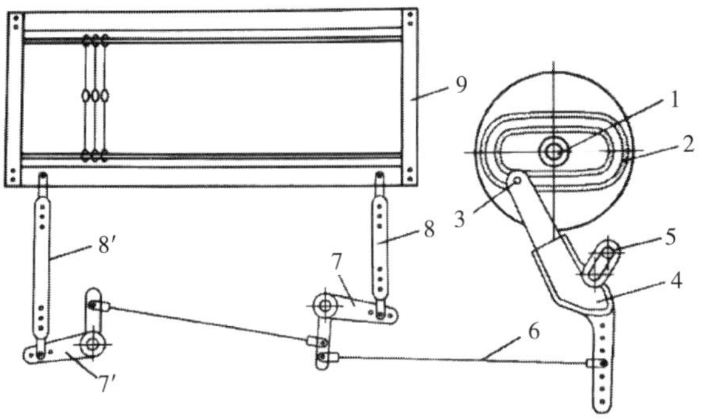

图 6–8　沟槽凸轮开口机构示意图

1—凸轮轴　2—沟槽凸轮　3—转子　4—摆杆　5—支点
6—连杆　7，7′—角形杆　8，8′—传递杆　9—综框

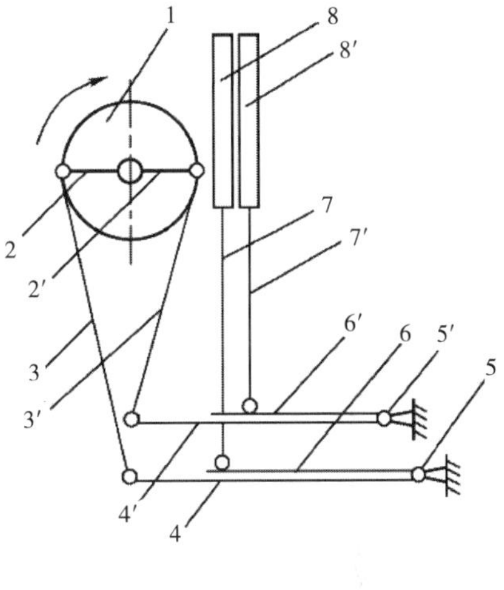

图 6–9　四连杆开口机构示意图

1—转盘　2，2′—开口曲柄　3，3′—连杆
4，4′—摆杆　5，5′—支点　6，6′—提综杆
7，7′—连杆　8，8′—综框

连杆开口不能适应多品种织造要求，仅用于加工平纹和纬重平织物。最大缺点：一是开口全过程没有静止角，综框始终处于运动中，只是在最高点或最低点运动相对缓慢一点而已；二是连杆开口机构易磨损且维修不方便。图 6–10 为喷水织机连杆开口机构实物图。

图 6–10　喷水织机连杆开口机构实物图

3. 多臂开口机构

当织物组织循环大于 8 时，多使用多臂开口机构。一般使用 16 片综，最多可达 32 片。多臂开口机构适合织造小花纹变化组织织物，即小提花组织。多臂开口机构可根据不同的方式分类，图 6-11 列出多臂开口机构的分类。

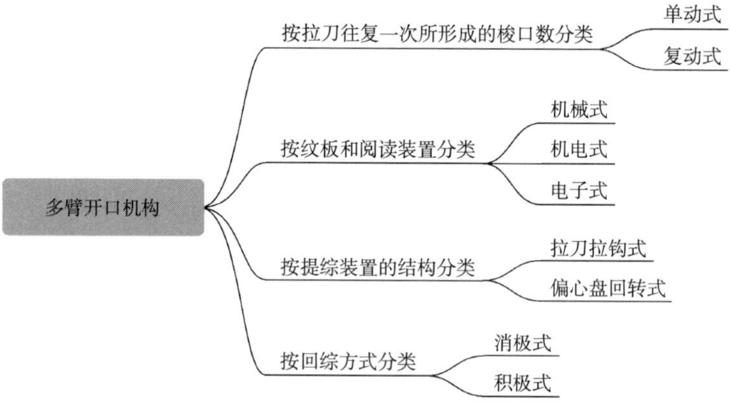

图 6-11　多臂开口机构分类

（1）单动式和复动式多臂开口机构。按拉刀往复一次形成的梭口，多臂织机可分为单动式和复动式开口机构，如图 6-12 和图 6-13 所示。

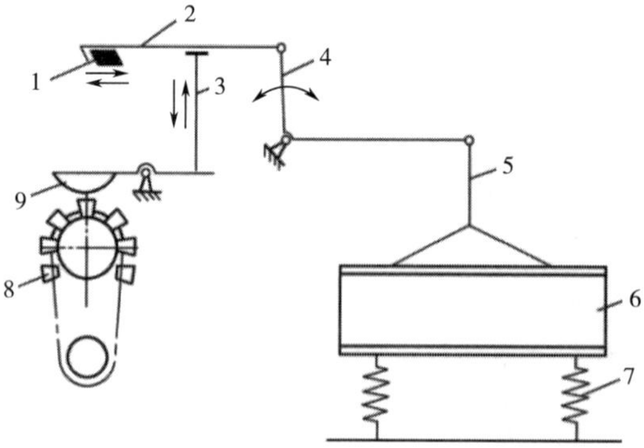

图 6-12　单动式多臂开口机构示意图

1—拉刀　2—拉钩　3—竖针　4—提综杆　5—吊综带　6—综框　7—弹簧　8—纹板　9—重尾杆

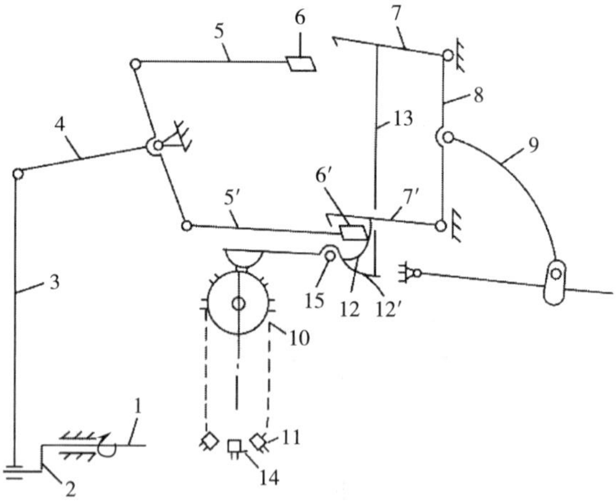

图 6-13　复动式多臂开口机构示意图

1—中心轴　2—开口曲柄　3—连杆　4—三臂杠杆　5，5′—上下连杆　6，6′—上下拉刀　7，7′—上下拉钩　8—平衡摆杆　9—吊综杆　10—花筒　11—纹钉　12—弯头重尾杆　12′—平头重尾杆　13—竖针　14—纹板　15—小轴

①单动式多臂开口机构。每页综框配置一把拉钩，拉动拉钩的拉刀由织机主轴按 1∶1 的传动比传动，因此主轴一转，拉刀往复一次，形成一次梭口。由于拉刀复位是空程，造成动作浪费。特点：结构简单，动作剧烈，适合低速织机。

②复动式多臂开口机构。每页综框配置上、下两把拉钩，由上、下两把拉刀拉动。拉刀由主轴按 2∶1 的传动比传动，因此，主轴每回转两转，上下拉刀各做一次往复运动，形成两次梭口。特点是机构动作比较缓和，能适应较高速度，应用广泛。

（2）机械式、机电式和电子多臂开口机构。按纹板和信息阅读方式可将多臂开口分为三种。

①机械式多臂开口机构。采用机械式信号存储器和阅读装置，信号存储器有纹钉方式和穿孔带方式。纹钉能驱动阅读装置工作；在使用穿孔带时，阅读装置的探针主动探测纹板有无纹孔的信息。

②机电式多臂开口机构。采用纹板纸作信号存储器，阅读装置通过光电系统探测纹板纸的纹孔信息（有孔、无孔）来控制电磁机构的运动。该电磁机构与提综装置连接，于是电磁机构的运动便转化成综框的升降运动。

③电子多臂开口机构。电子多臂开口机构中，储存综框升降信息的是集成芯片，作为阅读装置的逻辑处理及控制系统则依次从存储器中读取纹板数据，控制电磁机构乃至提综装置的运动。其原理如图 6-14 所示：织机主轴转动，带动拉刀 1、1′做上下往复运动，织机主轴转两转，每把拉刀各做一次往复，方向相反，形成两次开口，拉刀 1、1′带动相应的上拉钩 2、2′上下运动。若滑轮组 4 中心没有位移，则综框 5 在回综弹簧 6 的作用下保持在上层位置。拉刀每次将上拉钩拉至最低位置时都越过下拉钩 8、8′的钩头。电磁铁 7、7′若得电，则下拉钩 8、8′被吸开，上拉钩不会被钩住，会随拉刀一起上升，另一个上拉钩被拉刀拉下时综框 5 也不被拉下。电磁铁若失电，则下拉钩 8、8′会勾住上拉钩而不随拉刀一起上升，另一个上拉钩被拉刀拉下时，滑轮组下移，综框被拉下，经丝形成梭口下层。

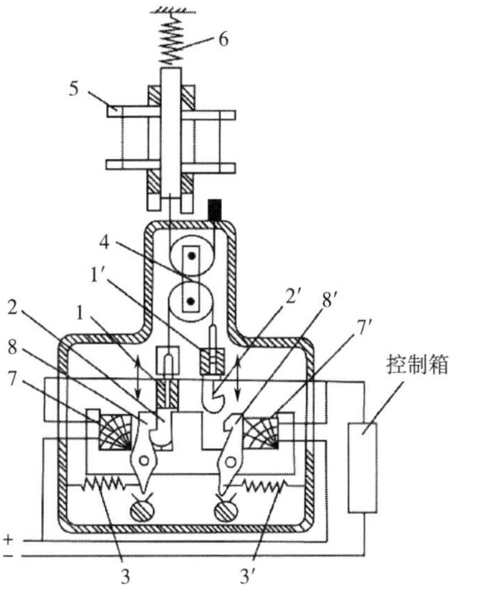

图 6-14 电子多臂开口机构简图

1，1′—拉刀 2，2′—上拉钩 3，3′—弹簧 4—滑轮组 5—综框 6—回综弹簧 7，7′—电磁铁 8，8′—下拉钩

电子多臂开口适合高速运转，其信号存储器的信息储存量大，更改方便，为织物品种的翻改提供极大便利，与机械多臂开口装置相比，电子多臂开口装置的性能更加稳定，是多臂开口机构的发展方向。

（3）拉刀拉钩式和偏心盘回转式提综装置。提综装置按结构可分为拉刀拉钩式和偏心盘回转式。

拉刀拉钩式提综装置历史悠久，但机构复杂，较难适应高速运转。

偏心盘回转式提综装置采取回转变速装置和偏心轮控制装置联合作用的方式使综框获得变速升降运动，机构简单，适合高速运转，如图 6-15 所示。

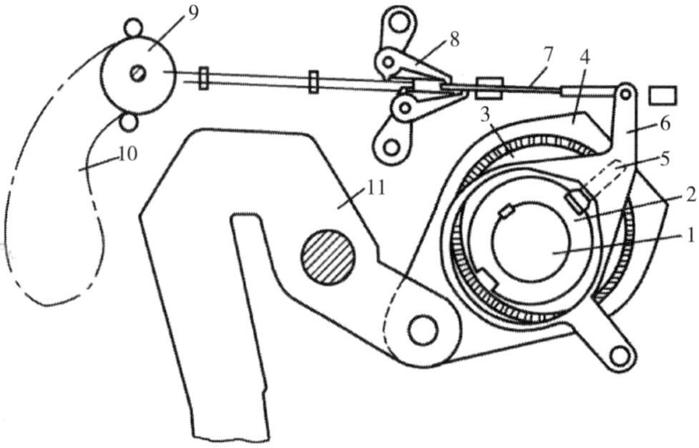

图 6-15 偏心轮控制装置示意图

1—主轴 2—圆环 3—偏心轮 4—曲柄盘 5—导键 6—分度臂 7—拉杆 8—棘爪 9—花筒 10—纹纸 11—提综臂

（4）积极式和消极式回综装置。积极式回综装置的回综由多臂机构积极驱动。消极式回综装置由回综弹簧装置完成。拉刀拉钩式提综装置可配积极回综装置，也可配消极回综装置，而回转式多臂均采用积极式回综装置。

（5）多臂开口的组装原则。在织机的各个组成部分中，多臂开口机构是相对独立且价格较为昂贵的组件，选型好坏将直接影响到整台织机的生产效率。因此，选型时必须考虑到多方面的因素，这些因素一般是指织机种类、织机转速和幅宽、织物品种和多臂开口机构的价格等。

多臂开口机构可根据实际情况将不同的功能装置组合搭配，见表 6-1。

表 6-1 复动式多臂开口机构各功能装置组合表

装置类型	信号存储器	阅读装置	提综装置	回综装置
机械式	纹钉	重尾杆	拉刀、拉钩式	消极式
	穿孔带	探针	拉刀、拉钩式	积极式、消极式
			偏心盘回转式	积极式
机电式	穿孔纸	逻辑处理与控制系统	拉刀、拉钩式	消极式
电子式	存储芯片		拉刀、拉钩式	消极式
			偏心盘回转式	积极式

对于普通有梭织机来说，由于织机档次低、速度慢等原因，选择传统拉刀拉钩式多臂开口机构较为合适。就高速织机而言，最好选用回转式多臂开口机构；织机幅宽较大时，无论采用拉刀拉钩式或回转式多臂开口机构，都需特别注意多臂机构的开口静止阶段的长短，以免由于挤压度过大（尤其在剑杆织机上）造成边经丝断头和三跳等织疵；如果织制厚重型织物，可选用回转式多臂开口机构或增强型拉刀、拉钩式多臂开口机构；对于机电一体化程度较高的织机，宜选用电子多臂开口机构，以便其与织机主计算机间的数据通信。多数情况下，

多臂开口机构的价格应与织机主机的价格相适应，这也是多臂开口机构选型的一条基本原则。

4. 提花开口机构

提花开口机构的特点是每一根经丝都有一根综线操纵，可织造复杂的花纹组织。

(1) 单动式提花开口。主轴一回转中花筒调换一块纹板、刀箱上下运动一次，一根竖钩控制一根或一把通丝，形成一次梭口的为单动式提花机。图 6-16 为单动式提花开口装置的示意图，其中，选综装置由纹板 14、花筒 13、横针 10、横针板 12 等组成；提综运动主要由刀箱 8、提刀 9 和竖钩 7 等组成。

刀箱是一个方形的框架，由织机的主轴传动而作垂直升降运动。刀箱内设有若干把平行排列的提刀，对应于每把提刀配置有一列直接联系着经丝的竖钩。当刀箱上升时，如果竖钩的钩部在提刀的作用线上，就被提刀带动一同上升，把同它相连的首线、通丝、综丝和经丝提起，形成梭口上层。刀箱下降时，在重锤的作用下，综丝连同经丝一起下降。其余没有被提升的竖钩仍停在底板上，与之相关联的经丝则处在梭口的下层。

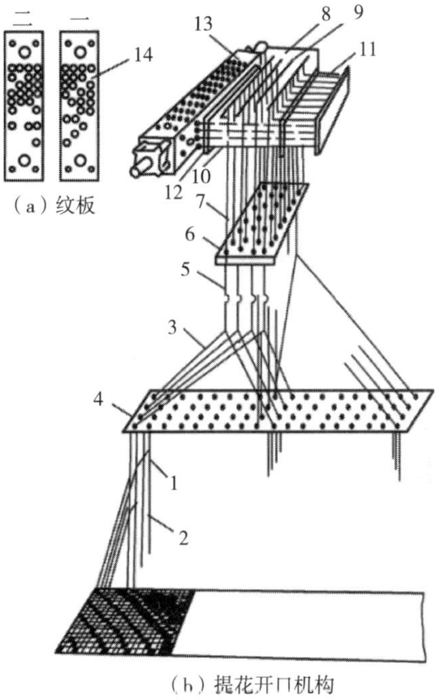

图 6-16 单动式提花开口装置示意图

1—综线 2—重锤 3—通丝 4—目板 5—首线 6—底板 7—竖钩 8—刀箱 9—提刀 10—横针 11—弹簧 12—横针板 13—花筒 14—纹板

纹板覆在花筒上，每当刀箱下降至最低位置，花筒便摆向横针板。如果纹板上对应于横针的孔位没有纹孔，纹板就推动横针竖钩向右移动，使竖钩的钩部偏离提刀的作用线，与该竖钩相关联的经丝在提刀上升时不能被提起；反之，若纹板上有纹孔，纹板就不能推动横针和竖钩，因而竖钩将对应的经丝提起。刀箱上升时，花筒摆向左方并顺转 90°，翻过一块纹板。每块纹板上纹孔分布规律实际上就是一根纬纱同全幅经丝交织的规律。

(2) 复动式提花开口。凡两根竖钩控制一根或一把通丝，又被同一根横针控制，在主轴两回转中相向运动的刀箱交替上下运动一次，提起相应竖钩形成两次梭口的为复动式提花机。复动式提花开口又可分为半开梭口提花开口和全开梭口提花开口，图 6-17 为复动式单花筒提花开口示

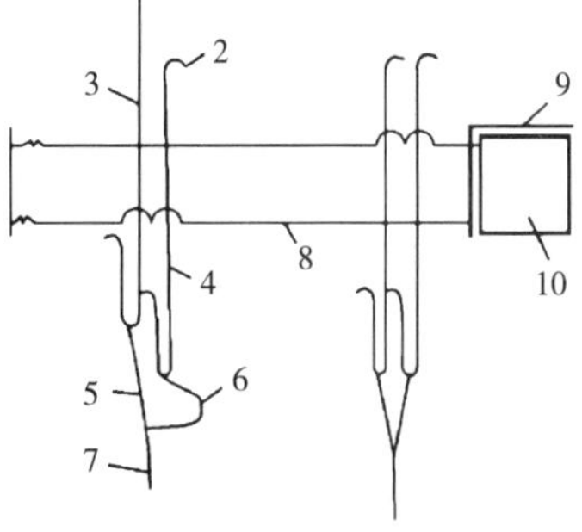

图 6-17 复动式单花筒提花开口示意图

1，2—提刀 3，4—竖钩 5，6—首线 7—通丝 8—横针 9—纹板 10—花筒

意图。

（3）电子提花开口。电子提花开口融合了现代微电子技术和电磁、光电技术，在纺织CAD系统和新型机械机构的配合下，实现了高速无纹板提花，大大提高了劳动生产率和产品质量。电子提花机与传统机械控制提花机相比，在花样控制方面具有创造性的变革，其采用电子提花纹板制备系统产生纹板数据，即提花图案经输入、处理，读入主机内存，由CAD软件经人机交互处理后，产生纹板数据输出，替代了传统的纹板，因此首线的上下运动也不再依靠纹板和横针，而靠电磁阀控制组件配合实现。图6-18为一种电子提花纹板制备系统的框图。

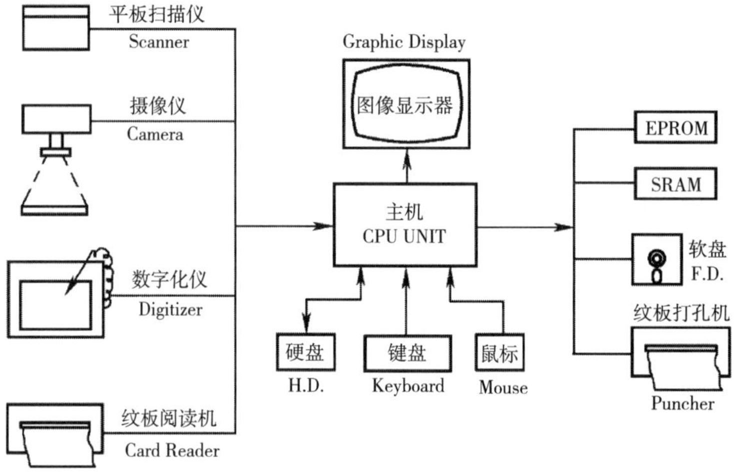

图6-18 电子提花纹板制备系统的框图

由于提花图案较为复杂，该系统提供了四种输入手段。如果图案原稿是彩图、意匠图和投影放大图等纸质载体，一般通过高分辨平板扫描仪将图案输入主机内存；若为实物，则借助于CCD摄像系统输入；当需将穿孔带连续纹板转制成电子纹板（如EPROM）时，则可通过纹板阅读机将纹板信息输入；设计人员还可用电子笔在数字化仪上徒手绘画，现场创作提花图案。实际生产中，第一种手段最为常用。

读入主机内存的提花图案（数据）由CAD软件经人机交互处理后，产生纹板数据输出。输出方式取决于纹板制备系统与提花控制系统的接口方式，共有四种供选择：EPROM、SRAM卡（静态随机存储器）、软磁盘和连续纹板。第三种方式对应的提花控制系统必须配备磁盘驱动器，而第四种方式则用于为机械式提花开口机构制作纹板。

不同的电子提花机虽有不同的结构，但从原理方面分析，重点包括控制系统、电信号与机械量的转换系统。

①控制系统。电子提花控制部分以微型机或工控机作为控制主体，以纹板制备系统产生的数据源为依托，用相应的接口电路读取提花信息并产生时序信号，把提花信息驱动后发送至提花龙头，实施提花控制。控制系统如图6-19所示。

提花信息磁盘：存放提花信息。

主机：用于提花信息、发讯盘信息、故障信息的读取及人——机管理。

控制接口：用于提花信息的处理与变换。

断电记忆接口：用于技术管理信息及生产统计信息的长期存贮。

界面板：用于提花信息的传输及硬件保护。

提花驱动卡：用于选针提经控制。

集成电源：采用分散供电，固体电源方式，用于提花龙头的供电。

传感器：各种故障如断经、断纬等信号的采集，输入主机，适时作出处理。

②提花信息的传输与转化。提花信息利用串行分配，长线传输方式，经由界面板送至提花龙头的电磁阀板。数据信息串行分配到各电阀板后，在控制信号的作用下，控制组件挂钩进行选挂提针，提针控制单组经纱上下运动，形成开口，挂钩和提针分别由弹簧回复，图 6-20 所示为一根首线在提花开口过程中的工作原理。

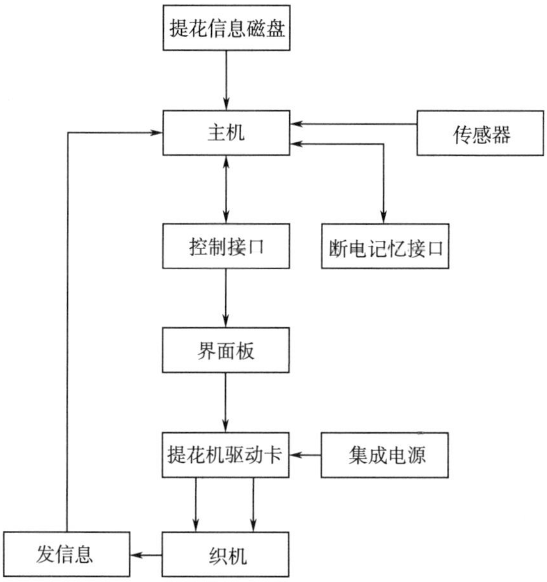

图 6-19 提花机控制系统图

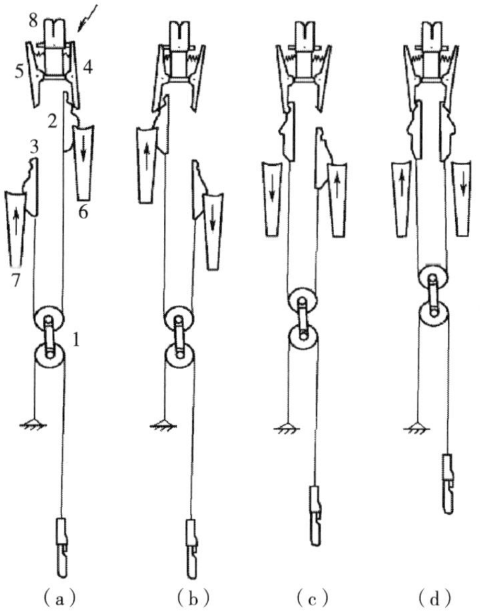

图 6-20 提花开口过程中的工作原理

1—双滑轮 2，3—提综钩 4，5—保持钩
6，7—提刀 8—电磁铁

提刀 6、7 受织机主轴传动做速度相等、方向相反的上下往复运动，并分别带动用绳子通过双滑轮 1 连在一起的提综钩 2、3 做升降运动。如上一次开口结束时提综钩 2 在最高位置时被保持钩 4 钩住，提综钩 3 在最低位，首线在低位，相应的经纱形成梭口下层。此时，若织物交织规律要求首线维持低位，电磁铁 8 得电，保持钩 4 被吸合而脱开提综钩 2，提综钩 2 随提刀 6 下降，提刀 7 带着提综钩 3 上升，相应的经纱仍留在梭口下层，如图 6-20（a）所示；图 6-20（b）表示提刀 7 带着提综钩 3 上升到最高处，提刀 6 带着提综钩 2 下到最低处，首

线仍在低位；图 6-20（c）表示电磁铁 8 不得电，提综钩 3 上升到最高处并被保持钩 5 钩住，提刀 6 带着提综钩 2 上升，首线被提升；图 6-20（d）表示提综钩 2 被升至保持钩 4 处时，电磁铁 8 不得电，保持钩 4 勾住提综钩 2，使首线升至高位，相应的经纱到梭口上层位置。总之，该组件是以一次开口动作是否结束，电磁阀是否通电来动作，形成开口。

总结来看，电子提花开口具有以下优势：一是电子提花机可以快速完成复杂的花纹和图案读取、识别和处理，以数据代替了传统的纹板，更加高效，且有利于实现个性化定制；二是电子提花开口机构废除了机械式纹板和横针等控制装置，首线上下位置的变动依靠电磁控制技术，可以实现高精度的花纹和图案的织制；三是由于电子提花机以数据代替纹板控制，纬纱循环数能够大幅度增加，可以织制更加复杂的花纹或图案；四是电子提花机可以通过计算机控制，实现自动化生产，减少人工操作。目前，电子提花机已在行业提花面料生产企业得到广泛使用，也将在提花织造领域发挥更重要的作用。

5. 电子开口机构

电子开口机构由伺服电动机控制综框运动。通过多功能操作盘和主控制器的结合，对由独立伺服电动机驱动的各综框进行单独控制，使其按规定要求实现升降运动。伺服电动机可把收到的电信号转换成电动机轴上的角位移或角速度输出。电子开口机构的优点是开口规律任意设定，静止角、闭口时间自由设定，更加适合于难度大的品种；开口运动平稳，更适合高速；开口机构通用，品种转换方便快捷。

二、引纬机构

引纬机构的作用是通过引纬运动，将纬纱引入梭口，与经丝交织成织物。根据不同的引纬方式，可将引纬分为有梭引纬和无梭引纬，有梭引纬以梭子为引纬器，梭子即起到引纬作用，同时也是储纬的器具，有梭是最传统的引纬方式。无梭引纬采用新型引纬器或流体引纬介质将一定长度的纬纱引入梭口，其中引纬器主要指片梭和剑杆，流体介质指水流和气流。按不同的引纬方式，无梭织机可分为喷水织机、喷气织机、剑杆织机和片梭织机。无梭织机较有梭织机具有高速、高效、高产、优质、幅宽等特点。

（一）喷水引纬

喷水引纬的原理是以水流为引纬载体，通过喷射水流对纬纱产生摩擦牵引力，将筒子上的纬纱引入梭口，完成引纬工作。用喷射水流进行引纬的织机，称为喷水织机。如图 6-21 所示，喷水织造引纬主要流程包括：纬丝从纬丝筒子 5 上退绕到储纬器 6 上，经夹纬器 7，进入环状喷嘴 8 的中心导纬管内，等待喷射；同时，喷射水泵 10 在引纬凸轮 9 的大半径作用下，从稳压水箱 11 中吸入水流，在凸轮转至小半径的瞬间，靠柱塞泵内压缩弹簧的弹性释放作用，对缸套内的水流进行加压，使具有一定压力的水流（即射流），经管道进入环状喷嘴 8，再经内腔整流后，由喷嘴口喷出，携带纬丝通过梭口；探纬器 2 探测纬丝到达状态，若发现断纬或纬缩，即发出停车信号。左右两边的割刀 3 割断纬丝假边组织，收入废丝筒；织物的水分经胸梁 4 的狭缝被吸去大部分，然后卷入布轴。

1. 引纬原理及主要装置

喷水引纬以水为介质，其中喷射水流对引纬效果有明显影响，故对其进行研究十分必要。

(1) 水射流有关理论分析。

①喷嘴直径与织机幅宽的关系。如图 6-22 所示，水射流离开喷嘴后其速度变化可分三个阶段。

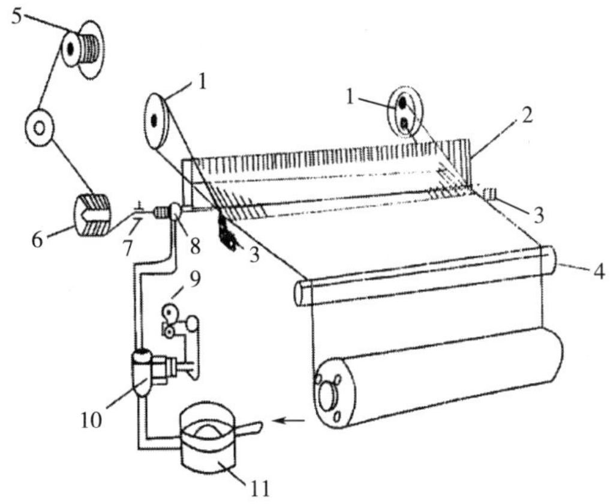

图 6-21 喷水织造引纬流程

1—绞边装置 2—探纬器 3—割刀 4—胸梁 5—纬丝筒子 6—储纬器 7—夹纬器 8—环状喷嘴 9—引纬凸轮 10—喷射水泵 11—稳压水箱

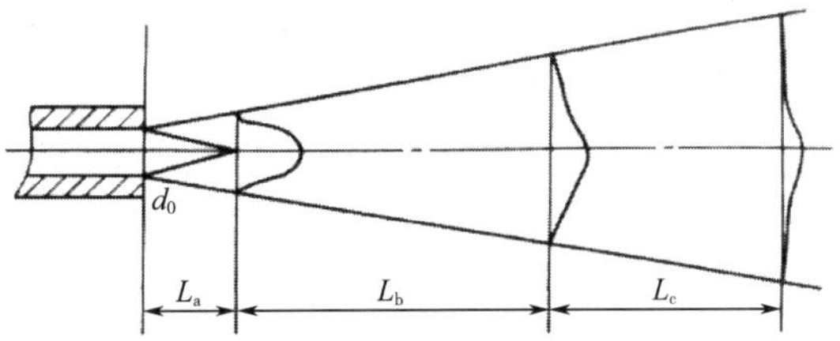

图 6-22 水射流离开喷嘴后速度变化

d_0—喷嘴直径 L_a—初始段 L_b—基本段 L_c—雾化段

初始段 L_a：轴线上各点流速相等，等于水流喷出速度；

基本段 L_b：由于射流周围空气不断进入射流锥内，射流速度逐渐下降，截面逐渐扩大，但仍未出现分离现象，仍有牵引纬丝的作用；

雾化段 L_c：射流中水滴出现分离，射流束解体，对纬丝失去牵引作用。

根据实验，上面表述中：$L_a=(69\sim96)\ d_0$

$$L_b=(150\sim740)\ d_0$$

$$L_c=(230\sim880)\ d_0$$

喷水引纬只能利用初始段 L_a 和基本段 L_b，总有效长度为 $L=L_a+L_b=(219\sim836)\ d_0$，因此，织机的引纬幅宽与喷嘴直径呈正相关。当然，喷水织机引纬时还可以利用纬丝的惯性飞行，若将这个长度包括在内，喷水织造引纬幅宽还可以大一些。总结来说，喷水织机幅宽越宽，需要喷嘴直径越大，因此耗水就会越多。

②喷嘴出口射流速度与水泵压力的关系。喷嘴出口射流速度 v_0 与水泵压力 P 的关系如下式所示：

$$v_0 = \sqrt{\frac{2g\dfrac{P-P_0}{\gamma}}{1+\xi-C^2\left(\dfrac{d_2}{d_1}\right)^4}}$$

式中：v_0 为喷嘴出口射流速度，m/s；P_0、γ 分别为大气压力和水的密度，单位分别为 MPa 和 g/cm^3；d_1、d_2 分别为喷嘴入口和出口直径，mm；g 为重力加速度，m/s^2；ξ 和 C 分别为喷嘴局部阻力系数和流量系数。

当喷嘴选定后，只有水泵压力 P 影响射流出口速度 v_0，其他为定量。根据上述公式绘制曲线如图 6-23 所示。

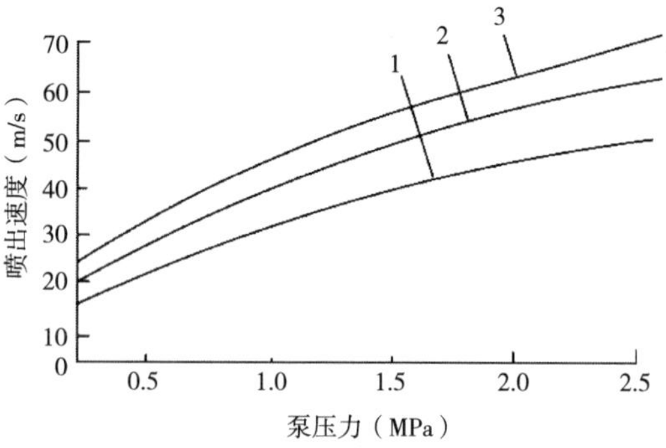

图 6-23　喷出速度与压力的关系

1—纬纱飞行速度曲线　2—实际水速曲线　3—计算水速曲线

可见，由于空气、纬纱、管路等阻力影响，实际水速低于计算水速，纬丝飞行速度低于实际水速。总结来看，引纬速度与喷嘴出口射流速度的变化规律相同，要想提高引纬速度，就要提高水泵压力 P。

③射流速度与通过距离的关系。水流射出后的速度 v 会逐步降低，其与射出的距离 x（单位：m）的关系为：

$$v = v_0 e^{-kx}$$

式中：v_0 为喷嘴出口射流速度，m/s；k 为系数（与水、空气密度，空气阻力系数，水滴形状有关）。

可见，射流速度随其通过距离呈负指数关系衰减。

综上所述，要合理地处理水泵压力和射流速度关系，不能简单地通过提高水泵水压来提高引纬速度。

（2）主要装置。

①喷射泵。目前喷水引纬机构普遍采用弹簧加压喷射泵，如图 6-24 所示，凸轮 3 由小半径转向大半径时驱动活塞移动并压缩弹簧 5，同时吸入来自稳压水箱的水，当凸轮转过大半径最高点后陡然下降，弹簧回复力将缸体内的水压出，完成一次喷射。

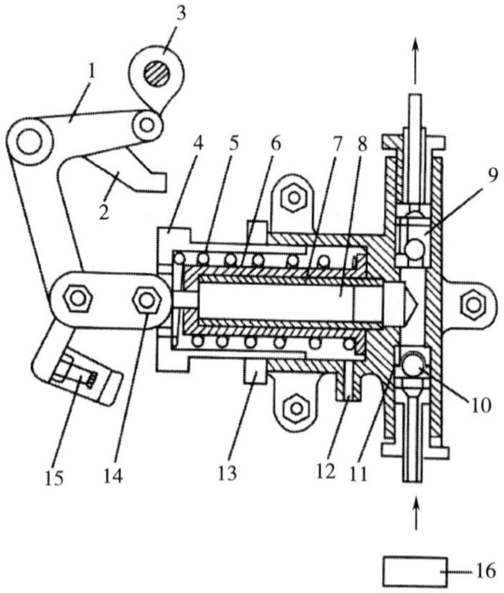

图 6-24　喷射泵

1—角形杠杆　2—辅助杆　3—凸轮　4—弹簧座　5—弹簧　6—弹簧内座　7—缸套　8—柱塞　9—出水阀　10—进水阀　11—泵体　12—排污口　13—调节螺母　14—连杆　15—限位螺栓　16—稳压水箱

②喷嘴。如图 6-25 所示，压力水流从进水管进入喷嘴后，通过环状通道 a 和整流器进行整流，减轻射流的涡流状态，提高集束性，再经环状缝隙 c 射出喷嘴。当射流通过喷嘴

时，纬丝沿轴向通过，依靠水流与纬丝之间的摩擦力，携带纬丝共同通过梭口。

③夹纬器。夹纬器位于定长储纬器和喷嘴之间，用于控制测长和喷射时间。如图6-26所示，凸轮5与主轴转速一致，转至大半径时夹纬盘1抬起，释放纬丝；小半径时夹纬盘1落下，夹住纬丝。

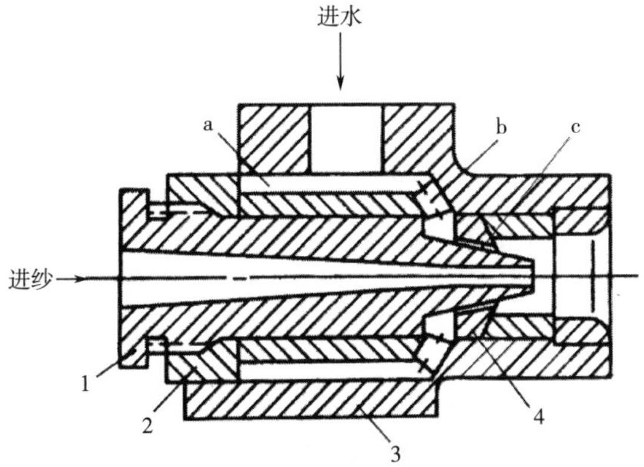

图6-25　喷嘴结构示意图

1—喷嘴管　2—喷嘴座　3—喷嘴体　4—衬管

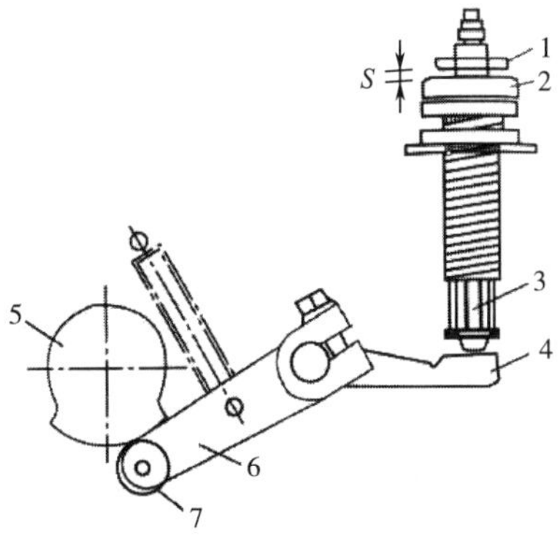

图6-26　夹纬器

1—夹纬盘　2—下底盘　3—升降杆　4—提升杆
5—凸轮　6—作用杆　7—转子

2. 重要工艺参数

喷水织机的引纬工艺参数应根据织物品种及纬丝原料的特点来确定。在其他条件良好的情况下，引纬参数设定的合理性，不仅可以提高织物品质，还可以降低人员的劳动强度，提高看台数量。喷水引纬工艺参数主要有喷射时间、引纬时间、水压、水量及喷嘴配置等。

（1）先行角。指水从喷嘴喷出至夹纱器开启曲轴转过的角度，其最重要的作用是将弯曲的纬纱拉直。在自由飞行过程中，先行的喷射水（先行水）将纬纱头部拉直，以达到稳定的引纬。先行水的设定主要根据纬丝的粗细、吸水性、织物的幅宽来调整。如涤纶FDY丝吸水性小，先行角一般设定在15°左右；涤纶加捻丝先行角一般设定在15°~20°；涤纶DTY丝，先行角的设定还应根据网络点的多少来调整，一般在18°~25°。织物幅宽越宽，纬丝飞行的距离就越长，中途受影响的概率就越大，对纬丝飞行的稳定性要求也越高，其所需的先行水也越多。

（2）喷射时间。指水泵凸轮最高点与转子接触的时间，以角度来表示，大多数喷水织机的喷水时间在85°~90°。喷射时间过早，会使水的集束流打在钢筘上，形成飞散，影响正常纬纱的飞行；喷射时间过晚，会使喷射时间与引纬时间的间隔过短，先行水量不足，纬纱飞行刚开始时，至少应保留100~150mm的先行水。

（3）自由飞行角。指从夹纬器开启，纬丝飞行开始到储纬器预绕的纬丝放完曲轴所转过的角度，即夹纬器从开启到拉住的时间。自由飞行角越大，纬丝飞行过程中所受的阻力就越小，在靠近探纬器时的稳定性也越高。一般在工艺调整时，应尽量增加纬丝自由飞行时间。飞行角开始的设定应结合先行角，在满足先行水的条件下，可适当提前。在织造特宽幅织物时，鉴于飞行距离较长，自由飞行角宜适当大些，有利于纬丝飞行，减少短纬、断纬等现象的发生。

（4）拘束飞行角。指储纬器上预绕的纬丝放完后至纬丝飞行结束曲轴所转过的角度。在采用电子储纬器的织机中，拘束时间以电磁针关闭时为起点。拘束飞行时为保证纬丝在打纬过程中一直处于拉直状态，需有一定的残水量，使其充分伸展。水量多少的设定应有足够的先行水及有合适的残水量，确保在整个引纬过程中有足够的引纬力，通常用喷射开始角到水终了角的时间来表示。一般在织造宽幅织物时，为防止拘束飞行不稳定，通常采用适当增加水量的方式。

（5）水压大小。一般以水到废边丝的时间作为依据确定水压大小，水压过高，将缩短引纬时间，使得拘束飞行提前，影响正常织造。

（6）残水量。指纬丝飞行结束后至打纬为止剩余的水量。残水量过多，容易造成探纬误判，会出现织机空停或空织；残水量过少，会造成拘束飞行不良，出现织机空停、废边丝捕纬失误、纬纱松弛、短纬等。

3. 特点及品种适应性

喷水引纬以高速流动的水射流作为引纬介质，其品种适应性和特点表现在以下几方面。

喷水引纬通常用于疏水性纤维（涤纶、锦纶和玻璃纤维等）的织物加工，加工后的织物一般要经烘燥除水处理。

在喷水织机上，纬纱由喷嘴的一次性喷射射流牵引，射流流速按指数规律迅速衰减的特性阻碍了织机幅宽的扩展，因此喷水织机常用于窄幅或中幅的织物加工。

喷水引纬是消极引纬方式，梭口是否清晰是影响引纬质量的重要因素。喷水织机开口可配备简单的连杆或凸轮开口装置，生产一些组织结构简单的织物；也有配备多臂开口装置用于高经密原组织（增加综框页数，以降低每页综的经丝密度）及小花纹组织织物的加工，还可配备提花开口装置，生产高档提花。

喷水织机的多色纬功能较差，行业较多使用双喷嘴，使用两只喷嘴的织机常用于织制纬丝左右捻轮流交替的合纤长丝绉类或乔其纱类织物。

（二）喷气引纬

喷气引纬是以压缩空气为引纬载体，利用空气的流动性和喷射成束特性，将纬纱引入梭口，喷气引纬又称气流引纬。

1. 引纬原理及主要装置

由于喷射气流一边卷吸周围的空气，一边又做扩散运动，射流截面迅速增大，使射流的动量迅速消失，速度迅速衰减，不利于引纬。因此，在喷气引纬中为保持速度恒定，除主喷嘴外，还需要辅助喷嘴，并且为防止气流扩散，喷气引纬需要在管道片或异形筘的帮助下完成。现单喷嘴+管道片的引纬方式已经较少使用，喷气引纬主要采用主喷嘴+辅助喷嘴+异形筘的方式。

现在主流喷气织机的引纬系统由空气输送装置，气源净化装置，气压调节装置，主喷嘴、辅助喷嘴，异形筘，储纬器，控制主、辅喷嘴气流开关的电磁阀等装置组成。

（1）空气输送装置。由空气压缩机出来的压缩空气，经管道到达织机上的空气过滤器，过滤后的空气经过气压调节箱内的调压阀调节压力后，分送到喷射装置的各执行器件。

（2）气源净化装置。从压缩机输出的压缩空气中含有一些水分、油滴和灰尘，不能直接用于引纬。故压缩空气需经气源净化装置处理，滤掉粒度较大的各种杂物后才能用于引纬。

（3）气压调节装置。用于喷气织机的空气压缩机输出气压一般为 0.7MPa（$7kg/cm^2$），要求输送到织机处时气压通常不低于 0.55MPa（$5.5kg/cm^2$）。

（4）主喷嘴。将进入主喷嘴的压缩空气，按工艺要求进行整流、加速并充分地作用于纬纱表面，使纬纱从静止状态加速到引纬所需的飞行速度，并将纬纱在规定的时间送到规定的位置上（异形筘槽内）。

（5）辅助喷嘴。辅助喷嘴的出现是喷气织机实现宽幅和高速的关键所在。其作用为：在纬纱到达之前喷射，带动纬纱前方空气运动，减少空气对纬纱的阻力；使纬纱前端产生相对负压，对纬纱有吸引作用；补充主喷气流的能量，使引纬气流保持一定的速度，以接力的方式将纬纱送过梭口；克服纬纱重力，使之在筘槽中心略偏上的位置飞行。

辅助喷嘴（图 6-27）固装在筘座上，其间距取决于主射流的消耗情况，通常为 50～80mm。一般在靠近主喷嘴的前中段较稀，而后段较密，这样有助于保持纬纱出口侧的气流速度较大，减少纬缩疵点。辅助喷嘴大大增加了喷气引纬的耗气量，为节约压缩空气，一般采用如图 6-28 所示的分组依次供气方式进行引纬，一般 2～5 只辅助喷嘴成一组，由一只阀门控制，各组按纬纱行进方向相继喷气。

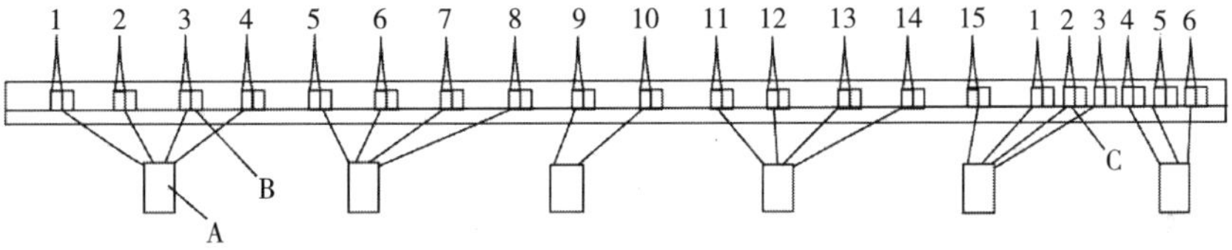

图 6-27　辅助喷嘴

A—电磁阀　B，C—辅助喷嘴

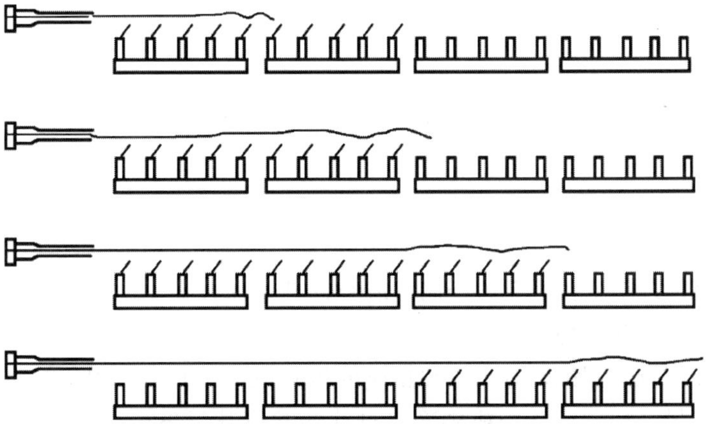

图 6-28　多喷嘴分组接力喷气

（6）延伸喷嘴。安装在最末一只辅助喷嘴之后，位于布幅之外。当主、辅喷嘴先后关闭后，延伸喷嘴仍继续保证喷射，以免在综平前纬纱反弹而产生纬缩等，多用于织制纬纱为强捻长丝或包芯纱等织物。

2. 特点及品种适应性

喷气引纬以惯性极小的空气作为引纬介质，加上辅助喷嘴的使用，有利于高速，最高入纬率可达2500m/min；主喷嘴与辅助喷嘴的结合，理论上使喷气织机的门幅扩展不受限制；纬纱能选择4~6色，短纤纱、化纤长丝皆可，适宜加工轻薄和细支高密织物，品种适应性较好。

当然，喷气引纬也有一定的缺陷，如对纬纱的控制力弱，消极式引纬方式对纬纱缺乏足够的控制力，不利于粗重结子纱、花式纱、强捻纱织物的生产；对梭口清晰度要求高；经丝要高张力，对经丝的原纱质量和前织半成品质量要求高；耗能较高，消耗高压空气，需要配备空压机，耗电较多。

（三）剑杆引纬

剑杆引纬是以剑杆头作为引纬器握持纬纱，在剑杆的推动下穿越梭口，将纬纱引入，或送纬剑头从储纬侧夹持住选纬针递出的纬纱，引入梭口，在梭口大约中间位置，接纬剑头接过送纬剑递出的纬纱，将纬纱拉出梭口，完成引纬。剑杆引纬的纬纱处于受控状态，是一种积极引纬方式。可根据不同的方式分类，图6-29列出以下几种分类方式。

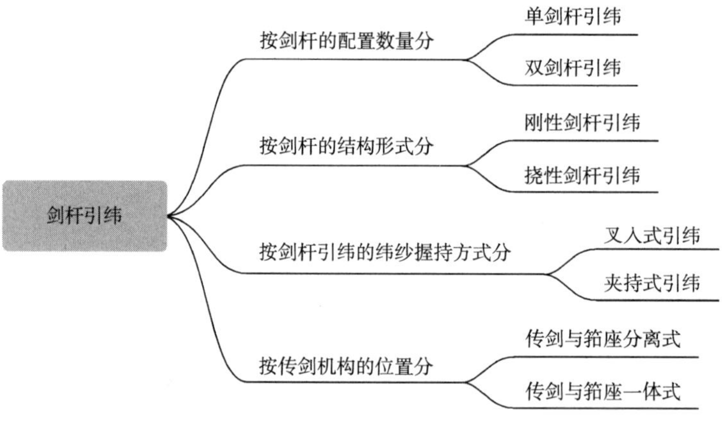

图6-29 剑杆引纬分类

1. 引纬原理及主要装置

（1）单剑杆引纬和双剑杆引纬。单剑杆引纬仅在织机的一侧装有比布幅宽的长剑杆及其传剑机构，由它将纬纱送入梭口至另一侧，或空剑杆伸入梭口到对侧握持纬纱后，在退剑过程中将纬纱拉入梭口完成引纬。

双剑杆引纬在织机两侧都装有剑杆和相应的传剑机构，其中一根剑杆将纬纱送到织机中部，称为送纬剑，另一根剑杆从织机中部接过纬纱并将其引出梭口，称为接纬剑。引纬时，纬纱由送纬剑送至梭口中央，然后交付给对侧也已运动到梭口中央的接纬剑上，两剑再各自退回，由接纬剑将纬纱拉过梭口。

（2）刚性剑杆引纬和挠性剑杆引纬。刚性剑杆由剑杆和剑头组成，剑杆为一刚性的空心细长杆，截面呈圆形或长方形。其最大特点是不需用导剑器材，在引纬的大部分时间里，剑杆、剑头可悬在梭口中运动，不与经丝接触，从而减少了对经丝的磨损，对于不耐磨的经丝织造十分有利，如玻璃纤维等。但刚性剑杆的长度是织机筘幅的一倍以上，打纬之前刚性剑杆必须从梭口中退出，因此机台宽度方向占地面积较大，而且剑杆笨重，惯性大，不利于高速。

挠性剑杆由剑头和柔性剑带组成。剑带材料为钢带、尼龙带或碳纤维复合材料带等。在剑杆退出梭口时，柔性剑带能卷绕到传剑轮上，于是避免了机台占地面积过大的缺点。另外剑带质量轻，有利于高速，且能达到的幅宽也大，故挠性剑杆引纬在生产实际中得到了最为广泛的应用。由于剑带刚性不足，剑带推动剑头在梭口中穿行时要以导剑钩为导轨。

（3）叉入式引纬和夹持式引纬。在叉入式剑杆系统中，纬纱挂在单剑杆的剑杆头上，被推送到梭口的另一侧，实现圈状引纬，每次引入双纬，也可由送纬剑将纬纱送到织机中央，让接纬剑的剑头钩住，引出梭口。这种圈状引纬方式比较容易实现，剑头结构比较简单。但是，引纬过程中纬纱在剑头上快速滑移，受到磨损，纬纱紧边张力较大，容易断头。因此，剑杆的运动速度应控制较低。另外，圈状引纬方式也只适宜于少数厚重织物，如帆布等。

在夹持式剑杆系统中，送纬剑握持纬纱送到织机中央，然后接纬剑接过纬纱引出梭口，实现线状引纬，每次引入单纬。夹持式引纬的纬纱无退捻现象，且纬纱与剑头之间无摩擦，不损伤纬纱，纬纱始终处于一定的张力作用下，有利于其在织物中均匀排列，但两侧布边均为毛边，需设成边装置，剑头结构也较复杂。总的来讲，夹持式引纬比较合理，应用广泛。

（4）分离式与非分离式筘座。在非分离式筘座的剑杆织机上，剑杆及其传剑机构随筘座一齐前后摆动，同时剑杆相对于筘座左右运动，完成引纬。它可采用一般的曲柄连杆打纬机构，但打纬动程较大，以配合剑杆在梭口中的运动，且要求梭口高度较大，以避免剑头进出梭口时与经丝的过分挤压，加之筘座的转动惯量也大，这些都影响车速的进一步提高，这种形式目前只在中低档剑杆织机上应用。

在分离式筘座的剑杆织机上，传剑机构不随筘座前后摆动，筘座由共轭凸轮驱动。引纬时筘座静止在最后方，而当筘座运动时，剑头退出筘的摆动范围，因而在分离式筘座的剑杆织机上，钢筘的剩余长度有限制，超过时应将其截短。分离式筘座的剑杆织机由于引纬时筘座静止在最后位置，因而所需梭口高度较小，打纬动程也小，加之筘座质量轻，有利于提高车速，故现在的高档剑杆织机普遍采用这种形式。

2. 重要工艺参数

（1）剑杆动程。应随上机筘幅的变化做相应调整，同时调整送纬剑和接纬剑，只能在基本筘幅内小范围调整。

（2）剑头进出梭口时间。剑杆织机的剑头在梭口中运动时间较长，占主轴转角 200°~250°，剑头进梭口时间在 60°~90°，出梭口时间在 280°~310°。一般允许剑头与上层经丝有一定的挤压摩擦，但进梭口过早或出梭口过晚，梭口高度不够，剑头挤压度过大，则会引起上层经丝断头及布边处三跳织疵。根据不同织物，剑头进出梭口的时间可做小范围调整。

(3) 纬纱交接时间。改变剑带和传剑轮的初始啮合位置与动程，就可以调整两剑头在梭口中央交接纬纱的位置和状态。交接点在筘座中央有标记，调整方法为点动织机，观察两剑头深入梭口的交接位置并做相应调整。

(4) 剪纬时间。剪纬时间是指送纬剑头从选纬指上拾取纬纱之后，由凸轮机构控制的剪刀动片切断纬纱的时刻。当送纬剑夹纱器有效地夹住纬纱后，应立即将纬纱剪断。过早剪断，则纬纱夹不牢；过迟剪断，会因剑头深入梭口过多而崩断纬纱。整个剪纬时间仅占 2°~3°，一般在主轴 70°左右。

(5) 接纬剑开夹时间。接纬剑退出梭口时，接纬剑的夹纱器应及时打开以释放纬纱，夹纱器与开夹器相碰即失去对纬纱的夹持。开夹时间迟，则出梭口侧纱尾长；开夹时间早，则纱尾太短，右侧布边易产生缺纬织疵，一般掌握在右边纱尾露出布边 10~15mm。

3. 特点及品种适应性

剑杆引纬中，使用剑杆头夹持纬纱，纬纱处于受控状态，是一种积极引纬方式。这种引纬方式能减少织物纬缩等疵点及在引纬过程中纬纱退捻现象，能应用于强捻纱的引纬，在织物加工中得到广泛使用。

剑杆引纬用的剑杆头通用性很强，能适应各种种类不同、线密度不同、截面不同的原料的引纬要求，能应用于各种花式线的引纬和线密度大小差异较大的纱线交替间隔的引纬，后者能形成粗细条的织物外观效果。剑杆引纬的纬纱选色功能最强，能十分方便地进行 8 色任意选纬，最多可达 16 色。因此，剑杆引纬特别适用于多色纬织造，在装饰织物加工、毛织物加工和棉型色织物加工中得到广泛应用。

双剑杆引纬由分别位于织机两侧的两根剑杆共同完成每次引纬，这样使剑杆织机的门幅得以大大增加，最大门幅达 460cm。双层剑杆引纬适用于双重、双层织物的生产。织机采用双层梭口的开口方式，每次引纬同时引入上下各一根纬纱。利用双层剑杆引纬生产的绒织物（长毛绒、天鹅绒、棉绒、地毯等）手感，外观良好，织机产量高。

刚性剑杆引纬不接触经丝，对经丝不产生磨损作用，在产业用织物加工中，适用于玻璃纤维和一些高性能的特种工业用技术织物的加工。叉入式剑杆引纬具有每次引入双纬的特点，特别适用于帆布和带织物的加工。

(四) 片梭引纬

以片状片梭作为引纬器，将固定筒子上的纬纱引过梭口，片梭引纬与有梭引纬最接近，也是最早投入工业化的无梭织机。

1. 引纬原理及主要装置

片梭是片梭织机的载纬器，作用与传统的梭子相同，但载纬方式截然不同，片梭是用内部的梭夹壳口夹住纬纱纱端而将纬纱引入梭口，纬纱卷装固定在织机的一侧，因而片梭的体积和质量可大大减小，纬纱全过程受到梭夹的夹持，故属于积极引纬。片梭引纬对应的片梭织机，根据片梭数量可分为单片梭和多片梭。由于零件加工精密，价格较其他织机昂贵。片梭织机宽幅低速，故机器整体磨损相对减小，能耗低，且表现出低速高产的特点。由于纬纱引入梭口后，张力受到精准的调节，片梭织机十分有利于高档产品的加工。

片梭引纬的机构主要包括片梭（图 6-30）、导梭片、扭轴投梭机构。

（1）导梭片。片梭在导梭片组成的通道内飞行。导梭片安装在筘座上，随筘座一起摆动，如图 6-31 所示。

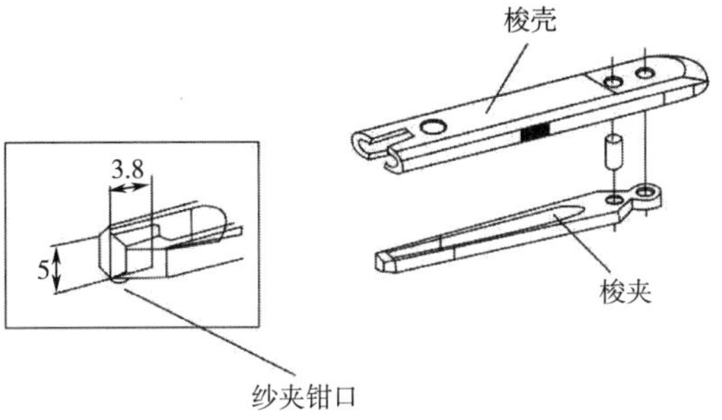

图 6-30　片梭

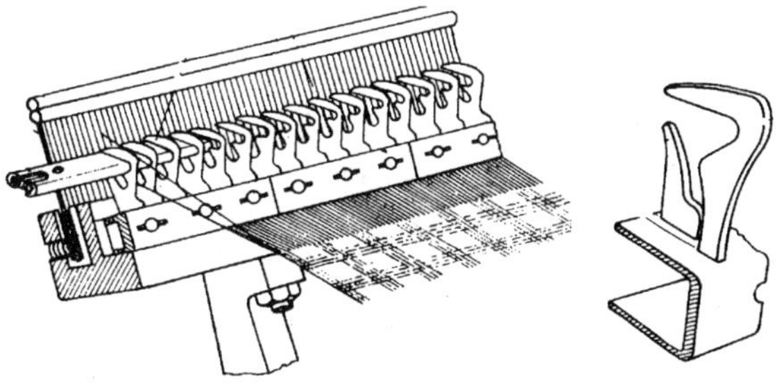

图 6-31　导梭片

（2）投梭机构。片梭织机的投梭机构可分为扭轴投梭机构、扭簧投梭机构、气动投梭机构、电磁力投梭机构。扭轴投梭机构是最常用的投梭机构，击梭前，扭轴扭转一定角度，储存变形能量，击梭时变形恢复，释放的部分能量转变为片梭动能，击梭后的片梭初速稳定，不受织机车速影响。其扭转角度可在 27°~32°调节。

2. 特点及品种适应性

片梭属于积极式引纬方式，对纬纱控制力好，纬纱张力可精确控制，片梭引纬有以下特点：纬纱适应性广，可织造各种天然纤维、化学纤维、玻璃纤维长丝、金属丝、花式线等，可 2~6 色选纬，常见 4 色；引纬质量好，纬向故障和疵点少；织机幅宽大，独幅分幅可变性强，幅宽最宽可达 5.4m，入纬率高，但是速度提升受限；打纬力大，可织造重磅织物。

片梭启动时加速度很大，是剑杆织机的 10~20 倍，不适合生产弱捻和强力低的纬纱织物。

三、打纬机构

打纬机构是利用打纬运动把纬纱打入上下两组经丝交会的地方，即织口，使纬纱没有活动空间，固定在织口位置，通过下一次开口，上下两组经丝的全部或局部互相交换位置，对上一纬加以固定。除了把纬纱打入织口，打纬机构的钢筘可确定经丝排列密度和织物幅宽，在有梭织机和剑杆织机上，钢筘具有导引纬纱的作用，在喷气织机上，异形钢筘起到防止气流扩散的作用。

打纬运动是沿织机前后方向的运动，而引纬运动是沿织机左右方向的运动，故要求打纬运动与引纬运动之间配合协调，以确保引纬顺利进行。钢筘摆动到后止点时应有一定的静止时间，以利于引纬通过梭口。在保证引纬顺利进行的条件下，打纬机构需要满足以下要求：筘座的摆动动程要尽可能地小，以减少钢筘对经丝的摩擦和织机的振动；在具有足够打纬力的条件下，应尽量减轻筘座的质量和减小筘座运动的最大加速度，从而减少织机的振动和动力消耗；打纬机构应简单、坚固，操作安全。

（一）打纬机构的原理及特点

按照筘座的机构形式可分为连杆打纬机构和共轭凸轮打纬机构，连杆打纬机构可分为四连杆打纬机构和六连杆打纬机构。

1. 四连杆打纬

四连杆打纬机构由曲柄、连杆、筘座脚、摇轴（机架）组成，如图 6-32 所示。随着织机主轴 1 回转，通过曲柄 2 及连杆 3 等机构带动筘座脚 5 以摇轴 9 为中心做前后方向的往复摆动，当筘座脚 5 向机前摆动时，由钢筘 7 将纬纱推向织口完成打纬运动。

四连杆打纬机构的特点是机构简单，但筘座运动无静止时间，用于有梭织机和部分无梭织机。

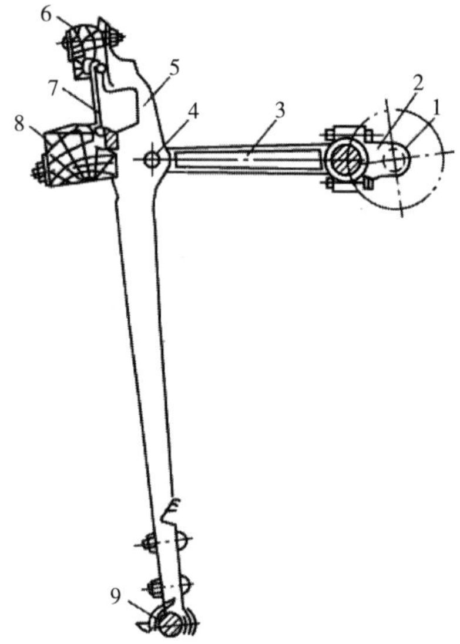

图 6-32　四连杆打纬机构

1—主轴　2—曲柄　3—连杆（也称牵手）　4—牵手栓　5—筘座脚　6—筘帽　7—钢筘　8—筘座　9—摇轴

2. 六连杆打纬

在高速或阔幅织机上，为了增加筘座在后方的相对静止时间，让引纬器从容通过梭口，可采用六连杆打纬机构，如图 6-33 所示。曲柄 2 装在织机主轴 1 上，随着曲柄 2 回转，通过连杆 3 使摇杆 4 摆动，再通过牵手 5、牵手栓 6 使筘座脚 10 绕摇轴 11 往复摆动，完成打纬。

六连杆打纬机构由于增加了摇杆 4，筘座在其前后极限位置的运动较四连杆机构更为缓慢，能更好地满足宽幅织物的引纬要求，但结构复杂，影响车速。

3. 共轭凸轮打纬

图 6-34 为共轭凸轮打纬示意图，在织机主轴 1 上装有一副共轭凸轮 2 和 9。凸轮 2 为主凸轮，驱动转子 3 实现筘座由后向前的摆动，凸轮 9 为副凸轮，驱动转子 8 实现筘座由前向后的摆动。共轭凸轮回转一周，筘座脚 6 绕摇轴 7 往复摆动一次，通过筘夹 5 上固装的钢筘 4 向织口打入一根纬纱。共轭凸轮打纬，可任意设计，使筘座在后方时具有足够的静止时间，保证引纬器顺利通过梭口；使筘座在前方时具有很高的打纬速度，打纬过程中经纬纱相对滑移量增大而共同移动量减小，利于打紧纬纱；振动小，可适应高速。

（二）打纬与织物的形成

1. 织物的形成

织物结构的稳定并不是在一次打纬后就结束，而在离开织口若干距离的织物形成区内仍发生纬纱和经丝的相对移动。在织物形成区外，也不能完全固定下来，即便下机后，织物结构在若干时间内还略有变化。

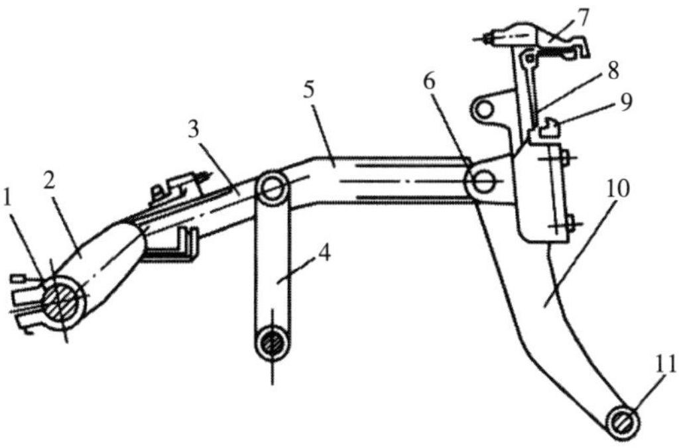

图 6-33　六连杆打纬机构

1—主轴　2—曲柄　3—连杆（也称牵手）
4—摇杆　5—牵手　6—牵手栓　7—筘帽　8—钢筘
9—筘夹　10—筘座脚　11—摇轴

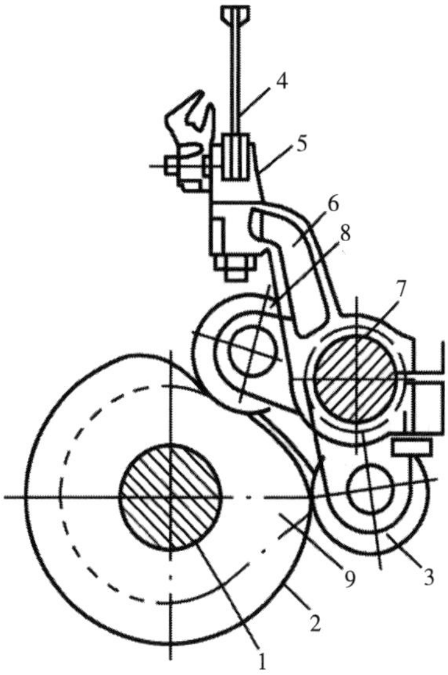

图 6-34　共轭凸轮打纬机构

1—主轴　2—主凸轮　3—转子
4—钢筘　5—筘夹　6—筘座脚
7—摇轴　8—转子　9—副凸轮

2. 打纬过程

综平后，梭口开始逐渐开放，经纬纱开始相互屈曲抱合而产生阻碍纬纱向前移动的阻力。

（1）初始阶段。筘离织口距离大，经纬纱相互屈曲和摩擦程度不明显，筘几乎不受阻力作用。

（2）打纬开始。当纬纱被推至离织口很近即靠近前一根纬纱时，钢筘所受阻力开始猛增，经丝张力剧烈增大，此瞬间表示打纬开始。

（3）打纬结束。当钢筘到达前死心位置时，阻力和经丝张力都达到最大值，此时打纬结束。

3. 织物的形成区

刚打向织口的纬纱，至不再因打纬关系而发生纬纱相对移动、影响经纬纱线相互屈曲变化的这根纬纱为止的区域，称织物形成区。

四、送经机构

送经机构的作用是根据织物组织对纬密大小的要求，在织造过程中及时送出定量的且具有一定张力的经丝，以维持织造生产的连续进行。织轴从满轴到空轴的全过程中，送经机构都应能够按需送出定量的具有恒定张力的经丝，以获得密度均匀和布面平坦的织物，这也是衡量送经机构性能的主要标志。送经机构按工作原理可分为图 6-35 列出的几类。

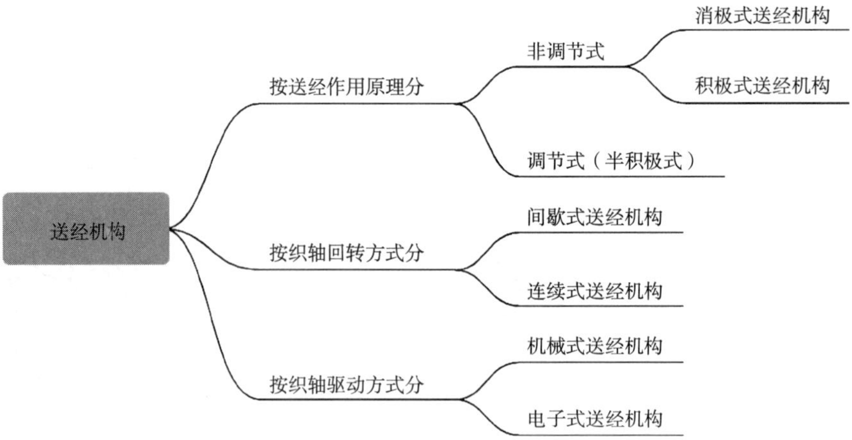

图 6-35　送经机构分类

（一）非调节式和调节式送经机构

1. 非调节式送经机构

根据织轴有无传动机构，可分为消极式和积极式送经机构。

（1）消极式送经。在织造过程中，当经丝张力对织轴产生的力矩大于制动力和其他各种阻力对织轴产生的阻力矩时，织轴便被经丝拖动而送出经丝，送经动作是被动的，是依靠经丝的张力将经丝从织轴上拉出。

（2）积极式送经。在织造时不管经丝张力大小，根据对经丝的需求量，按设定送出恒定量的经丝，送经量和经丝张力无关，送经动作是主动的。这种方式当纱持条干差异较大时会造成张力波动较大等弊端。积极式送经机构一般与消极式卷取机构相匹配使用，常用于织制金属筛网织机。因此，除织制特种织物外，基本不用。

2. 调节式送经机构

织轴设有积极的传动机构，送经量由调节机构根据经丝张力自动调节，调节机构一般以后梁作张力传感件，感知经丝张力的变化，进而调节织轴的回转量。现今，织制常规纺织纤维织物的织机，均采用调节式送经机构。

（二）机械式送经机构

调节式送经机构又称半积极式送经机构。根据传动机构，可分为机械式和电子式，机械式又分为外侧式、无级变速器式、摩擦离合器式。其中，外侧式主要用于有梭织机，无级变速器式主要用于剑杆织机，摩擦离合器式多用于喷气、片梭等无梭织机。

1. 外侧式送经机构

在有梭织机的技术改造中，出现了多种外侧式送经机构，这些送经机构的共同特征是：通过两个感应元件分别对经丝张力和织轴直径的检测进行送经量调节，从而经丝张力控制更加合理，织造过程中经丝张力更为均匀。同时，送经机构被移到织机外侧，维修保养比较方便。典型的外侧式送经机构如图 6-36 所示。

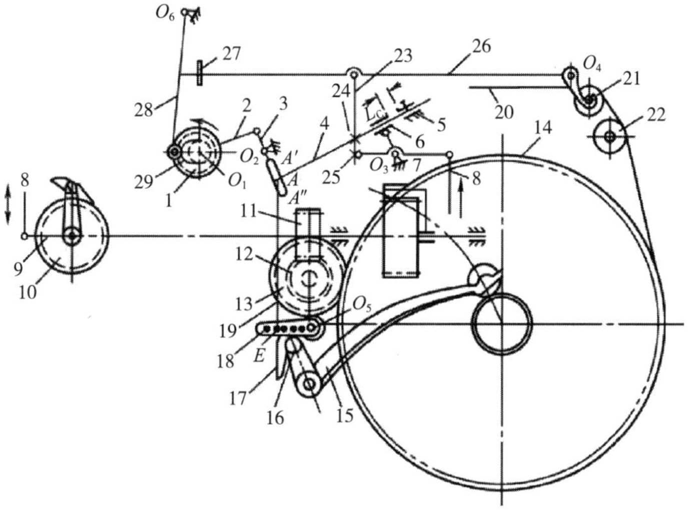

图 6-36 外侧式机械式调节送经机构

1—偏心盘 2—外壳 3—摆杆 4—拉杆 5—挡圈 6—挡块 7—三臂杆 8—小拉杆 9—双臂撑杆 10—棘轮 11—蜗杆 12—蜗轮 13—齿轮 14—织轴边盘齿轮 15—转臂 16—转子 17—双曲线凸轮板 18—调节转臂 19—连杆 20—经丝 21—活动后梁 22—固定后梁 23—调节杆 24—挡圈 25—挡块 26—扇形张力杆 27—制动器 28—制动杆 29—开放凸轮

2. 无级变速器式送经机构

带有无级变速器的调节式送经机构能连续地送出经丝，运转平稳，适应高速。它的基本结构是含有能作无级变速的减速传动环节，可以按照经丝张力的变化调整减速比，保持经丝张力的稳定。如图 6-37 所示，主轴转动时，通过传动轮系带动无级变速器的输入轴 9，然后经锥形盘无级变速器的输出轴 20、变速轮系 21、蜗杆 19、蜗轮 18、齿轮 17，使织轴边盘齿轮 22 转动，允许织轴在经丝张力作用下放出经丝。这是一种连续式的送经机构，在织机主轴回转过程中始终发生着送经动作，它避免了间歇送经机构的零件冲击等弊病，因此适用于高速织机。

该送经机构的经丝送出量可以变化，变速轮系 21 的四个齿轮为变换齿轮，改变变换齿轮的齿数，可以满足不同范围送经量的要求。在变速轮系所确定的某一个送经量变化范围内，通过改变无级变速器的速比，又可在这一范围内对送经量做出细致、连续的调整，确保机构送出的每纬送经量与织物所需的每纬送经量精确相等。

3. 摩擦离合器式送经机构

摩擦离合器式送经机构如图 6-38 所示，送经侧轴 3 与织机主轴同步转动，带动固定在轴端上的主动摩擦盘 9。当转子杆 11 被锁定于某一位置上时，转子 10 将与回转着的主动摩擦盘上凸轮面 a 接触。

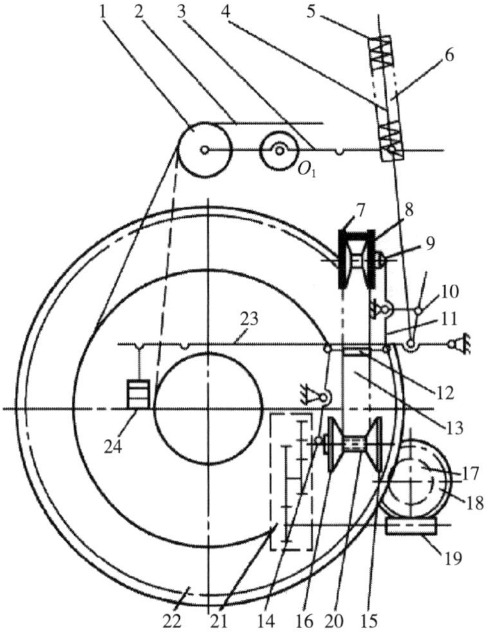

图 6-37 带有无级变速器的调节式送经机构简图

1—后梁 2—摆杆 3—感应杆 4—弹簧杆 5—螺母 6—弹簧 7，8，15，16—锥形轮 9—轴 10—角形杆 11，14—拨叉 12—连杆 13—橡胶带 17—送经齿轮 18—蜗轮 19—蜗杆 20—轴 21—变速轮系 22—织轴齿轮 23—重锤杆 24—重锤

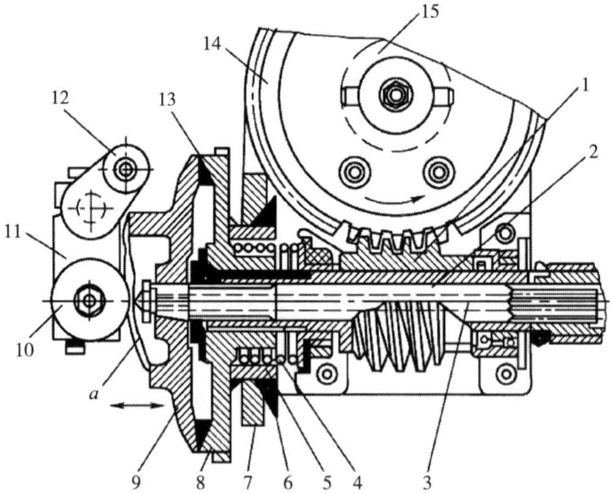

图 6-38 摩擦离合器式送经机构

1—蜗杆 2—轴管 3—送经侧轴 4—弹簧 5—制动圈 6，13—摩擦环 7—机架 8—从动摩擦盘 9—主动摩擦盘 10—转子 11—转子杆 12—连杆 14—蜗轮 15—送经齿轮 *a*—主动摩擦盘凸轮面

转子就地转动，凸轮面的凸出部分迫使送经侧轴和主动摩擦盘向右移动，并通过摩擦环 13

压到从动摩擦盘 8 上，使从动摩擦盘 8 和固定在从动摩擦盘上的制动圈 5 向右移动，制动圈上摩擦环 6 与机架 7 脱离，制动解除。于是主动摩擦盘驱使从动摩擦盘、轴管 2 和轴管上的蜗杆 1、蜗轮 14、送经齿轮 15 转动，允许织轴在经丝张力作用下放出经丝。当主动摩擦盘开始转入凸轮面的凹陷部分与转子接触时，被压缩了的弹簧 4 得到恢复，推动主动和从动摩擦盘向左移动，一旦制动圈被机架挡住，则主动和从动摩擦盘分离，在弹簧力作用下，从动摩擦盘通过摩擦环 6 紧靠在机架上，并立即停止转动，放出经丝动作终止。由此可见，从动摩擦盘的转动发生在主轴回转一周的部分时间区域内，它的转动角 θ 取决于转子与主动摩擦盘凸轮面的接触区段长度。转子锁定的位置越靠近主动摩擦盘，则接触区段长度越长，转动角 θ 越大，送经量也越多。

摩擦离合器式送经机构送经量可以做无级变化的调整，故经丝张力控制的准确性较好。该送经机构在片梭织机、喷气织机和有梭织机上都有应用。

（三）电子调节式送经机构

在电子式调节送经机构中，经丝放送传动部分由送经电动机驱动，并受送经量自动调节部分控制。送经量自动调节部分是根据经丝张力设定值和实际经丝张力检测的结果进行控制的。通过对送经电动机的转速和转向的控制，放送出所需的经丝并维持适宜的经丝张力。电子式调节送经机构的机械结构比较简单，作用灵敏，适应高速，是织造技术进步的一个方向。电子式调节送经机构可分解为经丝张力信号采集系统、信号处理和控制系统、织轴放送装置三个组成部分。

1. 经丝张力信号采集系统

经丝张力信号采集系统主要有后梁位置检测方式和后梁受力检测方式两种。

（1）后梁位置检测方式。以接近开关判别后梁位置，进而间接地对经丝张力信号进行判断、采集，是典型的后梁位置检测方式。它的经丝张力采集系统工作原理和机械式送经机构基本相同，即利用经丝张力与后梁位置的对应关系，通过监测后梁位置控制经丝张力。如图 6-39 所示，从织轴上退绕出来的经丝 9 绕过后梁 1，经丝张力使后梁摆杆 2 绕 O 点沿顺时针方向转动，对张力弹簧 3 进行压缩。通过改变弹簧力，可以调节经丝上机张力，并使后梁摆杆位于一个正常的平衡位置上。织造过程中，当经丝张力相对预设定值增大或减小时，后梁摆杆从平衡位置发生偏移，固定在后梁摆杆上的铁片 4、5 相对于接近开关 6、7 作位置变化。

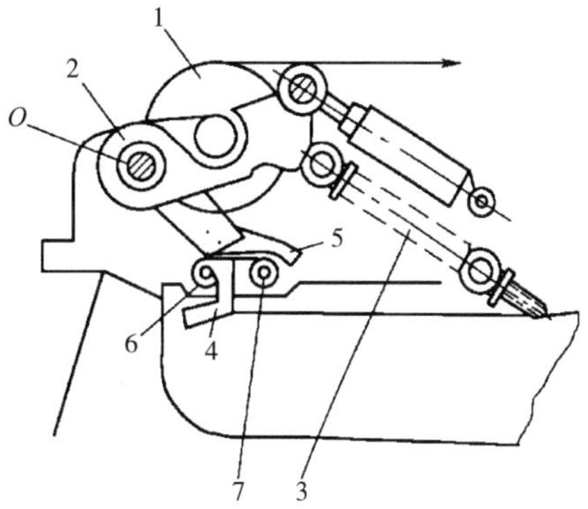

图 6-39　接近开关方式经丝张力采集系统

1—后梁　2—后梁摆杆　3—张力弹簧
4，5—铁片　6，7—接近开关

由于后梁系统具有较大的运动惯量，当经丝张力发生变化时，后梁系统不可能及时做出位移响应，于是不能及时反映张力的变化并匀整经丝张力。这是后梁位置检测方式的弊病。

（2）后梁受力检测方式。与后梁位置检测方式相比，后梁受力检测方式的经丝张力采集系统工作原理有了明显改进。

图 6-40（a）所示为一种较简单的、利用应变片传感器对经丝张力进行采集的结构，经丝 8 绕过后梁 1，经丝张力的大小通过后梁摆杆 2、杠杆 3、拉杆 4，施加到应变片传感器 5 上。这里采用了非电量电测方法，通过应变片微弱的应变来采集经丝张力变化的全部信息，相对于通过后梁系统的位置（位移）来感受经丝张力变化，它的优点是可以十分及时地反映经丝张力的变化。曲柄 6、连杆 7、后梁摆杆 2 组成了平纹织物织造的经丝张力补偿装置，对经丝开口过程中经丝张力的变化进行补偿调节。改变曲柄长度，可以调节张力补偿量的大小。

图 6-40（b）所示为一种结构稍复杂的利用应变片工作的经丝张力信号采集系统。经丝张力通过后梁 1、后梁摆杆 2、弹簧 12、弹簧杆 10，施加到应变片传感器 5 上，其电测原理与前一种方式是完全相同的。它们都不必通过后梁系统的运动来反映经丝张力数值变化，从而避免了后梁系统运动惯性对经丝张力采集的频率响应影响，保证送经机构能对经丝张力的变动做出及时、准确的调节。这有利于对经丝张力要求较高的稀薄织物加工。

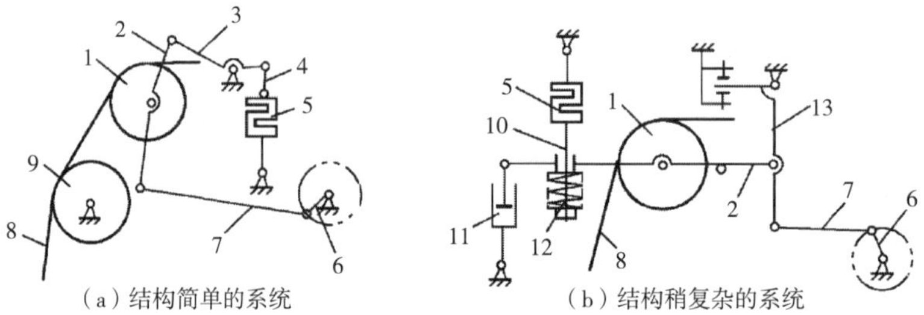

（a）结构简单的系统　（b）结构稍复杂的系统

图 6-40　应变片方式经丝张力采集系统

1—后梁　2—后梁摆杆　3—杠杆　4—拉杆　5—应变片传感器　6—曲柄　7—连杆
8—经丝　9—固定后梁　10—弹簧杆　11—阻尼器　12—弹簧　13—双臂杆

在经丝张力快速变化的条件下，阻尼器 11 对后梁摆杆起握持作用，阻止后梁上下跳动，使后梁处于固定的位置上。但是，当经丝张力发生意外的较大幅度的慢速变化时，后梁摆杆通过弹簧 12 的柔性连接可以对此作出反应。弹簧会发生压缩或变形恢复，后梁摆杆会适当上下摆动，对经丝长度进行补偿，避免了经丝的过度松弛和过度张紧。

2. 信号处理和控制系统

（1）后梁位置检测方式。图 6-41 表示了经丝张力采集、处理和控制原理。当经丝张力大于预定数值 F_0 时，如图 6-42（a）中虚线所示，铁片对接近开关的遮盖程度达到使振荡回路停振，于是开关电路输出信号 V_1，如图 6-42（b）所示。F_0 的数值由调整张力弹簧刚度和接近开关安装位置来设定。信号 V_1 经积分电路、比较电路处理，如图 6-42（c）所示。当积分电压 V_2 高于设定电压 V_0，则输出信号（V_2-V_0）通过驱动电路使直流送经伺服电动机转动，织轴放出经丝。输出信号（V_2-V_0）越大，电动机转速越高，经丝放出速度越快。当 $V_2<V_0$ 时，电动机不转动，织轴被锁定，经丝不能放出。在上述这种方式中，经丝不是每纬都送出的，因此送经量调节的精确程度稍差些，较适宜于中、厚织物的织制。但它的电路结构比较简单、可靠，有较强的实用性。

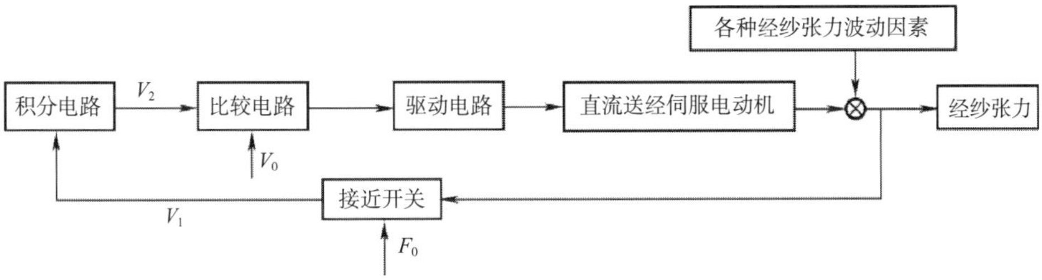

图 6-41 电子送经机构的经丝张力控制原理

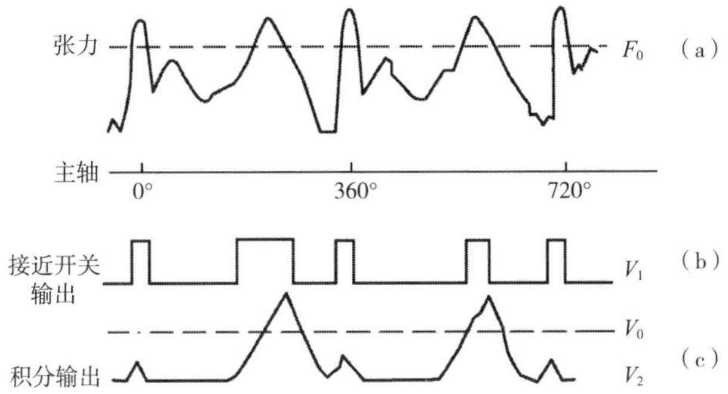

图 6-42 信号处理过程

（2）后梁受力检测方式。后梁受力检测方式的经丝张力信号处理与控制系统中采用了微型计算机。该方式应用在不同电子式送经机构中，信号处理和控制的方法各有特点，所使用的织轴驱动伺服电动机也有交流和直流之分。因此，经丝张力信号的处理与控制系统有多种不同的形式，它们的基本原理如图 6-43 所示。

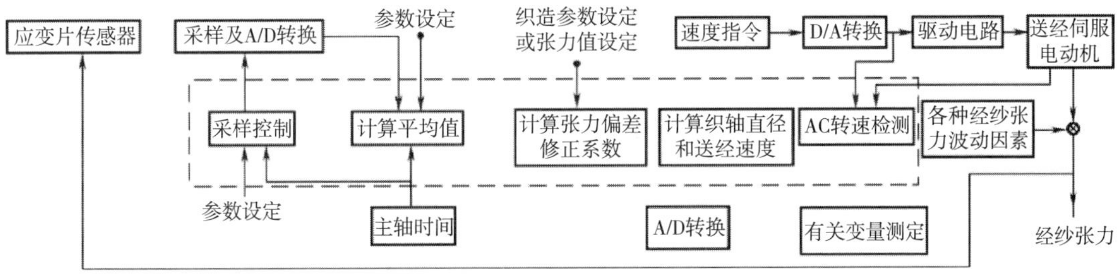

图 6-43 应变片方式电子送经机构的经丝张力控制原理

计算机按照程序设定的采样时间间隔，根据主轴时间信号，对应变片传感器输出的模拟电量进行采样及模拟量到数字量的转换（A/D 转换），然后将经丝张力变化一个周期内各采样点的数值作算术平均或加权平均（周期为预设参数）。计算出的平均张力与预设定的经丝张力值进行比较，或与计算机根据预设定的织造参数（纱线特数、织物密度、幅宽等）所算得的经丝张力值进行比较，由张力偏差所得的修正系数进入速度指令环节。

速度指令通过数字量到模拟量的转换（D/A 转换），输入驱动电路，进而驱动交流或直流伺服电动机。在使用交流伺服电动机时，还需测出电动机的当前转速，信号反馈到驱动电路，使驱动输出作出相应的修正。

3. 织轴放送装置

织轴放送装置包括交流或直流伺服电动机及其驱动电路和送经传动轮系。由电动机特性曲线可知，直流伺服电动机的机械特性较硬，线性调速范围大，易控制，效率高，比较适合用作送经电动机。但直流电动机使用电刷，长时间运转产生磨损，需要经常维护。在低速转动时，由于电刷和换向器易产生死角，引起火花，电火花将干扰电路部分正常工作。交流伺服电动机无电刷和换向器引起的弊病，但它的机械特性较软，线性调速区小。为此，在交流伺服电动机上装有测速发电机，检测电动机转速，并以此检测信号作为反馈信号，输入到驱动电路，形成闭环控制，保证送经调节的准确性。

送经传动轮系由齿轮、蜗轮、蜗杆和制动阻尼器构成，如图 6-44 所示，执行电动机 1 通过一对齿轮 2 和 3、蜗杆 4、蜗轮 5，起到减速作用。装在蜗轮轴上的送经齿轮 6 与织轴边盘齿轮 7 啮合，使织轴转动，放送出经丝。为了防止惯性回转造成送经不精确，在送经执行装置中都含有阻尼部件。图 6-44 中是在蜗轮轴上装有一只制动盘，通过制动带的作用，使蜗轮轴的回转受到一定的阻力矩作用，而当电动机一旦停止转动，蜗轮轴也立即停止转动，从而不出现惯性回转引起的过量送经。

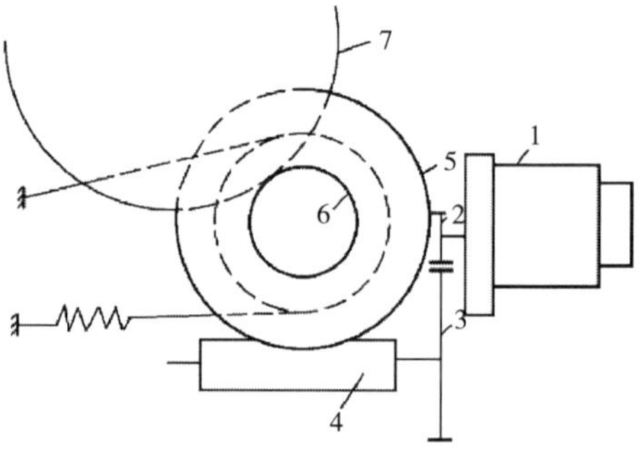

图 6-44　电子送经的织轴驱动装置

1—电动机　2，3—齿轮　4—蜗杆
5—蜗轮　6—送经齿轮　7—边盘齿轮

电子送经机构常采用交流伺服电动机、开关磁阻电动机和直流毛刷电动机。目前，喷气织机的电子送经机构中还增加了停车时间记录装置（以 5min、10min 为一个单位），在织机开车时，电子送经机构自动卷紧织轴，使经丝张力达到织机开车所需的数值，可以有效地防止开车稀密路疵点。

（四）双轴送经机构

采用双经轴送经，一般有以下两种情况：一是单个织轴幅宽达不到要求或织制特殊织物的时候，会采用并排式的双经轴进行织造；二是同一织物的经丝张力要求不同，为了方便控制不同的张力，或某种经丝的使用次数较普通经丝少，为了较少丝线摩擦，会采用上下式双经轴进行织造。

双经轴织造的重点是要控制两个织轴上的经丝张力，使其符合织造要求，尤其是经丝张力要求一致的情况。

经丝张力控制主要有三种形式：一套机械式送经机通过周转轮系差速器来控制两只织轴，协调两只织轴的经丝放出量；一套电子式送经机通过周转轮系差速器来控制两只织轴的经丝放出量，轻薄、中厚重织物的加工；使用两套电子式送经机构，分别独立的控制两只织轴，适用于厚重织物的加工。以两套电子式送经机构分别独立地驱动两只织轴的双轴制送经方式，避免了周转轮系差速器及其传动系统造成的两织轴余纱长度差异，因此代表着双轴制送经技术的发展方向。

五、卷取机构

卷取、送经与开口、引纬、打纬机构统称织机的五大机构。其中，开口、引纬、打纬是形成织物单元所必需的机构，而卷取、送经是织机上连续形成织物所必需的机构。卷取机构是通过卷取运动，将开口、引纬、打纬所形成的织物单元引离织口，卷绕到卷布辊上。此外，该机构也是控制织物纬密的重要机构。

卷取机构应能保证按时、定长地将形成的织物引离织口，以获得工艺规定的纬纱密度，同时将送经机构从织轴上放出来的经丝牵引到织物形成区内，整个过程需卷取均匀，有足够的牵引力；卷取机构的运动应平稳，纬密调节方便，能够随不同织物要求变化而变化纬密，并具有纬密在机可变功能；卷取机构有能随意卷进或退回织物的装置及因缺纬停车时的稀弄防止装置；卷装良好，具有一定的卷转容量等。

卷取机构的类型多样，可按不同的分类标准分类。按作用性质可分为有动力源的积极式卷取机构和无动力源的消极式卷取机构。目前消极式卷取基本被行业淘汰。积极式卷取按传动性质又可分为机械式和电子式，按卷取方式又可分为连续卷取和间歇卷取。具体分类如图 6-45 所示。

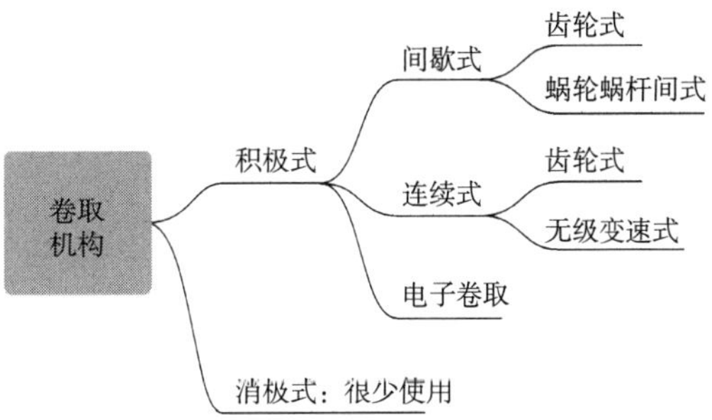

图 6-45 卷曲机构分类

（一）积极式间歇卷取机构

积极式间歇卷取是织物每次卷取的长度一致，即保证织物的纬密一致，但卷取运动只发生在主轴一转中的某个阶段。

1. 七齿轮间歇式卷取机构

七齿轮间歇式卷取机构为积极式间歇卷取机构，其原理如图 6-46 所示。

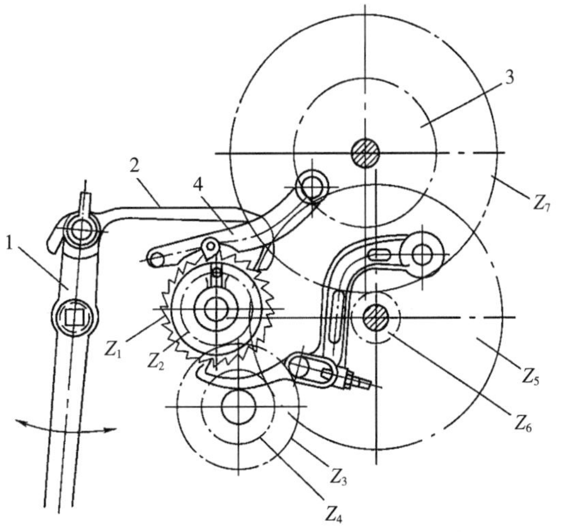

图 6-46 七齿轮间歇式卷取机构

1—卷取杆 2—卷取钩 3—卷取辊 4—保持棘爪

Z_1—棘轮 $Z_2 \sim Z_7$—齿轮

织机主轴回转一周，织入一根纬纱。卷取杆 1（与筘坐相连）往复摆动一次，通过卷取钩 2 带动棘轮 Z_1 转过一定齿数（1 齿），然后经轮系 $Z_2 \sim Z_7$，驱使卷取辊 3 转动，卷取一定长度的织物。4 为保持棘爪，支撑住棘轮，防止卷取辊逆转。

织机主轴一转，织入一根纬纱，对应卷取的织物长度为：

$$L = \frac{1}{Z_1}\frac{Z_2Z_4Z_6}{Z_3Z_5Z_7}\pi D$$

式中：$Z_1 \sim Z_7$ 为各齿轮齿数；D 为卷取辊直径。

所以，通过改变变换齿轮 Z_2、Z_3 的齿数，就可实现织物的纬密调节。

这种卷取机构的优点是结构简单，调节方便。缺点是机件容易松动和磨损，导致卷取失灵，使织物纬向出现稀密不匀（稀密路）现象；布面游动大，容易造成边经断头。

2. 蜗轮蜗杆间歇式卷取机构

蜗轮蜗杆间歇式卷取机构的动力来自筘座运动，其原理如图6-47所示。当筘座由后方向前方运动时，连杆传动推杆1，经棘爪2推动变换棘轮3转过m个齿，再通过单线蜗杆4、蜗轮5带动卷取辊6回转，卷取一定长度的织物。安装在传动轴9一端的制动轮8起到握持传动轴作用，防止传动过程中由惯性而引起的传动轴过冲现象，保证卷取量准确、恒定。

这种卷取机构的特点是：打纬时不卷取，有利于打紧纬纱；提起棘爪可实现停卷；卷取运动带有冲击性；布面游动较大。通过有计划地抬起棘爪，可以获得局部纬密变大的变化纬密织物。

（二）积极式连续卷取机构

积极式连续卷取是织物每次卷取的长度一致，且卷取运动在主轴一转中始终保持均匀而连续的运转。

1. 以改变齿轮齿数来调节纬密的连续式卷取机构

以改变齿轮齿数来调节加工织物纬密的积极式连续卷取机构的示意图如图6-48所示。辅助轴1与织机主轴同步回转，辅助轴通过轮系 $Z_1 \sim Z_6$ 和减速齿轮箱2、齿轮 Z_7、Z_8 传动橡胶糙面卷取辊3，对包覆在辊上的织物进行卷取。

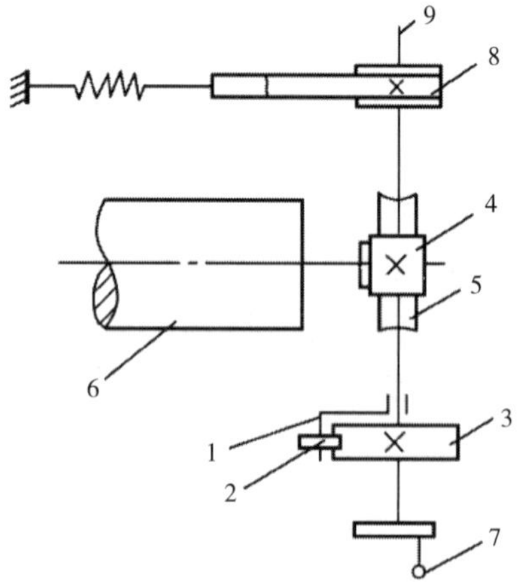

图6-47 蜗轮蜗杆间歇式卷取机构

1—推杆 2—棘爪 3—棘轮 4—单线蜗杆 5—蜗轮 6—卷取辊 7—手轮 8—制动轮 9—传动轴

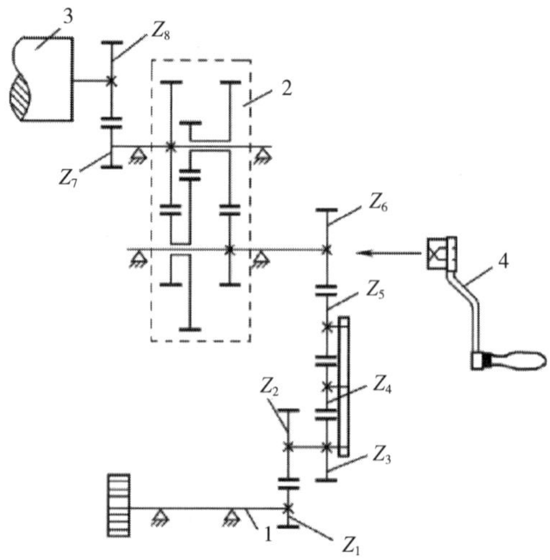

图6-48 改变齿轮齿数调节纬密的卷取机构

1—辅助轴 2—减速齿轮箱 3—橡胶糙面卷取辊 4—手柄 $Z_1 \sim Z_8$—齿轮的齿数

这种卷取机构的特点是刺毛辊在主轴一转过程中是连续转动的，适用于高速织机；只要任意搭配齿轮的齿数，可使织物纬密在一个较大范围内变化。但齿轮齿数是有级变化的，纬密控制不够精确。常用于新型织机的卷取机构中。

2. 以无级变速器来调节纬密的连续式卷取机构

以无级变速器来调节加工织物纬密的积极式连续卷取机构如图6-49所示。织机主轴通过齿形带传动主轴1，经链轮 Z_1、Z_2（或 Z'_1、Z'_1）传动PIV无级变速器3的输入轴2。无级变速器的输出轴4再经过齿轮 Z_3、Z_4、Z_5、Z_6 以及蜗杆 Z_7、蜗轮 Z_8 使卷取辊5转动而卷取织物。卷取辊轴对卷布辊轴7的传动则是通过一对链轮 Z_9、Z_{10} 和摩擦离合器6实现的。

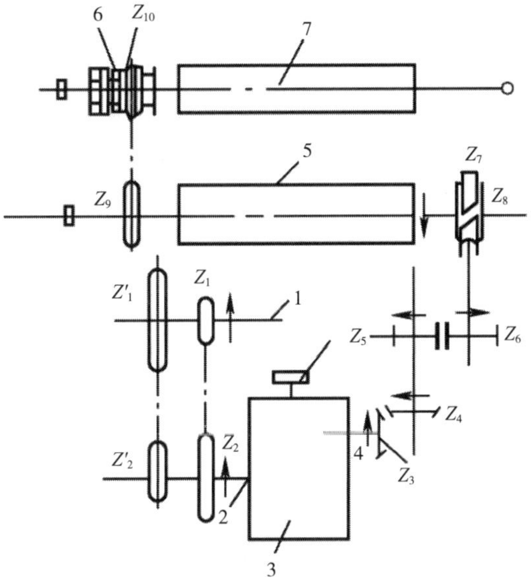

图6-49　PIV无级变速器调节纬密的卷取机构

1—主轴　2—输入轴　3—PIV无级变速器　4—输出轴　5—卷取辊　6—摩擦离合器
7—卷布辊轴　Z_1，Z'_1，Z_2，Z'_2，Z_9，Z_{10}—链轮　$Z_3 \sim Z_6$—齿轮　Z_7—蜗杆　Z_8—蜗轮

以无级变速器调节纬密，不仅使纬密的控制精确程度得以提高，而且不需储备大量的变换齿轮，翻改品种改变纬密也很方便，但翻改品种后要对织物纬密进行验证。

（三）电子式卷取装置

电子式卷取装置一般应用在新型无梭织机上。图6-50为喷气织机上的电子卷取装置的原理框图。控制卷取的计算机与织机主控制计算机双向通信，获得织机状态信息，其中包括主轴信号。它根据织物的纬密（织机主轴每转的织物卷取量）输出一定的电压，经伺服电动机驱动器驱动交流伺服电动机转动，再通过变速机构传动卷取辊，按预定纬密卷取织物。测速发电机实现伺服电动机转速的负反馈控制，其输出电压代表伺服电动机的转速，根据与计算机输出的转速给定值的偏差，调节伺服电动机的实际转速。卷取辊轴上的旋转轴编码器用来实现卷取量的反馈控制。旋转轴编码器的输出信号经卷取量换算后可得到实际的卷取长度，与由织物纬密换算出的卷取量设定值进行比较，根据其偏差，控制伺服电动机的启动和停止。

由于采用了双闭环控制系统，该卷取机构可实现卷取量精密的无级调节，适应各种纬密变化的要求。

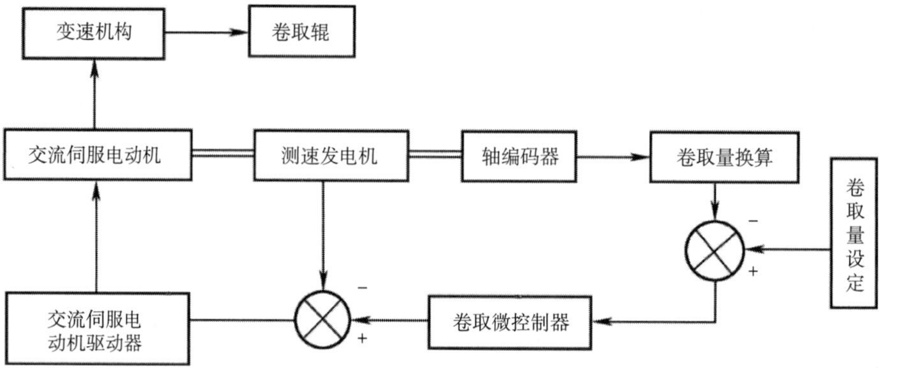

图 6-50　电子式积极式连续卷取机构的工作原理

电子卷取的织机运转状态下实现纬密的任意变更；纬密任意变换，无级调整（可实现变化纬密卷取和定量卷取）；不需要变换齿轮。现在新型织机已广泛采用电子卷取机构，这是未来的发展方向。

六、辅助机构

（一）传动机构

织机的五大运动和其他辅助机构之间都有严格的时间和工艺配合。

传统织机的开口机构、引纬机构、打纬机构和卷取机构一般采用齿轮或齿形带传动形式；送经机构一般通过三角皮带轮进行传动，送经量则通过经丝张力来进行调节。高档无梭织机则采用多个电动机分别传动各个机构，各运动之间的配合由中央处理器统一控制，以保证各运动之间时间的协调。各种机型传动系统差异较大，但基本原理及功能相同。

1. 织机的启制动系统

运转中的织机，会因断经、断纬或故障等原因停车，处理停车后又要继续开车，因而任何织机都需要配备启动、制动装置，并且要求启动迅速，制动灵敏位置准确。无梭织机的启制动系统通常由电动机、电磁离合器、电磁制动器和主轴位置发生器、控制电路等组成。工作原理如图 6-51 所示，启、制动机构由微型计算机担任控制中心，对各种检测信号和按钮操作指令信号进行处理，然后在规定的织机主轴角度发出相应的织机启、制动信号。织机主轴角度信号由主轴编码器产生，作为启、制动机构的工作时钟。

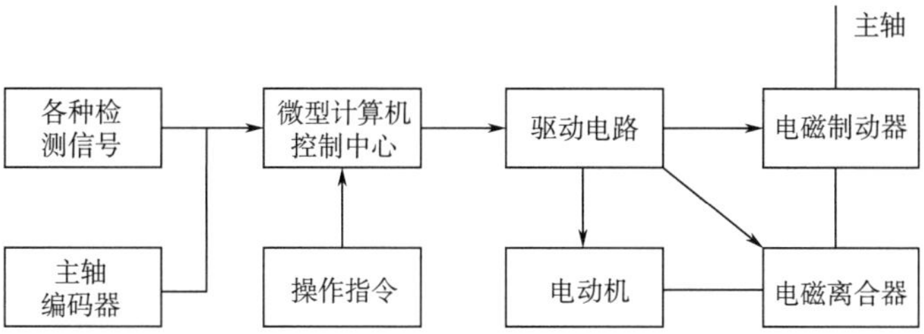

图 6-51 无梭织机的启制动工作原理图

2. 织机传动系统

（1）有梭织机传动系统。在传统有梭织机上，由电动机通过皮带传动驱动主轴回转，再由主轴传动其他机构。

如图 6-52 所示，电动机通过皮带传动织机主轴 1，主轴通过主轴齿轮 2 及中心轴齿轮 3 传动中心轴 4。主轴与中心轴的转速比为 2∶1。主轴通过牵手 5 使筘座脚 6 摆动，带动钢筘打纬。同时，由筘座脚传动送经机构和卷取机构。由织机的中心轴驱动开口机构、投梭机构、断经自停装置以及断纬自停装置，这样就带动了全机的运转。

有梭织机传动过程如图 6-53 所示。

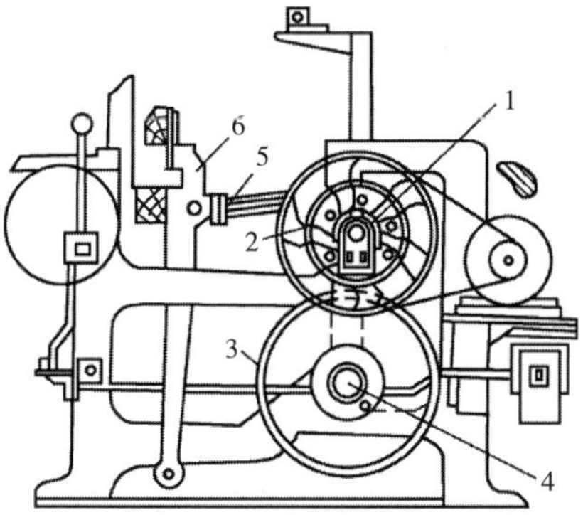

图 6-52 有梭织机传动装置

1—主轴 2—主轴齿轮 3—中心轴齿轮

4—中心轴 5—牵手 6—筘座脚

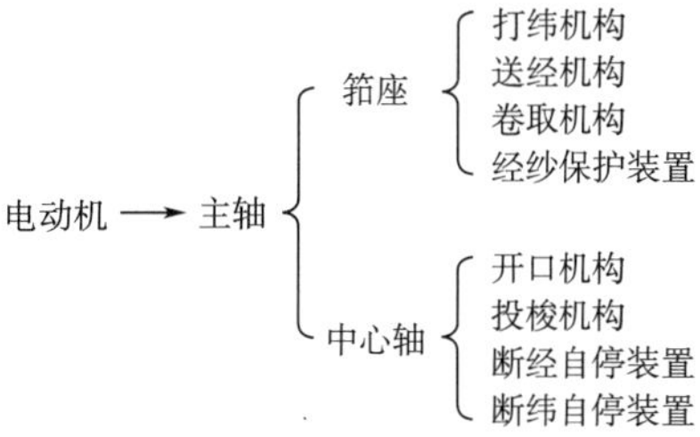

图 6-53 有梭织机传动过程

（2）无梭织机传动系统。无梭织机的传动系统相对于有梭织机更为复杂。各种不同的无梭织机也采取相类似的传动方式，但根据织机的种类、型号、性能、生产厂家的不同而有所区别。

传统无梭织机与有梭织机类似，都是由电动机通过皮带传动驱动主轴回转，再由主轴传动其他机构。图 6-54 为典型的喷射织机传动系统图，主电动机通过组合型三角皮带传动织机主轴 1，由主轴传动中心轴 4，主轴与中心轴的转速比为 2∶1。

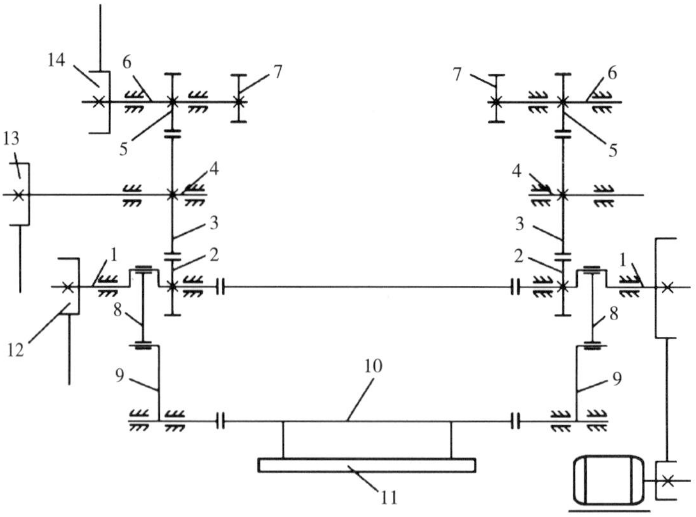

图 6-54　传统喷射织机传动系统示意图

1—主轴　2—主轴齿轮　3—中心轴齿轮　4—中心轴　5—绞边轴齿轮　6—绞边轴
7—绞边器　8—牵手　9—摆臂　10—摇轴　11—筘座　12—卷取皮带轮　13—开口皮带轮　14—送经皮带轮

主轴直接传动机构：通过连杆机构的牵手 8 使摆臂 9 往复摆动，带动筘座 11 上的钢筘完成打纬；主轴通过齿形带轮 12 传动卷取机构，完成卷取。

主轴带动中心轴传动的机构：中心轴经齿形带轮 13 驱动开口机构；中心轴齿轮 3 和绞边轴齿轮 5 传动绞边轴 6，绞边轴通过三角皮带轮 14 传动送经机构，并通过绞边传动齿轮 7 传动绞边器。

目前，很多新型织机由主轴传动开口、引纬和打纬机构，而卷取和送经机构则分别由电动机单独控制。图 6-55 为一种剑杆织机的传动过程。

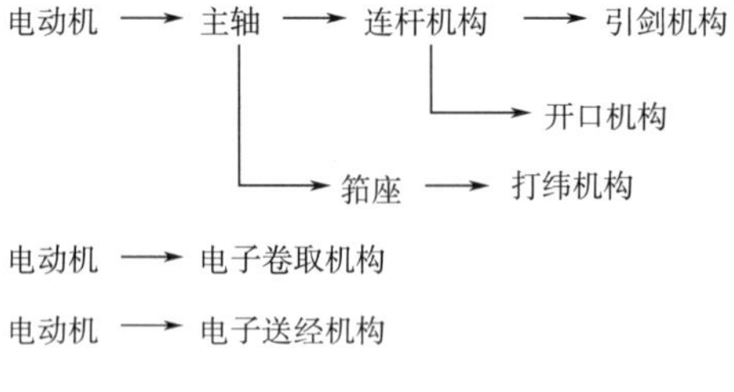

图 6-55　一种剑杆织机的传动过程

随着技术的进步，很多新型织机的主传动采用交流变频电动机通过离合器传动或采用 SUMO 电动机直接传动方式。交流变频电动机采用高启动力矩电动机，变频器用于控制车速。SUMO 电动机直接传动方式则取消了皮带、皮带轮、刹车装置和离合器，其慢车、速度调整、刹车均由主电动机来承担完成。另由多个电动机分别传动送经机构、卷取机构及绞边机构等。图 6-56 为某新型喷气织机的传动系统。

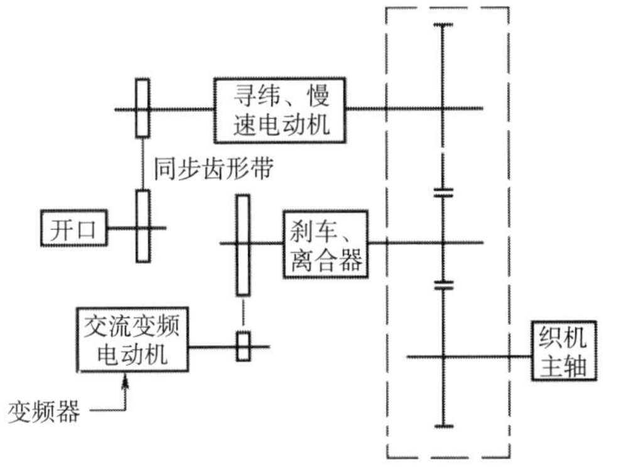

（a）交流变频电动机传动

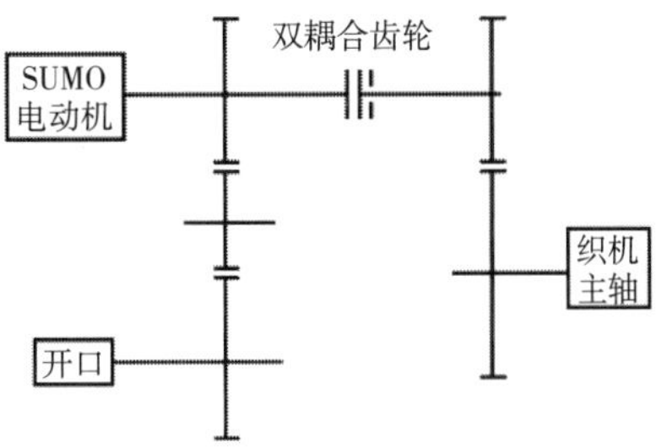

（b）SUMO电动机传动

图 6-56　某新型喷气织机的传动系统图

（二）储纬器

现代无梭织机的入纬率很高，通常在 1000m/min 以上，最高已经超过 2000m/min，且引纬过程仅占织机主轴一回转中的 1/3～1/2 时间，因此纬纱从筒子上引出的速度很高。若纬纱直接从筒子上退绕，将导致纬纱张力峰值过大，纬纱易发生断头。为了适应无梭织机的高速引纬，须将纬纱预先从筒子上退绕下来，予以储备，即储纬由储纬器完成。储纬器的使用，还有利于消除筒子直径由大到小变化所造成的纬纱张力变化，使引纬张力小而均匀。

片梭织机和剑杆织机是通过载纬器引纬，纬纱始终受载纬器控制，所以只要进行储纬即可。喷射织机纬纱是受射流的牵引向前飞行，若射流的启闭时间或压力略有变化，将导致引入的纬纱长短不一。为了解决这一问题，必须控制每次引入的纬纱长度，故除了储纬，还需进行定长。目前，喷气织机和喷水织机，普遍采用将储纬和定长两个功能合二为一的储纬定长装置。

储纬器有卷绕、导纱和退绕三个动作。纱线要以螺旋形状卷绕到鼓上，需要靠卷绕运动和导纱运动。

1. 卷绕原理及特点

根据储纱鼓是否转动，储纬器分为动鼓式储纬器和定鼓式储纬器两种。

（1）动鼓式储纬器。早期的储纬器大多为动鼓式，如图 6-57 所示。储纱鼓 6 绕其轴线做回转运动，把纬纱卷绕在鼓上，完成动鼓式储纬器的纱线卷绕，纬纱的卷绕张力由进纱张力器 3 调节。储纱鼓前方的阻尼环 5 用鬃毛或锦纶制成。阻尼环在对纬纱施加退绕张力的同时，又起到控制鼓面上纱圈的作用，使纱绕在储纱鼓上的卷绕运动正常进行。阻尼环还阻止了纬纱退绕时抛离储纱鼓形成气圈的可能性，防止纬纱缠结。在退绕终了时，阻尼环约束着鼓面上纬纱分离点，使纬纱不至过度送出。储纬量检测装置 4 用于控制储纱鼓上纬纱的储存量。当纱线储存到光电反射式检测装置所对准的位置时，反射镜面被遮盖，检测装置发出信号使储纱鼓停止转动。储存量的大小通过移动检测装置的位置来调节。储存量影响到储纱质量，储量过小会导致储纱鼓上纱线被拉空，储量过大则引起卷绕困难、纱线排列不匀或纱线相互重叠等不良现象。

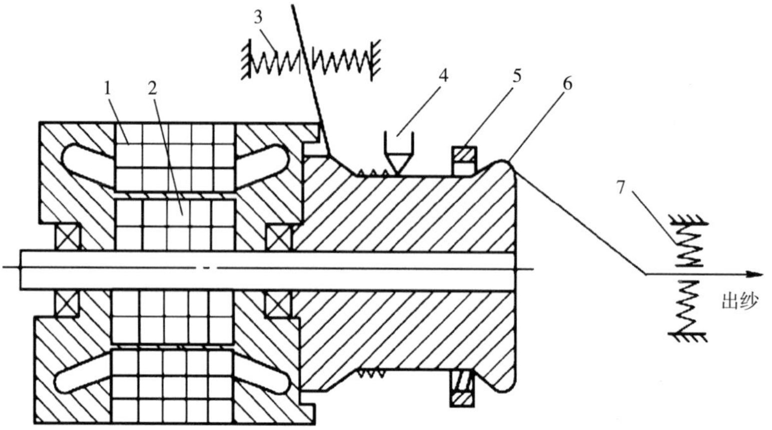

图 6-57　动鼓式储纬器

1—定子　2—转子　3—进纱张力器　4—检测装置　5—阻尼环　6—储纱鼓　7—出纱张力器

纬纱卷绕到储纱鼓上时，首先被卷绕在储纱鼓的圆锥部分，然后在张力的作用下滑入圆柱部分。圆锥面的锥顶角大小有一定要求，以便圆锥面上纱线在滑入圆柱部分的过程中，能推动圆柱面上的几圈纬纱向前移动，形成有规则的纱圈紧密排列。

由于排纱工作不是依靠专门的排纱机构来完成的，因此这种排纱方式被称为消极式排纱方式。消极式排纱的效果和储纱鼓外形有密切的关系，理论研究证明：当储纱鼓的锥体部分的锥顶角为 135°时排纱效果较佳。同时，进纱张力器对纬纱施加的张力也影响到储纱鼓的排纱效果，张力过大会导致圆柱面上纱圈向前移动的阻力增加，张力过小则使得圆锥面上的纱线对圆柱面上纱圈的推力不足。

动鼓式储纬器的储纱鼓具有一定的转动惯量，转动惯量与鼓的直径平方成正比。转动惯量越大，对储纬过程中频繁的启动、制动越不利，因此鼓的直径不可过大。储纱鼓上储存的纱圈数与鼓的直径成反比，过小的直径会带来储存纱圈数增加的弊病，造成排纱困难、纱圈重叠。为此，鼓的直径要适当选择，一般为 100mm 左右。

（2）定鼓式储纬器。动鼓式储纬器以具有较大转动惯量的储纱鼓作为绕纱回转部件，显然对于高速织机十分不利。于是，以质量轻、体积小的绕纱盘代替储纱鼓作为绕纱回转部件的定鼓式储纬器得到了迅速发展。目前，定鼓式储纬器有很多种结构形式，它们的作用原理基本相同，图 6-58 所示即为一种典型的定鼓式储纬器结构图。

纬纱从筒子上高速退绕，通过进纱张力器 1、电动机的空心轴 2，从绕纱盘 6 的空心管中引出。电动机转动时，空心轴带动绕纱盘旋转，将纱线绕到储纱鼓 11 上。由于储纱鼓通过滚动轴承支撑在这根空心轴上，为了让储纱鼓固定不动，同时又能提供必要的纱线通道，在绕纱盘两侧的储纱鼓和机架上，分别安装了强有力的前后磁铁盘 7、5，起到将储纱鼓固定在机架上的作用。

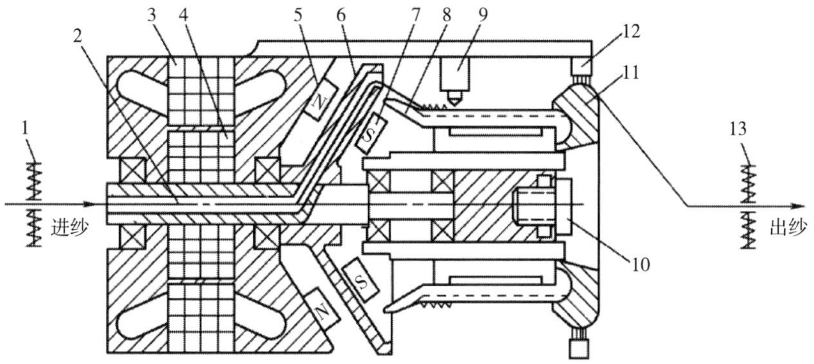

图 6-58 定鼓式储纬器

1—进纱张力器 2—空心轴 3—定子 4—转子 5—后磁铁盘 6—绕纱盘 7—前磁铁盘 8—锥度导柱 9—反射式光电传感元件 10—锥度调节旋钮 11—储纱鼓 12—阻尼环 13—出纱张力器

储纬器电动机的旋转方向要与纱线的捻向保持一致，以保证纱线卷绕到定鼓上时为加捻过程，纱线从定鼓上退绕时为退捻过程。对于单位长度的纬纱来说，加捻和退捻的数量相等。

与动鼓式储纬器一样，定鼓式储纬器上也装有单点的光电反射式检测装置 9，实现最大储纬量检测。这种装置的缺点在于反射镜面受沾污时易产生误动作。

部分定鼓式储纬器采用双点光电反射式或双点机械式检测装置，实现最大储纬量和最小储纬量检测。以微处理机控制的双点检测装置可以达到储纬速度自动与纬纱需求量相匹配，使储纱的卷绕过程几乎连续进行。

2. 导纱原理及特点

根据纱线种类的不同，对纬纱的排列要求也不相同，一般的纱线允许在储纱鼓上紧密排列，但扁平纱、结子纱则不允许，其要求纱线在储纱鼓上进行有间距的排列，以防止纱线退绕时的粘连。由于以上要求，导纱方式又分为消极式排纱和积极式排纱两种。采用消极式排纱时，没有专门的导纱机构使纱圈整齐有序地沿储纱鼓轴线方向排列。纱线之所以能在鼓面上滑移而形成有序排列，完全取决于鼓面有无锥度和光洁度，纱线自身的张力和弹性，以及纱线与鼓面的摩擦系数等因素。积极式排纱由专门排纱机构推动纱圈的鼓面移动。

3. 退绕原理及特点

对于喷射式织机，其纱线是通过气流或水流压力带动引向织机的。由于喷射引纬长度难以确定，需要储纬器根据织机织造幅宽来限定退绕纱圈的圈数。储纬器上的定长器（也称电磁针）就是起这个作用。喷射织机上的微处理器根据喷射流速和预设的喷射距离计算出需要退绕的时间，然后去控制定长器的挡针何时抬起及何时落下，抬起和落下的时间间隔就是退绕时间。这就是计时定长式退绕。目前广泛使用的是计圈定长式电子储纬器，能更精确地控制释放纬纱的长度。

定长储纬器在引纬开始时释放长度精确的一段纬纱，由流体牵引，飞入梭口。定长储纬器也分为动鼓式和定鼓式两种。动鼓式定长储纬器的高速适应性差，所以使用较少。目前，性能优秀的喷气织机和喷水织机一般都采用定鼓式定长储纬器。

典型的定鼓式定长储纬器结构如图 6-59 所示。纬纱 1 通过进纱张力器 2 穿入到电动机 4 的空心轴 3 中，然后经导纱管 6 绕在由 12 只指形爪 8 构成的固定储纱鼓上。摆动盘 10 通过斜轴套 9 装在电动机轴上，电动机转动时摆动盘不断摆动，将绕到指形爪上的纱圈向前推移，使储存的纱圈规则整齐地紧密排列。这是一种积极式的排纱方式，适当地调节进纱张力器所形成的纬纱张力，可以获得良好的排纱效果。在储纱过程中，磁针体 7 的磁针落在上方指形爪的孔眼之中（图上以虚线表示），使具有微弱张力的纬纱在该点被磁针“握持”，阻止纬纱的退绕，并保证储纱卷绕正常进行。

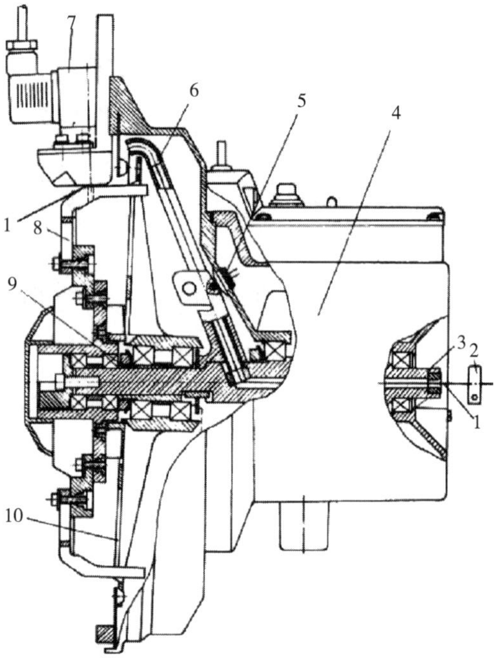

图 6-59　典型的定鼓式定长储纬器

1—纬纱　2—进纱张力器　3—空心轴　4—电动机　5—测速传感器　6—导纱管　7—磁针体　8—指形爪　9—斜轴套　10—摆动盘

喷射织机除外的剑杆织机和片梭织机，它们都有纬纱夹持机构，引纬时夹持机构具有固定的行程。储纬器只需要在退绕端装上张力器及阻尼环，给退绕纱线一定的张力和阻力，储纬器就可以配合织机工作。这样，就可以不需要复杂的定长装置，这就是非定长式退绕。

（三）断纬、断经自停装置

织机在运转过程中，经、纬纱一旦出现断头等不正常工作状态时，必须立即停车。这些用来检测经、纬纱状态和发出停车指令的机构称为断头自停装置。

1. 断经自停原理及特点

断经自停装置即在经丝断头或过分松弛时能使织机自动停车，并发出指示信号。有了这种装置可以防止在织物上形成缺经、经缩及跳花等织疵，使织物品质有所改进，织布工不需要经常注视着经丝，从而可以减轻劳动强度，增加看台能力，并使织机的生产率有所提高。断经自停装置能使织机停在一定的主轴位置上，同时发出断经指示信号。常见的断经自停装置有电气式和机械式两类，无梭织机通常使用前者，有梭织机使用后者。

（1）电气式断经自停装置。分为接触式和光电式。

接触式经丝断头电气自停装置（图 6-60）以经停片绝缘层 3 和相互绝缘的正、负电极 1、2 组成检测部分。当经丝 5 断头或过度松弛时，经停片 4 下落，使电

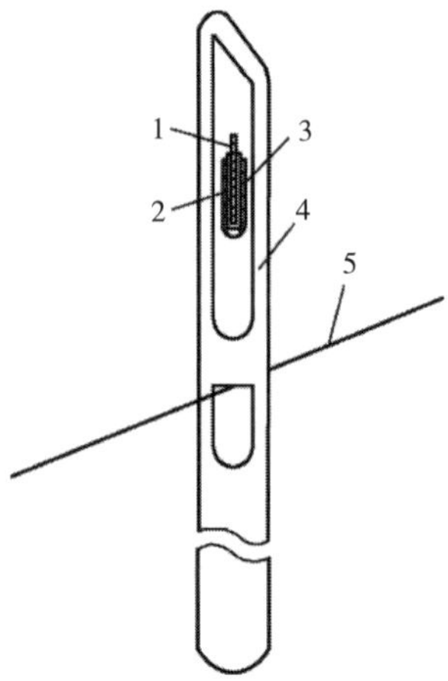

图 6-60　接触式经丝断头电气自停装置

1，2—电极　3—绝缘层　4—经停片　5—经丝

极 1、2 导通，产生经停信号。

微处理器接到中断申请信号后，对停经信号进行持续一段时间的判断处理（以排除因偶然因素而误发停经信号），如果停经信号一直维持，微处理器将根据设定的停车主轴位置角以及内存中记录的最后一次经停制动时间角（由于制动片磨损，该时间角会逐渐加大），在相应的主轴时刻发出停车指令，驱动电路开始工作，电磁制动器对织机实施制动，并制停在预定的停车主轴位置角上。然后，慢速电机工作，将织机停到工艺设定的经停主轴角度，通常为 300°（综平位置附近，张力最小，便于处理断经）。

光电式经丝断头电气自停装置以经停片和成对设置的红外发光管、光电二极管组成检测部分。经停片下落，使红外发光管通往光电二极管的光路阻隔，光电二极管不再受光，于是产生经停信号。

接触式和光电式检测部分对日常的清洁工作都有比较严格的要求。当飞花和油污堆积在接触式检测部分的电极上或光电式检测部分的光学元件上时，会发生经丝断头自停失灵现象，造成织物的经向织疵。

（2）旋转式断经自停装置。对于化纤长丝织造来说，经丝断头较少，一般表现为毛丝，断经装置无法检测，一般不配备断经自停装置，但毛丝会影响纬丝通过，故有时可通过断纬来寻找经丝断头。随着化纤织物向纤维超细化、功能化方向发展，超细、高密织物增多。因超细纤维在纺丝过程中稳定控制线密度均匀的工艺难度大，在单喷喷水织机上易出现纬斑条纹，故通常在双喷喷水织机上织造。双喷喷水织机开口量大，钢筘运动幅度大，造成经丝与钢筘及综丝的摩擦剧烈，容易引起断经，故通常为此类喷水织机配置旋转式断经自停装置。

2. 断纬自停原理及特点

在纬纱不正常（如纬纱断头、缺纬、纬纱长度不足、双纬误入等）时，指使织机自动停车并发出指示信号。断纬自停装置有多种，无梭织机上通常采用电气式自停装置，主要有压电陶瓷传感器、光电传感器、电阻传感器三种。

（1）电阻传感器检测方式的断纬自停装置。喷水织机以水作为引纬介质，纬丝浸水后具有导电性，因此，喷水织机通常采用电阻传感器纬丝检测方式。如图 6-61 所示，电阻传感器 2 上装有两个电极 1，电极对准钢筘 3 的筘齿空档。引纬正常时，纬丝能到达口齿空档处，打纬时，纬丝被经丝和假边丝夹持打向织口，湿润并绷紧的纬丝与两个电极 1 接触，导通电路；引纬不正常时，空档处没有纬丝，不能导通电路。以电路能否导通来判断有无纬丝，进而发出停车指令。

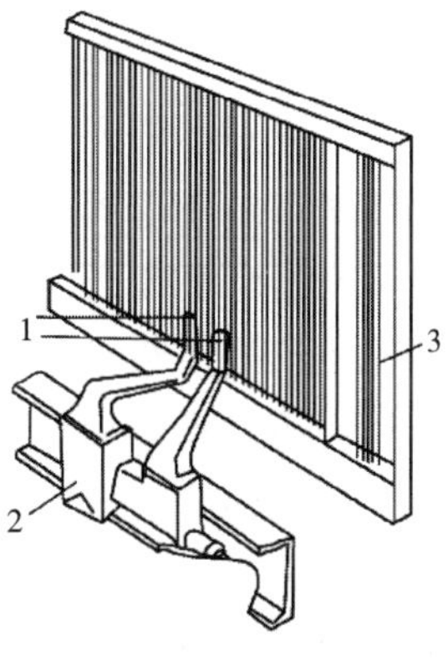

图 6-61　电阻传感器检测元件

1—电极　2—电阻传感器　3—钢筘

（2）光电传感器检测方式的断纬自停装置。喷气引纬是一种消极引纬方式，纬纱飞行时张力较弱且波动大，喷气织机常用光电传感器纬纱检测方式。图 6-62 为几种光电传感器纬纱检测元件。

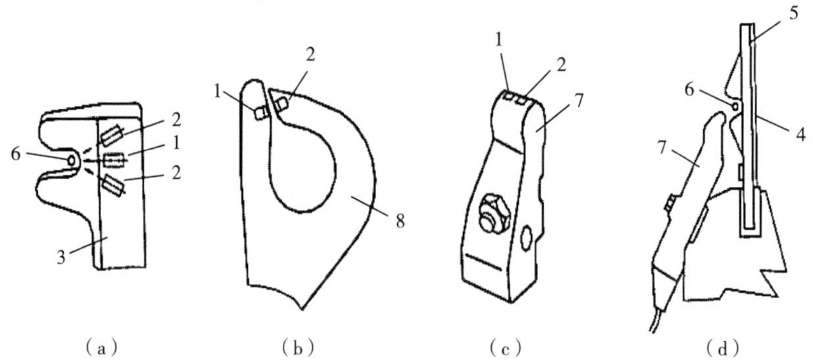

图 6-62 几种光电传感器纬纱检测元件

1—光源 2—光电元件 3—探头 4—黑色遮光膜 5—异形筘 6—纬纱 7，8—探头

图 6-62（a）所示的 3 为一种异型筘筘齿形状的探头。探头安装时，凹槽部分与异型筘的凹槽平齐，纬纱准确地飞行于狭小的槽形区域。在探头上装有一个光源 1 和两个光电元件 2，纱 6 飞过探头上的凹槽时，对光源发出的光线进行反射，光电元件接收反射光后，输出一个纬纱到达信号。光电元件的斜向设置有利于克服外界光线的直射干扰，避免产生误信号和误动作。

图 6-62（b）所示的探头 8 用于管道式喷气引纬。探头外形与管道片一致，在脱纱槽上嵌有光源 1 和光电元件 2，打纬之前，纬纱从脱纱槽中脱出，将光源到光电元件的光路切断，传感器产生一个纬纱到达信号。

图 6-62（c）、图 6-62（d）所示的探头 7 为异型筘式喷气引纬使用的另一种光电式传感器纬纱检测元件，它的工作原理和探头 3 相同。在异型筘 5 的后面，贴有黑色遮光膜 4，用于隔离射向光电元件的外界光线。

通常，在纬纱飞出梭口的一侧装有两只探头 1、2，如图 6-63 所示。它们分别位于延伸喷嘴 3 的两侧。探头 1 装在正常引纬时纬纱能到达的位置，如探知纬纱没有到达，则说明缺纬或短纬；探头 2 装在正常引纬时纬纱不可到达的位置，如探知纬纱到达了，即可判断为断纬。

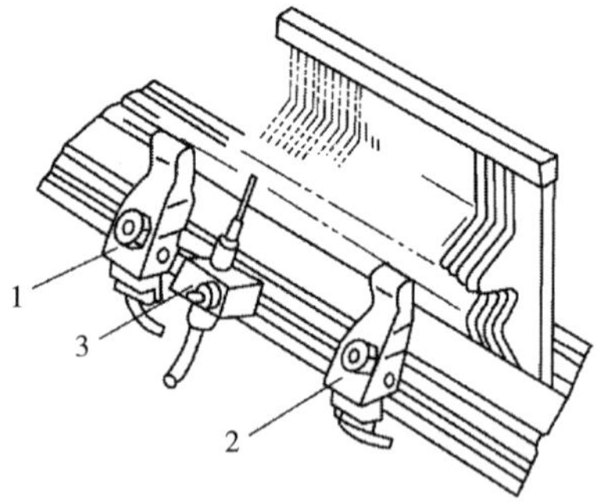

图 6-63 探头和延伸喷嘴的安装位置

1，2—探头 3—延伸喷嘴

（3）压电陶瓷传感器检测方式的断纬自停装置。剑杆织机和片梭织机通常采用压电陶瓷传感器检测断纬。纬纱从储纬器引出后，经过压电陶瓷传感器的导纱孔，以包围角 α 压在导孔壁上（图 6-64）。纬纱快速通过，压迫压电陶瓷晶体发生振动，产生并发出交变电压信号；将检测信号经放大后输入电平比较器与预设电平进行比较，低于预设电平（断头时）、大于预设电平（双纬时），电平比较器都会向微处理器发出停车信号。

主轴编码器将主轴角度信号输入微处理器，微处理器只在设定的主轴角度区域内（即引纬阶段）采集电平比较器发出的信号。微处理器将根据设定的停车主轴位置角以及内存中记录的最后一次纬停制动时间角（由于制动片磨损，该时间角会逐渐加大），在相应的主轴时刻发出停车指令，驱动电路启动电磁制动器对织机实施制动，使织机在预定的停车主轴位置角上停车。然后，慢速电机带动开口机构完成自动找梭口动作，并最终将织机停到工艺设定的纬停主轴角度上，等待挡车工修补纬纱，工作原理如图 6-65 所示。

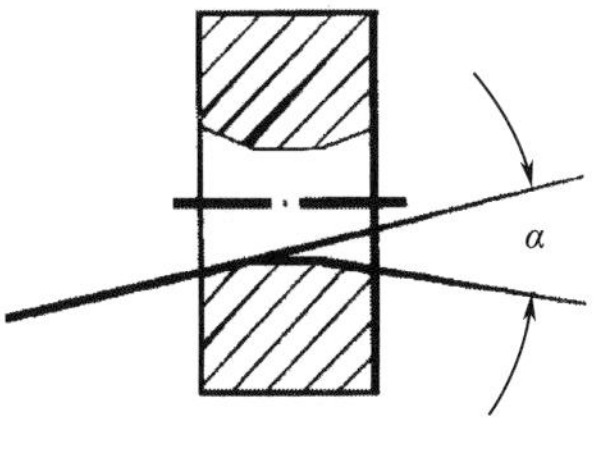

图 6-64　纱线对压电陶瓷传感器导纱孔的作用

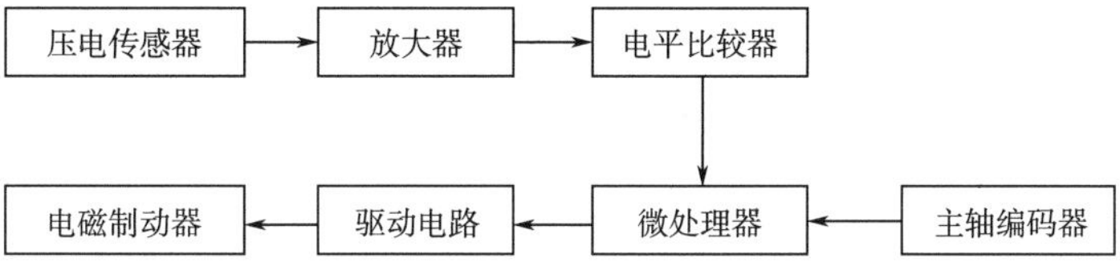

图 6-65　计算机控制的纬纱断头自停工作原理

（四）布边机构

有梭织机中的梭子承载纬纱往返投射，布边处纬纱连续，织成布边为光边；无梭织机，单向引纬，布边处纬纱不连续，所成布边为毛边。毛边经纬纱缺少有效束缚，非常容易散脱。因此，无梭织机必须有专门的锁边装置对布边进行处理、加固。加固类型主要有折入边、纱罗边、绳状绞边、热熔边、假边等。

1. 折边装置

将上一梭纬纱留在梭口外的部分（一般 10~15mm 长），折回到下一梭口内，与下一梭纬纱一起打入织口，形成与有梭织机类似的光边，即折入边，完成折入边的装置即折边装置。片梭、剑杆、喷气织机都可配备，形式有所区别，原理基本相同。

如果每一纬都折入，则布边纬密提高一倍，虽然布边牢固，但布边厚挺，不平整，纬密大的织物尤其严重，对印染后整理产生不良影响。可以隔一纬折一纬，也可以减少边部经丝的穿筘密度，来降低布边厚度。

2. 纱罗绞边装置

纱罗绞边的经丝分成地经、绞经两个系统，地经在每次开口过程中只做垂直升降运动，而绞经需按一定规律通过地经的上方（或下方），交替地从地经一侧移动到另一侧，从而交织出经丝与纬纱之间有较大束缚力的纱罗组织。

绞经丝和地经丝都要求有比较高的耐磨性、强度、弹性，绞边经丝的直径适当小于织物地组织的经丝直径，以缓解纱罗边过厚的矛盾。

绞边所用经丝从专门的筒子上退出，经导纱件和张力弹簧杆引向绞边装置，纱线穿引时要注意它们的排列次序，不可错乱。在开口及起绞过程中，弹簧张力杆发出挠曲变位，对经丝张力波动进行补偿。

3. 绳状绞边装置

在喷气和喷水织机上，一般采用绳状绞边。它利用两根特殊的绞边纱（一般为长丝）相互盘旋构成与纬纱的抱合而形成布边。绳状绞边形成的原理比较合理，对经丝磨损少，有利于高速。

4. 热熔边装置

在织制热熔性纤维织物时，织机上可以使用电加热的电熔剪，将布边处的纬纱熔断，使经纬纱相互熔融黏合，形成光滑、坚牢的热熔边。热熔剪结构简单，形如细棒，因此钢筘上假边经丝与边经丝之间可以不留空隙或只需要留有较小空隙，对降低纬纱消耗十分有利。

在无梭织机上，加工要求较高的合纤织物时，很少采用热熔边，热熔仅用作边剪，织物的锁边常用其他形式的锁边装置进行加工。

5. 假边装置

采用纱罗绞边和绳状绞边织造时，在织物两边的外侧还各有一条假边（与绞边相距15~20mm），又称废边。假边为平纹组织，其作用有两个：一是在引纬终了时夹持住纬纱头端，使其维持伸展状态，保证绞边过程正常进行，以形成外观良好的织物布边；二是无梭引纬结束后，纬纱头端处于自由状态，假边经丝梭口及时闭合，将其握持，以免产生纬缩疵点。

假边经丝与纬纱交织所形成的假边最后由边剪剪去，构成了织造生产中的回丝。为此假边经丝宜用成本低廉但具备足够强度的纱线，在色织生产中可以使用呆滞色纱。

常用于喷水织机的假边装置如图6-66所示。

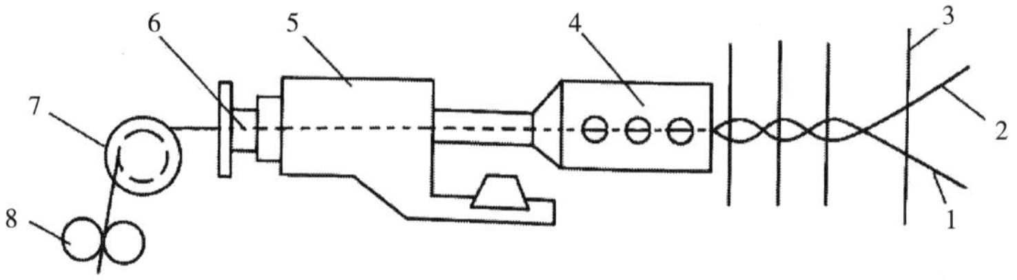

图6-66 喷水织机上使用的假边装置

1，2—假边纱 3—纬纱 4—钉子 5—托架 6—皮带盘 7—导轮 8—卷取辊

（五）边撑机构

在织物形成过程中，经纬纱的交织产生纬纱屈曲，决定了成布的宽度小于经丝的穿筘幅宽，造成织口处的经丝（特别是边经丝）倾斜曲折，易导致边经丝断头、钢筘两侧过度磨损，如图6-67所示。

为阻止织口处布幅的收缩，减少边经丝的断头，并保护两侧筘齿不致被边经丝过度磨损，故需采用边撑机构，使织物离开织口后也能保持原有幅宽，如图6-68所示。

边撑可分为刺针式边撑和全幅式边撑，其中刺针式又可分为刺环式、刺辊式和刺盘式。边撑种类如图6-69所示。

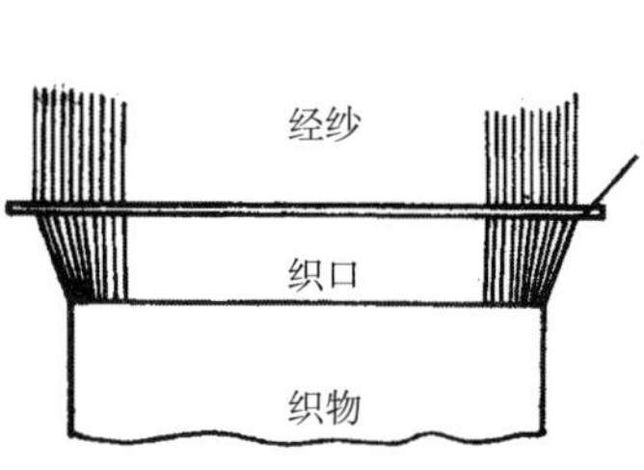

图 6-67 织物织口经丝倾斜

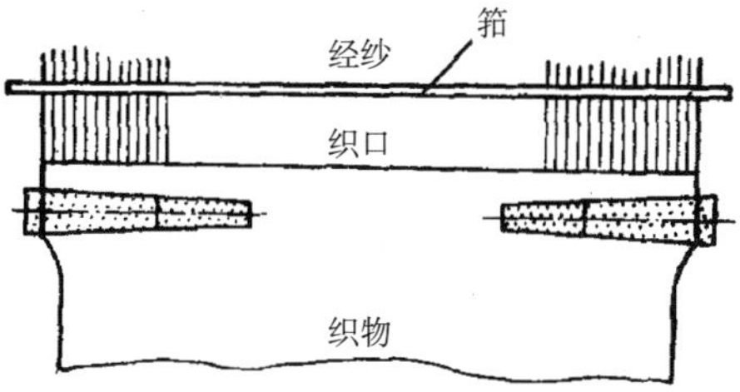

图 6-68 边撑作用下的织物状态

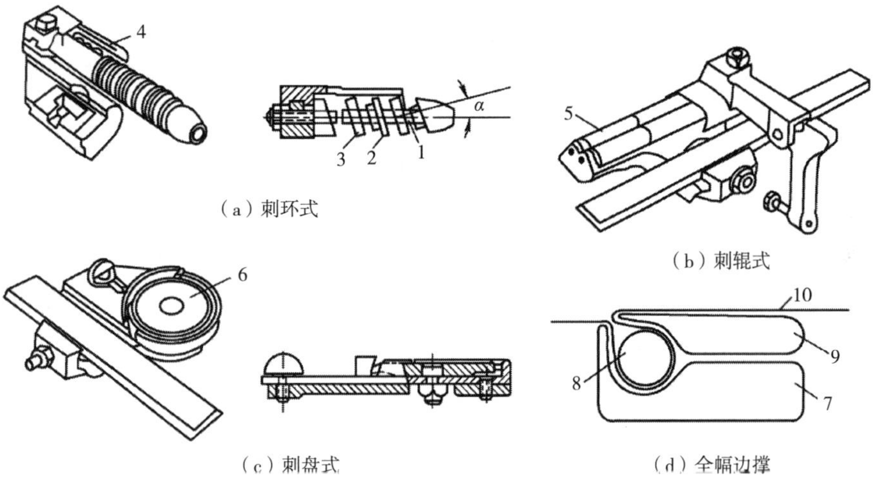

图 6-69 各种边撑示意图

1—边撑轴 2—偏心颈圈 3—刺环 4—边撑盖 5—刺辊 6—刺盘
7—槽形底座 8—滚柱 9—顶板 10—织物

1. 刺针式边撑

刺环式的伸幅作用可调范围较大，适用棉、毛、丝、麻各类织物加工应用最多；刺辊式的伸幅作用较小，不适合厚重织物，一般用于中等厚度的棉织物加工；刺盘式的伸幅作用最弱，适用于轻薄的丝织物（丝绸）。

刺针式边撑的特点是依靠刺针对织物产生伸幅作用，会对织物两侧产生不同程度的刺伤。

使用时，刺针的长短、粗细、密度与所加工织物的密度、纱的线密度相适应。织制粗而不密的织物，要用粗、长、密度小的针刺；织制细而密的织物，要用细、短、密度大的针刺。

2. 全幅式边撑

用于完全不能受边撑针刺影响的织物，如安全气囊织物、降落伞织物等。

第七章　绿色及数字化技术

党的二十大报告明确指出，推动经济社会发展绿色化、低碳化是实现高质量发展的关键环节。这是立足我国进入全面建设社会主义现代化国家、实现第二个百年奋斗目标的新发展阶段的战略选择，也是推动经济转型升级、绿色发展的内在需要，必须牢固树立和践行绿水青山就是金山银山的理念，站在人与自然和谐共生的高度谋划发展。力争 2030 年前实现碳排放达峰，2060 年前实现碳中和。

纺织产业是我国国民经济和社会发展的支柱产业，也是责任导向的绿色产业，建立健全绿色低碳循环的产业体系，是实现整个行业高质量发展的重要标志和基础底线。随着纺织行业的快速发展和市场竞争的日益激烈，节能降耗也是降低企业生产经营成本的重要方式，企业对节能减排、绿色生产工作日益重视。

近年来，我国长丝织造行业积极践行绿色发展理念，坚定实施可持续发展战略，以节能、降耗、减排为目标，通过技术创新、规范管理等方式，单位产品综合能耗明显降低，三废排放大幅减少，绿色生产水平稳步提升，取得了良好的经济效益、社会效益和生态效益，对实现循环经济和绿色低碳高质量发展具有十分重要的意义。

一、节水增效

“十四五”以来，国家为促进节水长效机制的建立，出台了一系列水管理政策，要求重视提高用水效率，强化水效对标达标，加强示范引领，促进节水工作。2022 年，由工业和信息化部等六部门印发的《工业水效提升行动计划》提出，到 2025 年，全国万元工业增加值用水量较 2020 年下降 16%。重点用水行业水效进一步提升，纺织行业主要产品（其中包括来自长丝织造行业的涤纶长丝织物、锦纶长丝织物、人造丝织物）单位取水量下降 15%，长丝织造企业主要产品水效提升预期目标见表 7-1。工业废水循环利用水平进一步提高，力争全国规模以上工业用水重复利用率达到 94%左右。

表 7-1　长丝织造企业主要产品水效提升预期目标

产品名称	2020 年单位产品取水量（m^3/100m）	2025 年单位产品取水量预期下降率
涤纶长丝织物	1.3	15%
锦纶长丝织物	1.1	
人造丝织物	0.4	

近年来，随着新技术在长丝织造行业的推广与应用，节水政策机制更加健全，企业节水

意识普遍增强，节水型生产方式基本建立，初步形成行业用水与发展规模、产业结构和空间布局等协调发展的现代化格局。

喷水织机作为中国当前纺织业中应用最广泛的织造设备之一，具有产量高、质量好、织造费用低的优点。由于喷水织机的用水量非常大，因此节水和减排也是喷水织造的重点工作。

（一）用水概况及标准

长丝织造主要用水工序包括加捻定形、浆丝、织造、空调四部分。加捻定形工序中需要用到一定的水量来制造水蒸气。浆丝工序在调制浆料，浆丝过程中对经丝的加热、冷却、烘干以及清洗设备等过程中需要用到一定的水量。由于喷水织机是一种用水射流完成引纬的织机，目前90%以上的长丝织造企业都是采用喷水织造，因此织造工序是用水量最大的一部分。另外，生产车间的夏季降温、冬季加热也需要使用并消耗一定水量。

喷水织机的用水量取决于织物品种、幅宽、织机转数及运转效率，通常一台喷水织机的需水量为3~5t/天，其中不到70%的生产废水处理后回用，其他废水处理后达标排放，是纺织工业中仅次于印染行业的第二大用水产业。为促进企业积极采取节水措施，减少企业和整个行业的用水量，目前现有长丝织造企业单位产品取水量定额指标见表7-2。

表7-2　现有长丝织造企业单位产品取水量定额指标

产品名称	工艺路线	单位长丝织造产品取水量（m^3/100m）
涤纶长丝织物	涤纶丝→浆丝（或加捻）→涤纶长丝织物（喷水织机）	≤1.8
锦纶长丝织物	锦纶丝→浆丝→锦纶长丝织物（喷水织机）	≤1.6
人造丝织物	人造丝→浆丝（或加捻）→人造丝织物（喷气织机）	≤0.4

喷水织机对水质有一定要求，织机的运转效率和使用寿命都会受到水质的影响。使用不清洁的水进行织造，会导致引纬系统的性能低下，部件损伤、锈蚀和滋生细菌，以致不能维持稳定的生产运转，织机的水质标准见表7-3。

表7-3　喷水织机水质标准

项目	最佳水质标准	容许水质标准	主要成分	对织造、织机的影响
浊度	<1.5mg/L	<2.0mg/L以下	有机物（动植物的破片、腐烂土、微生物等） 无机物（黏土、岩石、土壤微粒，铁、锰等氧化物）	发生附着水锈、生锈、腐蚀、网眼堵塞、布的污点等现象
pH（25℃）	6.8~7.2	6.7~7.5	—	酸性或碱性很强的水会造成生锈或腐蚀。根据浆液的不同，碱性水有可能会使浆脱落

续表

项目	最佳水质标准	容许水质标准	主要成分	对织造、织机的影响
总硬度	<25mg/L	<30mg/L	Ca^{2+}、Mg^{2+}	由于喷嘴附着水锈，会发生引纬不良。降低探纬头的绝缘
铁锰	<0.15mg/L	<0.20mg/L	离子氧化物 Fe^{2+}、Mn^{2+}	腐蚀、着色
游离氯	<0.10mg/L	<0.30mg/L	进行氯处理的水	腐蚀性大、容易氧化
氯离子	<12mg/L	<20mg/L	Cl^-	是腐蚀的最大原因
M-碱性度	<50mg/L	<60mg/L	碳酸氢离子（在软化处理时产生）	不直接影响布的质量
高锰酸盐的消耗量（COD）	<2mg/L	<3mg/L	含有机物（细菌、霉等）	腐蚀、布污染、浆脱落、降低浆膜强度
蒸发残留物	<100mg/L	<150mg/L	水中杂质的总量	引发生各种障碍
导电性	100~150μS/cm	80~200μS/cm	取决于水中溶解的电解质	如果过低，会发生导电探纬器的功能障碍。如果过高，表示水中的杂质多
水温	16~20℃	14~20℃	—	如果温度高，浆脱落会增加而且细菌容易繁殖；如果温度低，会降低浆和蜡等的强度；温度过高或过低，均会降低引纬功能

（二）织造的污水情况

由于部分长丝织造产品的经丝需要上浆，且化纤纺丝的过程中需要使用一定量的油剂，喷水织机在引纬过程中，高压引纬水会将丝线上的浆料及油剂冲洗下来，进而产生织造污水。此外，在浆料调制、综框清洗及车间地面清洗等生产过程中也会产生一定量的生产污水。这属于轻度污染水，经过简单的处理即可回用。因此，喷水织机生产用水，只要落实了污水处理措施，中水可以多次回用，更新排放污水可不超过下机污水量的10%。

一般情况下，去除自然蒸发和织物带走等损耗的水量，生产污水量为织造用水量的85%~90%。喷水织机污水的主要污染物由浆料（聚丙烯酸酯类）、油脂、细小纤维及其他杂物构成，经过“絮凝气浮+杂物过滤”或“絮凝气浮+生化处理+杂物过滤”等物理化学手段处理，水质达到容许水质标准后，即可重新回到车间供喷水织机使用。上浆产品的织造污水COD为400~500mg/L，不上浆产品的织造污水COD为140~200mg/L。

目前，全行业的喷水织造产生的污水已全部处理，主要实现中水回用，部分需要更新的污水也做到达标排放。

（三）中水回用情况及存在的问题

1. 中水回用情况

中水回用是长丝织造行业节水工作的一个重要方面。“十三五”期间，长丝织造行业就已通过采用工业园区统一处理回用和企业自行处理回用相结合的方式，加强规范管理，实现了生产污水100%处理，中水回用率提高到70%。

目前，各产业集群根据当地实际情况，采用了不同的中水回用方式。盛泽镇、王江泾镇和长兴县等地区企业比较集中，且规模大小不一，多采用集群统一建立生产污水处理站集中处理并回用的方式。以长兴县夹浦镇为例，当地建立了比较完善的喷水织机污水处理和中水回用系统，通过对污水的集中收集、统一处理和回用，夹浦镇已实现了喷水织机污水的“零排放”。中部新兴产业集群地方政府普遍重视环保措施的落实，在引进喷水织机项目时，即规划建设了喷水织机污水处理和中水回用设施。新建园区污水处理的落实普遍好于东部沿海的老园区。在河南、安徽、江西等地，除了规模较大的企业自建中水回用设施外，其他由长丝织造产业园区统一处理并回用。如在安徽省六安市的金寨县，根据产业分布建立了中祥、嘉盛、久盛、美自然、恒丰纺织五个纺织产业园，目前已投产喷水织机1万台，污水处理100%，中水回用率90%以上。

“十四五”以来，长丝织造企业管理层的环境保护和社会责任观念日益增强，行业内大多数骨干企业根据自身条件也都建立了各具特色的生产污水处理与中水回用系统，实现了生产污水的零排放，积极落实国家环保标准，提高水的综合利用率，积极推进绿色采购、绿色生产、绿色消费的绿色产业链构建。凭借企业在节水增效方面的杰出表现，岜山集团有限公司、浙江台华新材料股份有限公司、厦门东纶股份有限公司、台华高新染整（嘉兴）有限公司被评为“2022年全国纺织行业绿色发展劳动竞赛节水标杆企业”。行业内其他骨干企业，如恒力集团有限公司、福建省向兴纺织科技有限公司、嘉兴市鸣业纺织有限公司和浙江捷凯实业有限公司等也都是绿色生产的优秀企业。行业内新建企业也能积极落实环保义务，无论是自建污水处理设施还是园区统一处理，皆能做到污水100%处理，中水回用率90%以上，不少企业中水回用率达到100%。除了采取有效的污水处理措施，有些长丝织造企业还通过采用节水型喷头，收集下机回丝上的水分，建立雨水收集池补充织造用水等方式进行节水。

2. 中水回用存在的问题

2022年，工信部等4部委组织包括化纤长丝织造在内的17个行业开展水效领跑者遴选，首次将工业园区纳入水效领跑者遴选范围，也体现了国家对园区污水集中处理的重视。当前，企业自建污水处理与园区集中处理的技术都是成熟的，处理成本也在合理区间。然而，通过调研发现，行业中仍存在一些影响行业健康发展的污水处理问题。

（1）集中处理回用水质不稳定。据企业反映，有些地方政府要求所有织造企业的生产污水全部纳管收集到园区污水处理厂，统一进行处理，中水统一进行回用，但回用的水质存在不稳定问题，影响企业设备的正常运行和维护。从政府了解到，不同企业对水质的要求不同，出于成本等因素的综合考虑，中水回用的水质能满足一般企业的生产需求，但对要求较高的一些产品和织机还不能完全满足。

（2）水处理成本需要进一步降低。目前，喷水织机污水处理成本在 1.5～2 元/t，虽已经远低于自来水的价格，但仍比一些地区的河水或地下水贵。另外，在调研中也发现了一些比较先进的污水处理技术和方法，这些处理方法水回用率可达到 90%～100%，而处理运行成本并不高，这种喷水织机污水的低成本处理和高效回用技术只有部分企业在使用，尚未在全行业推广普及。

（3）盐分需要有效技术去除。在中水反复回用过程中，随着水分的蒸发，回用水里的盐分会逐步富集，达到一定程度，会影响设备使用寿命和生产的正常运行。我国《纺织染整工业水污染物排放标准》（GB 4287—2012）中对 pH 值、COD、色度、SS、硫化物（0.5mg/L）等指标作出了详细规定，并规定受到特别保护的地区硫化物不得检出，但对全盐量未作出规定。部分国内外相关标准中仅对氯化物作出了规定。如《污水排入城镇地下水道水质标准》（CB/T 31962—2015）规定，氯化物限值 500～800mg/L，硫酸盐限值 400～600mg/L。

目前，行业内对污水中的盐分普遍采用添加药剂使其沉淀的方法进行处理，但这种方法无法去除氯化钠等可溶性盐。对于污水中的可溶性盐分，大多采用蒸馏法、电渗析法进行处理，但是这种方法处理污水中盐分也有设备昂贵、运营成本高、能耗大的缺点。

（四）绿色水处理新技术

喷水织机污水处理回用主要以“絮凝气浮+杂物过滤”为主。是利用加入絮凝剂、助凝剂在特定的构筑物内进行沉淀或气浮，去除污水中的污染物的一种物理化学处理方法。但该类方法由于加药剂费用高、去除污染物不彻底、污泥量大并且难以进一步处理，会产生一定的二次污染，一般不单独使用，仅作为生化处理的辅助工艺。如较常见的生物曝气生物活性污泥技术、高效溶气筒气浮技术、臭氧溶气气浮技术等。新的处理方法有纳米曝气、催化氧化絮凝、陶瓷膜过滤、生物膜法等。

现有高浓度难降解有机污水主要采用“物化法+传统生物法”联合处理工艺。传统生物法处理是利用微生物的生命活动，降解废水中呈溶解态或胶体状态的有机污染物，从而使废水得到净化的一种处理方法。其主要特征是应用微生物特别是细菌，在为充分发挥微生物的作用而专门设计的生化反应器中，将污水中的污染物转化为微生物细胞以及简单的无机物。

目前推荐采用“好氧—厌氧生物流化床联合处理”新工艺，厌氧微生物可以对难降解的有机物进行断链处理，将复杂的有机物转化为结构简单的小分子，提高污水的可生化性。该方法较适合高浓度的浆丝污水处理，中水回用率可达 90%以上，在喷水织机污水处理领域处于国际先进水平，值得在行业内普及和推广。同步配合开发使用的污水处理产沼气工程技术，也可以极大程度减少高浓有机污水处理工艺的“三废”排放，实现沼气资源利用、中水回用、菌种销售三位一体高效益。该工艺具备以下特色：

一是以废治废。采用共消化理念，引入生活污水，一方面稀释高浓度的污水降低毒性，另一方面提供了微生物新陈代谢所需的营养成分。二是零排放。上浆污水 COD 去除率可达

95%以上，辅以必要的深度处理，中水回用率可达 100%，在处理小水量的浆纱污水时具有显著优越。三是低运行费用。该工艺无须投加药剂、所产生的沼气和颗粒污泥还可能产生一定的经济效益，核心装备效能可达传统反应器的 2 倍以上，运行成本仅为传统工艺的约 1/3。四是无二次污染。无有害有毒污泥产生，全程封闭运行，无异味产生。五是占地小，要求低，属高度集约型装置系统。立式结构反应器，安装占地面积小，约为传统工艺占地面积的 1/3；密闭式结构，无特殊安装环境要求。

二、节能降碳

《2030 年前碳达峰行动方案》提出的目标：“十四五”期间，非化石能源消费比重达到 20%左右，单位国内生产总值能耗比 2020 年下降 13.5%，单位国内生产总值二氧化碳排放比 2020 年下降 18%；“十五五”期间，非化石能源消费比重达到 25%左右，单位国内生产总值二氧化碳排放比 2005 年下降 65%以上。

我国长丝织造企业能耗使用主要包括生产系统、空调系统、水处理系统以及生活用电四个部分。据了解，由于生产设备自动化水平的稳步提升，目前企业用电成本已接近劳动力成本。因此，降低、控制能耗不仅是企业必须履行的社会责任，也是控制成本、提高经济效益的重要方面。

近年来，长丝织造行业积极推进设备升级和技术改造，采用高速织机、全自动穿经等一些生产效率高、运行成本低、加工质量好、品种适应能力强的先进技术，及时淘汰落后的生产技术和设备，持续推进清洁生产模式，在原料选择、工艺优化、节能环保、企业管理等方面都有了较大的改进。随着“永磁直驱电机技术”“车间 LED 节能灯照明系统”“太阳能集热技术”“智能信息化管理系统”等节能生产新技术在长丝织造行业中的推广与应用，有效促进了长丝织造产业绿色化生产水平的提升，全行业生产节能效果显著。

（一）能源使用概况

目前，90%以上的长丝织造企业都是采用喷水织造，能耗主要是电。全行业喷水织机的综合用电量已达到约 20000kW · h/（年 · 台）。

喷水织造企业开始从用电总量控制和产品产量提高（即生产效率改善）两方面进行电能降耗。电量消耗总量控制主要从生产系统、照明和空调系统等节能方面入手。企业普遍采用通过改善空调系统，以加强保温措施的方法实现节能。另外，将车间内的照明系统从普通节能灯更换为 LED 灯，不仅可节约 85%的电量，还延长了照明设备的使用寿命。产量提高则主要从织造系统入手。具体表现为：通过织造设备的改造，实现能耗下降；通过淘汰能耗高的落后设备，直接购买先进的设备进行节能。如喷水织机的普通电机更改为永磁直驱电机，省去了织机刹车盘、皮带轮等机件，减少成本的同时，进一步降低了传动消耗，可节能 15%～30%。据调查，企业还普遍采用高速织机（织造生产转速 750r/min），安装 ERP 等智能化信息管理系统，采用新型断经自停装置等措施，以达到优化生产流程，提高生产效率，降低单位产品生产能耗的目标。

（二）绿色节能技术及设备

1. 能源替代技术

为达到碳中和，有关部门预测到 2060 年，清洁电力将替代煤、石油成为能源系统的配置中枢，供给侧将以光伏和风电为主，辅以核电、水电、生物质发电等。据国家能源局报道，2022 年全国风电、光伏发电新增装机突破 1.2 亿千瓦。长丝织造行业中平铺式厂房居多，适宜铺设太阳能板。织造企业可以进行光伏发电，也可以通过太阳能板集热系统吸收太阳发出的热能，产生热水，供工业生产或生活用，从而减少蒸汽的用量，达到降低产品碳含量的目的。

2. 节能提效技术

在节能提效方面可采用的新技术有：采用 LED 照明灯、永磁直驱电机等具有高效、节能、环保等优势的设备和产品，降低能耗，采用余热回收技术，提高能源的综合利用率等。

除此之外，以信息化带动工业化、以工业化促进信息化的“两化融合”是信息化和工业化高层次的深度结合，通过两化融合促进节能降耗也是国家“十四五”重点推进的工作。智能信息化管控系统可对现有生产过程的关键点、工艺参数实现在线检测、自动控制和数字化管理，通过对单机台工艺参数的量化控制，可对生产过程的水、电、气等能耗、产量、成品率进行有效的管理，克服人为因素而造成的误差，并通过记忆和存储工艺菜单实现重现性，提高一次成功率，节能降耗效果显著。

3. 能源系统优化

能源系统服务于生产工序的各个环节，在能源供应、调度、能耗分析、成本核算、故障响应等工作中发挥着重要作用。能源系统优化工程主要包括：电力系统、设备系统、空调系统、动力系统及照明系统的优化改造。通过开展能源系统优化工程，加强能源管理，对所有用能设备及工艺参数进行测试和分析，采用有效的技术和装备，如喷气织机空压系统能源优化等，可达到节能降耗的目的。

当前，加快绿色低碳化转型已成为纺织行业可持续发展的必由之路。我国作为全球第一纺织生产大国，加快践行绿色发展理念，加大绿色节能减排技术推广应用，形成绿色低碳生产方式，提供更多绿色消费产品，是迈入高端产业价值链，形成国际贸易新优势，提高产业核心竞争力的重要举措。长丝织造行业作为我国具有国际竞争优势的产业，未来更应加快绿色新产品开发步伐。积极推广使用清洁生产工艺，做好喷水织机污水处理和中水回用，进一步提高污水处理水质、效率及中水回用率，积极采用新技术进行节能降耗。实现生产过程集约化、清洁化和智能化，构建从原料、生产、营销、消费到回收再利用的全产业链绿色循环生产体系，稳步推进碳达峰碳中和。

三、数字化管理技术

当前，长丝织造行业正在加速向数字化、网络化、智能化方向发展，在多个领域大胆尝试并取得一定进展。

（一）信息管理系统

长丝织造行业的信息管理系统最早的尝试是在织机设备安装信息采集装置和数据传输接口，把织机从纯机械手动控制变为数控面板控制，借助 ERP 等管理系统实时采集数据传输到监控室或手机端，所有生产数据直接从机台上自动取得，并自动生成各种报表，避免有意或无意的人为错误，解决数据孤岛。在本阶段只是完成了数据收集过程，无法实现系统管理。

随着苏州伟创电气科技股份有限公司、苏州汇川技术有限公司、厦门市软通科技有限公司、环思智慧科技股份有限公司等一批科技公司的成长和发展，长丝织造行业的在线监测与监控等数据采集与控制系统已日趋成熟，并在整个行业规模企业中大面积使用，生产效率和生产质量明显提升，管理水平明显提高，取得了较好的效果。长丝织造行业的数字化管理也进入了新的阶段。

通过信息管理系统的不断升级，利用大数据完善内部管理体系，整合 OA、ERP、MES 各系统，充分运用信息化和智能化的技术以及借助互联网、边缘计算等功能，实现对设备运转、质量数据的实时监控和远程监测，同时该大数据资源共享平台将移动终端与客户订单、生产计划、生产过程、成品入库及仓储物流联系起来，实现生产监控、可视化排程、工艺优化，提升智能制造水平。在生产设备上采用纺织物联网系统、智能制造系统，实现设备联线、车间联网，云端运行，实现生产可视化、智能化。企业通过大数据资源共享平台的接入，加速生产节奏，加快各车间异常的筛选，让公司、车间、班组管理处理更快捷、更加一目了然地掌握车间的动态，及时处理生产过程中的异常问题，把大屏幕、手机端，以及终端设备显示的所有效率、质量、进度不符合的全部体现出来并加以跟踪，减少不必要的停台，从而增加产品效率，提升效益。

以兰天织造有限公司开发的 Lantian 工业互联网平台为例，平台通过对生产过程要素进行全面采集记录，实现生产过程中订单、物料、工艺、装备、人员、质量等信息的全流程追溯。平台包括应用端（MES）、移动端（APP）、边缘端（物联网）、PAAS 端、电商端（小程序）五端应用。其中应用端包括研发、销售、计划、前准备、织造、检验、仓库等功能模块，实现订单管理、产品报工、质量追溯、成本核算、管理可视化、智能报表等应用。工业 App 端以生产岗位视角，指导和记录一线员工干什么、怎么干和干得怎么样的问题，实现人、机、物和不同工序间的数据协同。

通过该项目的实施，兰天织造有限公司初步具备柔性化生产能力、精细化管控能力，建立起小批量、多品种、高品质、快交期的市场快速反应机制。企业管理人员可以实时洞察到公司的产销平衡、订单进度、质量波动、设备异常、人员变动等动态情况，实现了每一米布全流程数字化监控。

（二）智能立体仓储技术

目前，一些有条件的大型企业均已建立智能织轴存储系统、坯布存储管理系统等智能化立体仓储系统。该系统为每匹布办理“身份证”和“通行证”，可完成上千批次坯布的随时存放和调取管理，并可实现单匹布的数字追踪，及时了解生产、运输进度，为进一步实现企业供、产、存、销的一体化数字管理做好准备。

（三）数字智染系统

长丝织物的产品创新离不开印染后整理。在化纤织物染整行业生产数字化主要体现在数字智染系统的搭建与应用。该系统在自动化控制方面，主要包括工艺参数在线监测与控制系统、印花自动调浆系统、智能仓库等；数字管理系统方面主要包括生产计划排程系统（APS）、资源计划管理系统（ERP）、制造执行系统（MES）等；其他数字化生产应用还包括染化料自动称量配送系统、AGV 小车等。

具体来看，工艺参数在线监测与控制系统能有效控制生产过程工艺参数，准确统计生产中助剂消耗量，工艺更准确，成品的质量更加稳定。

印花自动调浆系统可实现染料、助剂自动化料、上料，母液缺料自动提醒，染液精确称量，工艺配方自动下载，染料、助剂用量自动预算，色浆黏度自动控制，实现生产过程的记录与追踪和调浆工作轻便化，同时具有改色自动计算、残浆回用、成本统计功能。

ERP 系统通过在线采集的方式，获取每个订单在车间里生产过程中的现场数据，并以生产卡为最小基本单位进行数据的归纳和整理，可从多个维度对订单的生产进度、工艺执行、过程数据、成本实时消耗，车间各机台班次的产质量情况，设备的运行状态等相关内容进行分析，为企业管理人员的决策提供数据支撑。实施 ERP 系统后，实现计划可控、技术可控、染程可控、物料可控、管理可控。

通过车间生产管控系统（MES）可实现生产过程即时化和透明化，透过查询报表和看板系统，可以让生产管理人员即时了解生产状况，及时发现问题，调整生产计划和相关资源，保证生产效率的最大化。管理人员可以一目了然地了解该产线生产中发生的问题，可以即时了解生产进度，人员配给和产品质量以及生产效率等情况。同时，可以宏观了解整个生产车间的每条产线在产情况，还可以看到车间的生产进度和生产中发生的不良原因等，通过这种即时且直观的资料，提升现场管理人员的管理水准和效率。

全厂染料/助剂自动配送系统是对全厂染料/助剂集中管理，统一计量输送。员工按照生产和工艺要求，由计算机自动控制化料稀释和搅拌装置，将粉料或高浓度化学品调配成规定浓度的母液，自动将母液送到母液罐储存备用。采用数据库管理，助剂用量实时自动记录，准确统计每个订单每个颜色的助剂消耗成本，实现一单一结。每个订单产品的助剂配方和使用量都有实时记录，可追溯机台配料的过程。

数字智染系统的应用可大大缩短产品研制周期，提质增效，极大降低运营成本和资源能源消耗，减少用工。

（四）各工序信息化、数字化状况

目前智能化软件和在线控制系统已逐步走向成熟并在整个行业规模企业中大面积使用，提高了企业数字化管理水平，明显提升了生产效率和生产质量，取得了较好的效果。以江苏博雅达纺织有限公司、江苏德顺纺织有限公司、吴江区兰天织造有限公司等为代表的化纤长丝织造企业都基本完成了车间数字化管理改造。

长丝织造行业正积极推广实施5G+工业互联网的科技成果应用，全力提升传统纺织业的数字化水平。通过集成运用生产制造执行系统（MES）、企业资源与计划管理系统（ERP）、仓库管理系统（WMS）、数据采集与监视控制系统（SCADA）、大数据系统等工业信息化软件系统，不断打造“智慧工厂”。

“十三五”以来，长丝织造产业科技创新和技术进步成效显著，相关生产设备实现关键突破。目前，喷水织机已达国际先进水平，应用于穿经、整经、浆丝等工序的自动设备得到普及，智能立体仓储和物流配送系统广泛应用，长丝织造产业数字化进程正加速推进。但仍需注意的是，长丝织造行业主要集中在单台设备的智能化和自动化上，上下工序尚未完全实现互联互通，各工序之间数据资源的快速整合配置还有待进一步完善。随着科技创新水平的不断提升，长丝织造产业终将突破技术瓶颈，完成全流程数字化、智能化生产，为“纺织强国”“科技强国”的建设贡献来自长丝织造的力量。

第八章　标准建设

标准是对重复性事物和概念所做的统一规定，它以科学技术和实践经验的结合成果为基础，经有关方面协商一致，由主管机构批准，以特定形式发布作为共同遵守的准则和依据。

一、标准分类

标准按适用范围分为国际标准、国家标准、行业标准、地方标准、企业标准及团体标准。

此外，按标准的法律约束性分为强制性标准、推荐性标准和标准化指导性技术文件；按标准的性质分为技术标准、管理标准和工作标准；按标准化的对象和作用分为基础标准、产品标准、方法标准、安全标准、卫生标准和环境保护标准等。

1. 国际标准

国际标准是由国际标准化组织（ISO）制定的标准，以及国际标准化组织确认并公布的其他国际组织制定的标准。国际标准化组织是一个由全球各国的标准化机构组成的联合体，负责制定和发布国际标准，以便在全球范围内推广和使用。

2. 国家标准

国家标准在中国由国务院标准化行政主管部门制定，国家标准分为强制性国家标准和推荐性国家标准，标准代号分别为 GB 和 GB/T。强制性国家标准是指对保障人身健康和生命财产安全、国家安全、生态环境安全，以及满足经济社会管理基本需要的技术要求而制定的标准。推荐性国家标准是指为了满足基础通用、与强制性国家标准配套、对各有关行业起引领作用等需要的技术要求而制定的标准。

3. 行业标准

行业标准是对没有国家标准而又需要在全国某个行业范围内统一的技术要求所制定的标准。行业标准不得与有关国家标准相抵触。有关行业标准之间应保持协调、统一，不得重复。行业标准由国务院有关行政主管部门制定，由行业标准归口部门统一管理。纺织行业的标准代号分别为 FZ 和 FZ/T。

4. 地方标准

地方标准是由地方（省、自治区、直辖市）标准化主管机构或专业主管部门批准、发布，在某一地区范围内统一的标准。如地域性强的农艺操作规程，一部分具有地方特色的产品标准（如工艺品、食品、名酒标准）等。制订地方标准一般有利于发挥地区优势，也有利于提高地方产品的质量和竞争能力，同时也使标准更符合地方实际，有利于标准的贯彻执行。

5. 团体标准

由团体按照团体确立的标准制定程序自主制定发布，由社会自愿采用的标准。团体（association）是指具有法人资格，且具备相应专业技术能力、标准化工作能力和组织管理能力的学会、协会、商会、联合会和产业技术联盟等社会团体。

6. 企业标准

企业标准是在企业范围内需要协调、统一的技术要求、管理要求和工作要求所制定的标准，是企业组织生产、经营活动的依据。国家鼓励企业自行制定严于国家标准或行业标准的企业标准。企业标准由企业制定，由企业法人代表或法人代表授权的主管领导批准、发布。企业标准代号为“Q”。

二、行业标准化工作

中国长丝织造协会成立以来，就十分重视标准化工作的推进，在全国纺织品标准化技术委员会化纤长丝织物分技术委员会未成立前，依然保障了标准工作稳步推进，在标准制定、标准宣贯及推动标准应用等方面取得了一定成果。

（一）标准制修订成果

化纤长丝织造行业技术标准体系主要包括基础通用、合成纤维类丝织物、再生纤维素纤维类丝织物及其他，以此为基础的技术标准体系框架如图 8-1 所示。

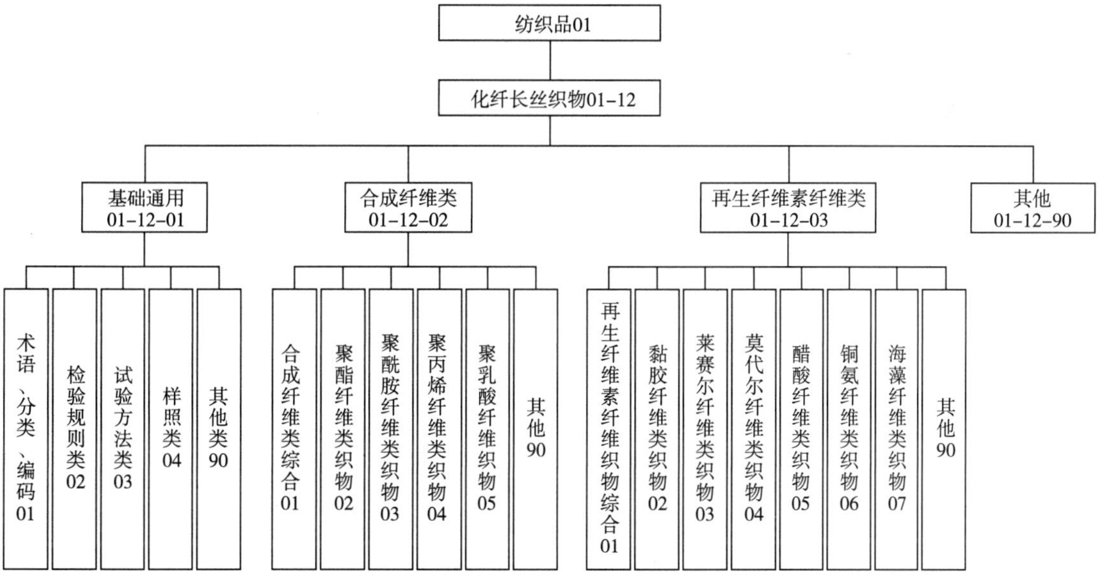

图 8-1 标准体系框架

以标准框架为基础，截至 2022 年 12 月，长丝织造行业现有标准 43 项，国家标准 9 项，行业标准 29 项，团体标准 5 项，我国长丝织造行业的标准体系基本框架已搭建完成。标准情况详见表8-1。

表8-1 化纤长丝织造行业现行标准汇总表

序号	标准代号	标准级别	标准名称	标准简介	起草单位
1	GB/T 37832—2019	国家标准	节水型企业化纤长丝织造行业	本标准规定了化纤长丝织造行业节水型企业评价的相关术语和定义、评价指标体系及要求。其中与水有关的考核指标包括喷水织造和非喷水织造产品的单位取水量、重复利用率、直接冷却水循环率、蒸汽冷凝水回用率、废水回用率和用水综合漏失率。适用于化纤长丝织造企业的节水评价工作	浙江台华新材料股份有限公司、邕山集团有限公司、厦门东纶股份有限公司、吴江市晨龙新升纺织品有限公司、福建龙峰纺织实业有限公司、吴江市兰天织造有限公司、嘉兴市鸣业纺织有限公司、中国水利水电科学研究院、中国纺织经济研究中心、中国长丝织造协会
2	GB/T 18916.20—2016	国家标准	取水定额第20部分：化纤长丝织造产品	本标准规定了化纤长丝织造产品取水定额的相关术语和定义、计算方法及单位产品的取水限额。对现有企业、新建及改扩建和先进企业的涤纶长丝织物、锦纶长丝织物和人造丝织物的取水定额指标都作出了规定。适用于现有、新建和改扩建化纤长丝织造企业取水量的管理	邕山集团有限公司、江苏奥立比亚纺织有限公司、浙江台华新材料股份有限公司、福建龙峰纺织科技实业有限公司、福建省向兴纺织科技有限公司、浙江三志纺织有限公司、嘉兴市鸣业纺织有限公司、中国长丝织造协会、中国纺织经济研究中心、中国标准化研究院、水利部水资源管理中心
3	GB/T 17253—2018	国家标准	合成纤维丝织物	本标准规定了合成纤维丝织物的术语和定义、技术要求、试验方法、检验规则、包装和标志。其中，技术要求包括基本安全性能、内在质量、外观质量，基本安全性能的考核项目为甲醛含量、pH、色牢度、异味、可分解致癌芳香胺染料等，内在质量考核项目为密度偏差率、质量偏差率、纤维含量允差、断裂强力、撕破强力、纰裂程度、水洗尺寸变化率、色牢度、起毛起球、悬垂系数，外观质量考核项目为色差（与标样对比）、幅宽偏差率、外观疵点。适用于以合成纤维长丝为主要原料纯织或交织的各类服用练白、染色、印花和色织机织物	浙江丝绸科技有限公司、浙江锦杰纺织有限公司、厦门东纶股份有限公司、绍兴文理学院、邕山集团有限公司、酒博大染坊丝绸集团有限公司、浙江巴贝领带有限公司、浙江台华新材料股份有限公司、国家丝绸及服装产品质量监督检验中心、浙江卡拉扬集团有限公司、浙江格莱美服装有限公司、海盐嘉源色彩科技有限公司、浙江万方安道拓纺织科技有限公司、浙江皮意纺织有限公司、海盐天恩经编有限公司、绍兴蓝海纤维科技有限公司

续表

序号	标准代号	标准级别	标准名称	标准简介	起草单位
4	GB/T 16605—2008	国家标准	再生纤维素丝织物	本标准规定了再生纤维素丝织物的技术要求、试验方法、检验规则、包装和标志。其中，技术要求包括基本安全性能、内在质量、外观质量，基本安全性能的考核项目为甲醛含量、pH、色牢度、异味、可分解致癌芳香胺染料等，内在质量考核项目为密度偏差率、质量偏差率、纤维含量偏差、断裂强力、纰裂程度、水洗尺寸变化率、色牢度，外观质量考核项目为色差（与标样对比）、幅宽偏差率、外观疵点。适用于评定各类服用的练白、染色（色织）、印花再生纤维素丝织物品质。不适用于再生纤维素里料	浙江丝绸科技有限公司（浙江丝绸科学研究院）、江苏新民纺织科技股份有限公司、国家丝绸质量监督检验中心、浙江舒美特纺织有限公司
5	GB/T 14014—2008	国家标准	合成纤维筛网	本标准规定了合成纤维筛网型号、规格的表示方法、技术要求、检验规则、包装和贮存。其中，技术要求包括幅宽、密度、外观疵点、断裂强力、断裂伸长率。适用于评定合成纤维筛网的品质	上海新铁链筛网制造有限公司、上海丝绸（集团）有限公司
6	GB/T 22862—2009	国家标准	海岛丝织物	本标准规定了海岛丝织物的术语和定义、分类、技术要求、试验方法、检验规则、包装和标志。其中，技术要求包括基本安全性能、内在质量、外观质量，基本安全性能的考核项目为甲醛含量、pH、色牢度、异味、可分解致癌芳香胺染料等，内在质量考核项目为密度偏差率、质量偏差率、断裂强力、纤维含量偏差率、纰裂程度、水洗尺寸变化率、色牢度，外观质量考核项目为色差（与标样对比）、幅宽偏差率、外观疵点。适用于评定各类家纺、服用的练白、染色（色织）、印花的经向（或纬向）采用海岛丝或海岛复合丝与其他纤维交织的海岛丝织物面料的品质	国家丝绸质量监督检验中心、浙江丝绸科技有限公司、吴江德伊时装面料有限公司、吴江祥盛纺织染整有限公司、江苏盛虹集团、杭州金富春丝绸化纤有限公司、达利丝绸（浙江）有限公司

续表

序号	标准代号	标准级别	标准名称	标准简介	起草单位
7	GB/T 26381—2011	国家标准	合成纤维丝织坯绸	本标准规定了合成纤维丝织坯绸的术语和定义、技术要求、试验方法、检验规则、包装和标志。其中，技术要求包括密度偏差率、纤维含量偏差、断裂强力、撕破强力等内在质量和幅宽偏差率、外观疵点等外观质量。适用于评定各类合成纤维丝织坯绸品质	浙江丝绸科技有限公司、浙江新中天控股集团有限公司、浙江东方华强纺织印染有限公司、国家丝绸及服装产品质量监督检验中心
8	GB/T 22842—2017	国家标准	里子绸	本标准规定了里子绸的术语和定义、技术要求、试验方法、检验规则、包装和标志。其中，技术要求包括基本安全性能、内在质量、外观质量，基本安全性能的考核项目为甲醛含量、pH、色牢度、异味、可分解致癌芳香胺染料等，内在质量考核项目为密度偏差率、质量偏差率、断裂强力、撕破强力、纤维含量允差、纰裂程度、尺寸变化率、色牢度，外观质量考核项目为色差（与标样对比）、幅宽偏差率、纬斜和弓纬、外观疵点。适用于评定涤纶、锦纶、醋酯、黏胶、铜氨纤维长丝纯织或由以上长丝交织而成的各类服用里子绸的品质	苏州江枫丝绸有限公司、广东四海伟业纺织科技有限公司、苏州市职业大学、宁波宜阳宾霸纺织品有限公司、苏州楚星时尚纺织集团有限公司、江丝绸科技有限公司、岜山集团有限公司、江苏奥立比亚纺织有限公司、浙江中天纺检测有限公司、浙江教奴联合实业股份有限公司、安正时尚集团股份有限公司、浙江省中纺经编科技研究院、上海工程技术大学
9	GB/T 28845—2012	国家标准	色织领带丝织物	本标准规定了色织领带丝织物的技术要求、试验方法、检验规则、包装和标志。其中，技术要求包括基本安全性能、内在质量、外观质量，基本安全性能的考核项目为甲醛含量、pH、色牢度、异味、可分解致癌芳香胺染料等，内在质量考核项目为密度偏差率、质量偏差率、断裂强力、纤维含量允差、纰裂程度、水洗尺寸变化率、干洗尺寸变化率、色牢度，外观质量考核项目为色差（与标样对比）、幅宽偏差率、外观疵点。适用于评定由桑蚕丝、再生纤维素长丝、合成纤维长丝纯织或交织的色织领带丝织物的品质	浙江丝绸科技有限公司、浙江巴贝领带有限公司、达利丝绸（浙江）有限公司、麦地郎集团有限公司

续表

序号	标准代号	标准级别	标准名称	标准简介	起草单位
10	FZ/T 43036—2016	行业标准	合成纤维装饰织物	本标准规定了合成纤维装饰织物的术语和定义、技术要求、试验方法、检验规则、包装和标志。其中，技术要求包括基本安全性能、内在质量、外观质量，基本安全性能的考核项目为甲醛含量、pH、色牢度、异味、可分解致癌芳香胺染料等，内在质量考核项目为质量偏差率、纤维含量允差、断裂强力、纰裂程度、起球性能、耐磨性、水洗尺寸变化率、干洗尺寸变化率、防钻绒性、色牢度、干热熨烫尺寸变化率，外观质量考核项目为幅宽偏差率、色差、纬斜、花斜、格斜、外观疵点。适用于评定寝具用品类、悬挂类、覆盖类、座椅类的室内合成纤维装饰机织物(合成纤维的含量在20%及以上)的品质	江苏悦达家纺有限公司、浙江丝绸科技有限公司、岜山集团有限公司、北京市毛麻丝织品质量监督检疫站、浙江金绫装饰面料有限公司、浙江万方江森纺织科技有限公司、海宁市玉龙布艺有限公司、海宁金永和家纺织造有限公司、海宁市天屹织造有限公司、海宁市新时新织造有限公司
11	FZ/T 43037—2016	行业标准	合成纤维弹力丝织物	本标准规定了合成纤维弹力丝织物的术语和定义、技术要求、试验方法、检验规则、包装和标志。其中，技术要求包括基本安全性能、内在质量、外观质量，基本安全性能的考核项目为甲醛含量、pH、色牢度、异味、可分解致癌芳香胺染料等，内在质量考核项目为密度偏差率、质量偏差率、纤维含量允差、断裂强力、撕破强力、纰裂程度、色牢度、水洗尺寸变化率、拉伸弹性，外观质量考核项目为幅宽偏差率、色差（与标样对比）、外观疵点。适用于评定各类服用合成纤维弹力丝织物成品的品质	浙江锦杰纺织有限公司、巨诚科技集团有限公司、岜山集团有限公司、浙江元丰纺织股份有限公司、绍兴蓝海纤维科技有限公司、浙江方圆检测集团股份有限公司、浙江丝绸科技有限公司、海宁金永和家纺织造有限公司、海宁市新时新织造有限公司、浙江中天纺检测有限公司

续表

序号	标准代号	标准级别	标准名称	标准简介	起草单位
12	FZ/T 40007—2014	行业标准	丝织物包装和标志	本标准规定了丝织物的包装要求和标志。适用于蚕丝织物、再生纤维丝织物、合成纤维丝织物以及交织丝织物	浙江丝绸科技有限公司、浙江华正丝绸检验有限公司、岜山集团有限公司、万事利集团有限公司、达利（中国）有限公司、金富春集团有限公司、浙江三志纺织有限公司
13	FZ/T 43031—2014	行业标准	涤纶长丝塔夫绸	本标准规定了涤纶长丝塔夫绸的术语和定义、技术要求、试验方法、检验规则、包装和标志。其中，技术要求包括基本安全性能、内在质量、外观质量，基本安全性能的考核项目为甲醛含量、pH、色牢度、异味、可分解致癌芳香胺染料等，内在质量考核项目为密度偏差率、质量偏差率、断裂强力、撕破强力、纰裂程度、色牢度、水洗尺寸变化率，外观质量考核项目为幅宽偏差率、色差（与标样对比）、外观疵点。适用于评定各类服用的染色（色织）、印花涤纶长丝塔夫绸的品质	岜山集团有限公司、浙江丝绸科技有限公司、浙江三志纺织有限公司、新江盛发纺织印染有限公司、江苏出入境检验检疫局纺织工业产品检测中心
14	FZ/T 43012—2013	行业标准	锦纶丝织物	本标准规定了锦纶丝织物的技术要求、试验方法、检验规则、包装和标志。其中，技术要求包括基本安全性能、内在质量、外观质量，基本安全性能的考核项目为甲醛含量、pH、色牢度、异味、可分解致癌芳香胺染料等，内在质量考核项目为密度偏差率、质量偏差率、纤维含量允差、断裂强力、撕破强力、纰裂程度、水洗尺寸变化率、抗渗水性、抗湿性、抗钻绒性、色牢度，外观质量考核项目为色差（与标样对比）、幅宽偏差率、外观疵点。适用于评定各类服用锦纶长丝纯织、锦纶长丝与其他纤维交织的染色、印花丝织物的品质	苏州志向纺织科研股份有限公司、浙江台华新材料股份有限公司、苏州龙英织染有限公司、岜山集团有限公司、浙江舒美特纺织有限公司、浙江丝绸科技有限公司

续表

序号	标准代号	标准级别	标准名称	标准简介	起草单位
15	FZ/T 43039—2016	行业标准	高密细旦锦纶丝织物	本标准规定了高密细旦锦纶丝织物的技术要求、试验方法、检验规则、包装和标志。其中，技术要求包括基本安全性能、内在质量、外观质量，基本安全性能的考核项目为甲醛含量、pH、色牢度、异味、可分解致癌芳香胺染料等，内在质量考核项目为密度偏差率、质量偏差率、纤维含量允差、断裂强力、撕破强力、纰裂程度、水洗尺寸变化率、抗渗水性、抗湿性、抗钻绒性、色牢度，外观质量考核项目为色差（与标样对比）、幅宽偏差率、外观疵点。适用于评定采用高密细旦锦纶长丝纯织、交织的染色、印花丝织物的品质	福建龙峰纺织科技实业有限公司、浙江丝绸科技有限公司、岜山集团有限公司、福建省向兴纺织科技有限公司、浙江中天纺检测有限公司、上海工程技术大学、浙江省中纺经编科技研究院、中国长丝织造协会
16	FZ/T 43028—2013	行业标准	涤纶、锦纶窗纱丝织物	本标准规定了涤纶、锦纶窗纱丝织物的术语和定义、技术要求、试验方法、检验规则、包装和标志。其中，技术要求包括基本安全性能、内在质量、外观质量，基本安全性能的考核项目为甲醛含量、pH、色牢度、异味、可分解致癌芳香胺染料等，内在质量考核项目为密度偏差率、质量偏差率、纤维含量允差、断裂强力、撕破强力、纰裂程度、水洗尺寸变化率、干洗尺寸变化率、色牢度，外观质量考核项目为色差（与标样对比）、幅宽偏差率、外观疵点。适用于评定以涤纶、锦纶长丝作经纯织、交织，经漂白、印花、染色加工的窗纱丝织物的品质	浙江金蝉布艺股份有限公司、浙江三志纺织有限公司、浙江闻翔家纺服饰有限公司、岜山集团有限公司、浙江丝绸科技有限公司、浙江越隆控股集团有限公司

续表

序号	标准代号	标准级别	标准名称	标准简介	起草单位
17	FZ/T 43038—2016	行业标准	超细涤锦纤维双面绒丝织物	本标准规定了超细涤锦纤维双面绒丝织物的术语和定义、技术要求、试验方法、检验规则、包装和标志。其中，技术要求包括基本安全性能、内在质量、外观质量，基本安全性能的考核项目为甲醛含量、pH、色牢度、异味、可分解致癌芳香胺染料等，内在质量考核项目为密度偏差率、质量偏差率、纤维含量允差、撕破强力、断裂强力、纰裂程度、水洗尺寸变化率、色牢度、起毛起球、吸水性，外观质量考核项目为色差（与标样对比）、幅宽偏差率、外观疵点。适用于评定采用超细涤锦复合丝与其他纤维交织的染色、印花、色织双面绒织物成品的品质	江苏聚杰微纤纺织科技集团有限公司、岜山集团有限公司、向兴（中国）集团有限公司、浙江丝绸科技有限公司、中国长丝织造协会、浙江中天纺检测有限公司、上海工程技术大学、海宁顺达经编有限公司、海宁科源经编有限公司、海宁市创益针织有限责任公司、浙江省中纺经编科技研究院
18	FZ/T 43023—2013	行业标准	牛津丝织物	本标准规定了牛津丝织物的术语和定义、技术要求、试验方法、检验规则、包装和标志。其中，技术要求包括基本安全性能、内在质量、外观质量，基本安全性能（服用产品）考核项目为甲醛含量、pH、色牢度、异味、可分解致癌芳香胺染料等，内在质量考核项目为密度偏差率、质量偏差率、纤维含量允差、断裂强力、撕破强力、纰裂程度、色牢度、抗渗水性，外观质量考核项目为色差（与标准样对比）、幅宽偏差率、外观疵点。适用于评定采用涤纶长丝、锦纶长丝纯织或与其他纤维交织的各类牛津丝织物的品质	国家丝绸及服装产品质量监督检验中心、吴江市文教牛津布厂、岜山集团有限公司、浙江丝绸科技有限公司、浙江舒美特纺织有限公司、吴江市桃源海润印染有限公司、江苏新民纺织科技股份有限公司

续表

序号	标准代号	标准级别	标准名称	标准简介	起草单位
19	FZ/T 43024—2013	行业标准	伞用织物	本标准规定了伞用织物的术语和定义、技术要求、试验方法、检验规则、包装和标志。其中，技术要求包括内在质量、外观质量，内在质量考核项目为纤维含量允差、密度偏离率、质量偏差率、断裂强力、撕破强力、纰裂程度、水洗尺寸变化率、色牢度、抗湿性、抗渗水性、紫外线防护系数、透射比，外观质量考核项目为色差（与标样对比）、幅宽偏差率、外观疵点。适用于通过织入黑色长丝达到遮光效果的化纤长丝机织物。适用于评定各类伞用的染色（色织）、印花织物的品质	国家丝绸及服装产品质量监督检验中心、江苏新民纺织科技股份有限公司、吴江市品信纺织科技有限公司、岜山集团有限公司、浙江丝绸科技有限公司、绍兴兴惠纺织有限公司、吴江德伊时装面料有限公司
20	FZ/T 43032—2014	行业标准	化纤长丝织造遮光织物	本标准规定了化纤长丝织造遮光织物的术语和定义、技术要求、试验方法、检验规则、包装和标志。其中，技术要求包括基本安全性能、内在质量、外观质量，基本安全性能的考核项目为甲醛含量、pH、色牢度、异味、可分解致癌芳香胺染料等，内在质量考核项目为密度偏差率、质量偏差率、纤维含量允差、撕破强力、断裂强力、水洗尺寸变化率、悬垂系数、遮光率、色牢度，外观质量考核项目为色差（与标样对比）、幅宽偏差率、外观疵点。适用于通过织入黑色长丝达到遮光效果的化纤长丝机织物。不适用于通过植绒、涂层、复合、印染等后加工达到的遮光效果的织物	浙江三志纺织有限公司、岜山集团有限公司、浙江丝绸科技有限公司、海宁市金佰利纺织有限公司、海宁市玉龙布艺有限公司、海宁金永和家纺织造有限公司、浙江中天纺检测有限公司、浙江盛发纺织印染有限公司

续表

序号	标准代号	标准级别	标准名称	标准简介	起草单位
21	FZ/T 43040—2017	行业标准	涤纶长丝床上用品丝织物	本标准规定了涤纶长丝床上用品丝织物的技术要求、试验方法、检验规则、包装和标志。其中，技术要求包括基本安全性能、内在质量、外观质量，基本安全性能的考核项目为甲醛含量、pH、色牢度、异味、可分解致癌芳香胺染料等，内在质量考核项目为密度偏差率、质量偏差率、纤维含量允差、断裂强力、水洗尺寸变化率、色牢度、起球、防钻绒性、透气性，外观质量考核项目为幅宽偏差率、色差、外观疵点、纬斜、花斜、格斜。适用于评定涤纶长丝床上用品机织物的品质。不适用于涂料印染加工产品	广东四海伟业纺织科技有限公司、江苏奥立比亚纺织有限公司、中国长丝织造协会、浙江丝绸科技有限公司、浙江省中纺经编科技研究院、海宁顺达经编有限公司、海宁市天屹织造有限公司
22	FZ/T 43041—2017	行业标准	化纤长丝箱包丝织物	本标准规定了化纤长丝箱包丝织物的术语和定义、技术要求、试验方法、检验规则、包装和标志。其中，技术要求包括内在质量、外观质量，内在质量考核项目为密度偏差率、质量偏差率、纤维含量允差、断裂强力、撕破强力、纰裂程度、耐磨性能、色牢度、抗渗水性、有害物质限量，外观质量考核项目为色差（与标样对比）、幅宽偏差率、外观疵点。适用于评定采用涤纶、锦纶等化纤长丝纯织或以其为主与其他纱线交织的箱包用机织物面料的品质	浙江丝绸科技有限公司、浙江卡拉扬集团有限公司、广东四海伟业纺织科技有限公司、岜山集团有限公司、吴江市文教牛津布厂、江苏奥立比亚纺织有限公司、海宁市创益针织有限责任公司、浙江省中纺经编科技研究院、上海工程技术大学

续表

序号	标准代号	标准级别	标准名称	标准简介	起草单位
23	FZ/T 43045—2017	行业标准	涤纶长丝仿真丝织物	本标准规定了涤纶长丝仿真丝织物的术语和定义、技术要求、试验方法、检验规则、包装和标志。其中，技术要求包括基本安全性能、内在质量、外观质量，基本安全性能的考核项目为甲醛含量、pH、色牢度、异味、可分解致癌芳香胺染料等，内在质量考核项目为密度偏差率、质量偏差率、断裂强力、撕破强力、纤维含量允差、纰裂程度、水洗尺寸变化率、色牢度、悬垂系数，外观质量考核项目为色差（与标准样对比）、幅宽偏差率、外观疵点。适用于评定各类练白、染色、印花、色织涤纶长丝仿真丝织物的品质	江苏德华纺织有限公司（恒力集团）、嘉兴市鸣业纺织有限公司、苏州楚星时尚纺织集团股份有限公司、嘉兴市荣祥喷织有限公司、浙江兆新织造有限公司、江苏聚润纺织科技有限公司、嘉兴市宏亮纺织有限公司、中国长丝织造协会、岜山集团有限公司、浙江万方江森纺织科技有限公司、浙江中天纺检测有限公司
24	FZ/T 43046—2017	行业标准	锦纶弹力丝织物	本标准规定了锦纶弹力丝织物的术语与定义、技术要求、试验方法、检验规则、包装和标志。其中，技术要求包括基本安全性能、内在质量、外观质量，基本安全性能的考核项目为甲醛含量、pH、色牢度、异味、可分解致癌芳香胺染料等，内在质量考核项目为密度偏差率、质量偏差率、纤维含量允差、断裂强力、撕破强力、纰裂程度、色牢度、水洗尺寸变化率、拉伸弹性、耐磨性，外观质量考核项目为幅宽偏差率、色差（与标样对比）、外观疵点。适用于各类服用锦纶弹力丝织物	浙江台华新材料股份有限公司、福建省向兴纺织科技有限公司、福建龙峰纺织科技实业有限公司、厦门东纶股份有限公司、杭州市质量技术监督检测院、长兴永鑫纺织印染有限公司、浙江丝绸科技有限公司、中国长丝织造协会

续表

序号	标准代号	标准级别	标准名称	标准简介	起草单位
25	FZ/T 43048—2017	行业标准	化纤长丝免缝防钻绒织物	本标准规定了化纤长丝免缝防钻绒织物的术语与定义、技术要求、试验方法、检验规则、包装和标志。其中，技术要求包括基本安全性能、内在质量、外观质量，基本安全性能的考核项目为甲醛含量、pH、色牢度、异味、可分解致癌芳香胺染料等，内在质量考核项目为密度偏差率、质量偏差率、纤维含量允差、断裂强力、撕破强力、纰裂程度、水洗尺寸变化率、色牢度、防钻绒性、透气性，外观质量考核项目为幅宽偏差率、色差、外观疵点。适用于各类化纤长丝免缝防钻绒织物	吴江福华织造有限公司、浙江丝绸科技有限公司、福建龙峰纺织科技实业有限公司、杭州市质量技术监督检测院、中国长丝织造协会、浙江雪豹服饰有限公司、上海工程技术大学、浙江格莱美服装有限公司、浙江上格时装有限公司、浙江省中纺经编科技研究院
26	FZ/T 43049—2018	行业标准	铜氨丝织物	本标准规定了铜氨丝织物的术语与定义、技术要求、试验方法、检验规则、包装和标志。其中，技术要求包括基本安全性能、内在质量、外观质量，基本安全性能考核项目为甲醛含量、pH、色牢度、异味、可分解致癌芳香胺染料等，内在质量考核项目为密度偏差率、质量偏差率、纤维含量允差、断裂强力、撕破强力、纰裂程度、起毛起球、水洗尺寸变化率、干洗尺寸变化率、色牢度，外观质量考核项目为色差（与标样对比）、幅宽偏差率、外观疵点。适用于各类服用的练白、染色、印花、色织的纯铜氨丝织物或铜氨丝与其他纱线交织而成的丝织物	国家丝绸及服装产品质量监督检验中心、吴江德伊时装面料有限公司、福建龙纺织科技实业有限公司、吴江新民高纤有限公司、浙江丝绸科技有限公司、达利（中国）有限公司、想化成国际贸易（上海）有限公司、海盐嘉源印染有限公司、浙江中天纺检测有限公司、浙江德纱纺织有限公司上海工程技术大学、中国长丝织造协会

续表

序号	标准代号	标准级别	标准名称	标准简介	起草单位
27	FZ/T 43052—2018	行业标准	标签织物	本标准规定了标签织物的术语与定义、规格、技术要求、试验方法、检验规则、包装和标志、贮存等。其中，技术要求包括基本安全性能、内在质量、外观质量，基本安全性能考核项目为甲醛含量、pH、色牢度、异味、可分解致癌芳香胺染料等，内在质量考核项目为质量偏差、厚度偏差、纤维含量允差、防脱散（水洗）、断裂强力、色牢度，外观质量考核项目为色差、规格偏差、洁净程度、切边光滑程度、外观疵点。适用于评定以化学纤维为主要原料、印制标签的机织物品质	湖州新利商标制带有限公司、厦门东纶股份有限公司、吴江福华织造有限公司、嘉兴学院、浙江丝绸科技有限公司、杭州市质量技术监督检测院、浙江理工大学、浙江格莱美服饰有限公司
28	FZ/T 43051—2018	行业标准	涤纶长丝窗帘用机织物	本标准规定了涤纶长丝窗帘用机织物的术语和定义、分类、技术要求、试验方法、检验规则、包装和标志。其中，技术要求包括基本安全性能、内在质量、外观质量，基本安全性能的考核项目为甲醛含量、pH、色牢度、异味、可分解致癌芳香胺染料等，内在质量考核项目为密度偏差率、质量偏差率、纤维含量允差、断裂强力、纰裂程度、水洗尺寸变化率、干洗尺寸变化率、色牢度，外观质量考核项目为色差（与标样对比）、幅宽偏差率、外观疵点。适用于各类窗帘用的漂白、染色、印花、色织的涤纶长丝纯织，或涤纶长丝与其他纱线交织机织物品质	江苏德顺纺织有限公司（恒力集团）、厦门东纶股份有限公司、如意屋家居有限公司、潘博大染坊丝绸集团有限公司、浙江涛科技股份有限公司、中国长丝织造协会、岜山集团有限公司、缘茧丝绸集团股份有限公司、浙江丝绸科技有限公司、海宁市金佰利纺织有限公司、浙江胜字布艺有限公司、嘉兴学院

续表

序号	标准代号	标准级别	标准名称	标准简介	起草单位
29	FZ/T 43053—2019	行业标准	聚酯纤维形态记忆织物	本标准规定了聚酯纤维形态记忆织物的术语和定义、分类、技术要求、试验方法、检验规则、包装和标志。其中，技术要求包括基本安全性能、内在质量、外观质量，基本安全性能考核项目为甲醛含量、pH、色牢度、异味、可分解致癌芳香胺染料等，内在质量考核项目为密度偏差率、质量偏差率、纤维含量允差、断裂强力、撕破强力、纰裂程度、水洗尺寸变化率、色牢度、形态记忆系数、形态回复系数，外观质量考核项目为色差、幅宽偏差率、外观疵点。适用于聚酯（PPT）长丝形态记忆织物	安徽省冠盛纺织科技有限公司、厦门东纶股份有限公司、福建龙峰纺织科技实业有限公司、岜山集团有限公司、鑫缘茧丝绸集团股份有限公司、浙江丝绸科技有限公司、杭州市质量技术监督检测院、中国长丝织造协会、浙江万方安道拓纺织科技有限公司、浙江天祥新材料有限公司、海宁科源经编有限公司、海盐欧宝经编有限公司、嘉兴华绰纺织有限公司、浙江格莱美服装有限公司
30	FZ/T 43054—2019	行业标准	装备用涤纶长丝涂层织物	本标准规定了装备用涤纶长丝涂层织物的技术要求、试验方法、检验规则以及包装、标志、运输和贮存。其中，技术要求包括基本安全性能、内在质量、外观质量，基本安全性能考核项目为甲醛含量、pH、色牢度、异味、可分解致癌芳香胺染料，内在质量考核项目为质量偏差率、防水性能、断裂强力、撕破强力、剥离强力、抗粘连性、耐低温性、色牢度、燃烧性能，外观质量考核项目为幅宽偏差率、色差、外观疵点。适用于以聚氨酯、丙烯酸酯树脂为涂覆层，主要用作帐篷、装具类（如手提包、头盔、水壶袋等）装备面料的纯涤纶长丝机织涂层织物	浙江盛发纺织印染有限公司、岜山集团有限公司、安庆清怡精密纺有限责任公司、浙江丝绸科技有限公司、浙江中天纺检测有限公司、浙江汇锋新材料股份有限公司、海盐天恩经编有限公司、浙江省中纺经编科技研究院

续表

序号	标准代号	标准级别	标准名称	标准简介	起草单位
31	FZ/T 43055—2019	行业标准	锦纶长丝皮肤衣织物	本标准规定了锦纶长丝皮肤衣织物的术语与定义、技术要求、试验方法、检验规则、包装和标志。其中，技术要求包括基本安全性能、内在质量、外观质量，基本安全性能考核项目为甲醛含量、pH、色牢度、异味、可分解致癌芳香胺染料，内在质量考核项目为密度偏差率、质量偏差率、纤维含量允差、断裂强力、撕破强力、纰裂程度、色牢度、水洗尺寸变化率、透湿率、防紫外线性能，外观质量考核项目为幅宽偏差率、色差（与标样对比）、外观疵点。适用于各类服用锦纶长丝皮肤衣机织物	吴江市汉塔纺织整理有限公司、厦门东纶股份有限公司、福建龙峰纺织科技实业有限公司、浙江丝绸科技有限公司、浙江盛发纺织印染有限公司、杭州市质量技术监督检测院、浙江电商检测有限公司、中国长丝织造协会、浙江中天纺检测有限公司、浙江格莱美服饰有限公司、海盐天恩经编有限公司、浙江省中纺经编科技研究院
32	FZ/T 43056—2021	行业标准	涤纶长丝仿麻家居用织物	本标准规定了涤纶长丝仿麻家居用织物的术语和定义、要求、试验方法、检验规则、包装和标志。其中，技术要求包括基本安全性能、内在质量和外观质量。内在质量包括密度偏差率、质量偏差率、纤维含量允差、断裂强力、撕破强力、劈裂程度、水洗尺寸变化率、色牢度、起毛气球、耐磨性等10项；外观质量考核包括色差、幅宽偏差率、外观疵点等3项。适用于座椅类、悬挂类家居用品所采用的涤纶长丝仿麻机织物	吴江福华织造有限公司、岜山集团有限公司、安徽华裕纺织有限公司、浙江盛发纺织印染有限公司、绍兴市欣明家居有限公司、浙江丝绸科技有限公司、杭州海关技术中心、苏州倍丝卡纺织股份有限公司、浙江生态纺织品禁用染化料检测中心有限公司、海宁鹰彪家纺有限公司、海宁市舒雅达纺织科技有限公司、浙江艾诺纺织科技有限公司、海盐天恩经编有限公司、吴江集盛纺织有限公司

续表

序号	标准代号	标准级别	标准名称	标准简介	起草单位
33	FZ/T 43057—2021	行业标准	聚乳酸丝织物	本标准规定了聚乳酸丝织物的术语和定义、要求、试验方法、检验规则、标志、包装、运输和贮存。其中，技术要求包括基本安全性能、内在质量和外观质量作了规定。内在质量要求包括pH、甲醛含量、异味、可分解致癌芳香胺染料、密度偏差率、质量偏差率、纤维含量允差、断裂强力、撕破强力、劈裂程度、水洗尺寸变化率、色牢度、起毛气球和抑菌率；外观质量要求包括幅宽偏差率、色差、外观疵点。适用于聚乳酸纤维含量为30%及以上的聚乳酸丝织物	濮阳玉润新材料有限公司、安徽丰原生物纤维股份有限公司、海盐嘉源色彩科技股份有限公司、浙江中天纺检测有限公司、岜山集团有限公司、浙江丝绸科技有限公司、浙江万方安道拓纺织科技有限公司、花匠（北京）护理用品有限公司、嘉兴学院、海盐天恩经编有限公司、温州市东升学生用品有限公司、浙江省标准化研究院、润益（嘉兴）新材料有限公司
34	FZ/T 43060—2022	行业标准	涤纶假捻丝织物	本标准规定了涤纶假捻丝织物的术语和定义、要求、试验方法、检验规则、包装和标志。其技术要求包括基本安全性能、内在质量和外观质量。内在质量要求包括密度偏差率、质量偏差率、纤维含量允差、断裂强力、撕破强力、纰裂程度、水洗尺寸变化率、色牢度、起球、勾丝；外观质量要求包括色差、幅宽偏差率、外观疵点。适用于以涤纶假捻变形丝为原料进行织造加工成的机织物	嘉兴市鸣竣纺织有限公司、向兴（中国）集团有限公司、安徽杰达纺织科技有限公司、嘉兴市牛牛纺织有限公司、厦门东纶股份有限公司、浙江丝绸科技有限公司、中国长丝织造协会、浙江省标准化研究院、国家日用小商品质量监督检验中心、浙江生态纺织品禁用染化料检测中心有限公司、浙江艾诺纺织科技有限公司、海宁鹰彪家纺有限公司、浙江玛雅布业有限公司、海宁市金雅特纺织有限公司、杭州思美服饰有限公司

续表

序号	标准代号	标准级别	标准名称	标准简介	起草单位
35	FZ/T 43061—2022	行业标准	莱赛尔长丝织物	本标准规定了莱赛尔长丝织物的要求、试验方法、检验规则、包装和标志。技术内容包括基本安全性能、内在质量和外观质量。其中，内在质量要求包括密度偏差率、质量偏差率、纤维含量允差、断裂强力、撕破强力、纰裂程度、水洗尺寸变化率、色牢度、起球；外观质量要求包括色差、幅宽偏差率、外观疵点。适用于各类服用的莱赛尔长丝织物	吴江新民高纤有限公司、吴江德伊时装面料有限公司、滁州米润科技有限公司、福建省向兴纺织科技有限公司、厦门东纶股份有限公司、苏州市纤维检验院、浙江丝绸科技有限公司、杭州华丝夏莎纺织科技有限公司、苏州市知识产权保护中心、浙江生态纺织品禁用染化料检测中心有限公司、浙江敦奴联合实业股份有限公司、浙江格莱美服装有限公司、浙江裕德服装有限公司、海盐嘉源色彩科技股份有限公司
36	FZ/T 43062—2022	行业标准	黏胶长丝弹力织物	本标准规定了黏胶长丝弹力织物的要求、试验方法、检验规则、包装和标志。其技术内容包括基本安全性能、内在质量和外观质量，内在质量考核项目包括密度偏差率、质量偏差率、纤维含量允差、断裂强力、纰裂程度、水洗尺寸变化率、色牢度、拉伸弹性、起球。外观质量考核项目包括色差、幅宽偏差率、外观疵点。适用于各类服用的黏胶长丝弹力织物	苏州市纤维检验院、苏州新民丝绸有限公司、安徽优定服装科技有限公司、吴江德伊时装面料有限公司、厦门东纶股份有限公司、吴江市桃源海润印染有限公司、岜山集团有限公司、向兴（中国）集团有限公司、浙江丝绸科技有限公司、杭州华丝夏莎纺织科技有限公司、苏州市知识产权保护中心、浙江格莱美服装有限公司、杭州佰标检测技术有限公司、海盐嘉源色彩科技股份有限公司、温州市东升学生用品有限公司

续表

序号	标准代号	标准级别	标准名称	标准简介	起草单位
37	FZ/T 43063—2022	行业标准	醋酯纤维丝织物	本标准规定了醋酯纤维丝织物的要求、试验方法、检验规则、包装和标志。其技术内容包括基本安全性能、内在质量和外观质量。内在质量考核项目包括密度偏差率、质量偏差率、纤维含量允差、断裂强力、撕破强力、纰裂程度、水洗尺寸变化率、色牢度、起球。外观质量考核项目包括色差、幅宽偏差率、外观疵点。适用于以醋酯长丝纯织或与其他纱线交织而成（醋酯纤维含量30%及以上）的丝织物	海盐嘉源色彩科技股份有限公司、绍兴麦势纺织品有限公司、佛山市格绫丝绸有限公司、海宁市天一纺织有限公司、安徽丰原生物纤维股份有限公司、杭州华丝夏莎纺织科技有限公司、云南绸库丝绸有限公司、浙江中天纺检测有限公司、浙江丝绸科技有限公司、浙江万方纺织科技有限公司、吴江嘉嘉福喷气织品有限公司、广州市五十部纺织有限公司、淄博银仕来纺织有限公司、约克夏（浙江）染化有限公司、吴江德伊时装面料有限公司、佛山中纺联检验技术服务有限公司、浙江格莱美服装有限公司
38	FZ/T 43026—2022	行业标准	高密超细旦涤纶丝织物	本标准规定了高密超细旦涤纶丝织物的术语和定义、要求、试验方法、检验规则、包装和标志。其技术内容包括基本安全性能、内在质量和外观质量。内在质量考核项目为密度偏差率、质量偏差率、纤维含量允差、断裂强力、撕破强力、纰裂程度、水洗尺寸变化率、抗静水压、沾水性、透湿性、防钻绒性、色牢度。外观质量要求包括色差、幅宽偏差率、外观疵点。适用于超细旦涤纶长丝纯织，或与其他纤维交织的机织物	吴江市兰天织造有限公司、福建省向兴纺织科技有限公司、淮北市凯莱智能织造有限公司、嘉兴市盛嘉印染有限公司、厦门东纶股份有限公司、岜山集团有限公司、浙江丝绸科技有限公司、杭州市质量技术监督检测院、中国长丝织造协会、浙江省轻工业品质量检验研究院、浙江玛雅布业有限公司、海宁市舒雅达纺织科技有限公司、海宁市金雅特纺织有限公司、山东轻工职业学院

续表

序号	标准代号	标准级别	标准名称	标准简介	起草单位
39	T/CNTAC 77—2021	团体标准	绿色设计产品评价技术规范化纤长丝织造产品	本标准给出了化纤长丝织造产品绿色设计评价的术语和定义、评价要求、绿色设计产品自评价报告编写要求、产品生命周期评价报告编写要求、绿色设计产品判定依据。本文件技术要求包括基本要求和评价指标要求。其中评价指标要求包括资源属性指标（单位产品原料损耗率和单位产品取水量）、能源属性指标（单位产品综合能耗）和产品属性指标。适用于化纤长丝织造产品绿色设计评价，包括涤纶长丝织物、锦纶长丝织物和人造丝织物	江苏聚杰微纤科技集团股份有限公司、嘉兴市鸣竣纺织有限公司、岜山集团有限公司、向兴（中国）集团有限公司、吴江春业织造有限公司、浙江鑫涛科技股份有限公司、江苏力帛纺织有限公司、中国纺织经济研究中心、中国长丝织造协会、北京耀阳高技术服务有限公司
40	T/CNTAC 90—2022	团体标准	化纤长丝喷水织造智能工厂通用要求	本标准规定了化纤长丝喷水织造智能工厂的总则以及智能设计、智能生产、智能物流、智能管理和系统集成等基本要求。适用于化纤长丝喷水织造智能工厂的建设、改造、设计、运营及管理	苏州大学、浙江台华新材料股份有限公司、福建省向兴纺织科技有限公司、江苏新视界先进功能纤维创新中心有限公司、徐州荣盛达纤维制品科技有限公司、岜山集团有限公司、嘉兴市鸣竣纺织有限公司、吴江市春业织造有限公司、江阴市华方新技术科研有限公司、江苏赫伽力智能科技有限公司、山东百佳纺织机械有限公司、青岛天一红旗纺机集团有限公司、中国长丝织造协会

续表

序号	标准代号	标准级别	标准名称	标准简介	起草单位
41	T/CNTAC 91—2022	团体标准	化纤长丝喷水织造智能工厂数字化单元信息模型	本标准规定了化纤长丝喷水织造智能工厂数字化单元的统一信息模型，包括信息模型架构、建模规则及信息模型基础数据类型，以及络丝、倍捻、定形、倒筒、整经、浆丝、并轴、分绞、穿经、织造、验布等单元的统一信息模型。适用于化纤长丝喷水织造智能工厂建设中数字化单元的标准化信息建模	江苏佩捷纺织智能科技有限公司、徐州荣盛达纤维制品科技有限公司、江苏新视界先进功能纤维创新中心有限公司、岜山集团有限公司、江苏牛牌纺织机械有限公司、嘉兴市鸣竣纺织有限公司、吴江市春业织造有限公司、江苏赫伽力智能科技有限公司、江阴市华方新技术科研有限公司、山东百佳纺织机械有限公司、苏州大学、中国长丝织造协会
42	T/CNTAC 92—2022	团体标准	化纤长丝喷水织造智能工厂设备互联互通及互操作技术要求	本标准规定了化纤长丝喷水织造智能工厂设备互联互通架构、设备互联要求、设备互通要求、网关要求和互操作要求等，主要包括互联互通架构、设备互联要求、设备互通要求、网关要求、互操作要求、网络安全要求等内容	江苏德顺纺织有限公司、岜山集团有限公司、浙江台华新材料股份有限公司、苏州汇川技术有限公司、苏州伟创电器科技股份有限公司、徐州荣盛达纤维制品科技有限公司、江苏新视界先进功能纤维创新中心有限公司、嘉兴市鸣竣纺织有限公司、吴江市春业织造有限公司、江苏赫伽力智能科技有限公司、江阴市华方新技术科研有限公司、山东百佳纺织机械有限公司、青岛天一红旗软控科技有限公司、苏州大学、中国长丝织造协会

续表

序号	标准代号	标准级别	标准名称	标准简介	起草单位
43	T/CNTAC 93—2022	团体标准	聚对苯二甲酸丁二醇酯/涤纶（PBT/PET）复合长丝弹力织物	本标准规定了聚对苯二甲酸丁二醇酯/涤纶（PBT/PET）复合长丝弹力织物的术语和定义、要求、试验方法、检验规则、包装和标志。本文件技术要求包括基本安全性能、内在质量和外观质量。其中，内在质量考核项目包括密度偏差率、质量偏差率、纤维含量允差、断裂强力、纰裂程度、水洗尺寸变化率、色牢度、拉伸弹性、起毛起球；外观质量考核项目包括色差（与确认样对比）、幅宽偏差率、外观疵点。适用于各类服用的聚对苯二甲酸丁二醇酯/涤纶（PBT/PET）复合长丝（含量在40%以上）弹力机织物	苏州大织荟纺织科技有限公司、江苏新视界先进功能纤维创新中心有限公司、岜山集团有限公司、徐州荣盛达纤维制品科技有限公司、江苏三丰特种材料科技有限公司、嘉兴市鸣竣纺织有限公司、吴江市春业织造有限公司、江苏博雅达纺织有限公司、苏州大学、中国长丝织造协会

从表 8-1 可以看出，长丝织造行业的标准化工作已经取得显著成果。一是行业产品标准体系较为完善，涵盖了各原料、各用途类产品，合成纤维和再生纤维素纤维两大类织物都有了相应的国家标准；二是行业最关注的用水问题，在标准上得到了很好的落实，取水定额和节水型企业评价体系基本建立；三是“双碳”目标下，行业积极致力于为碳达峰和碳中和贡献力量，制定了行业绿色产品评价技术规范，让行业绿色发展有标可依；四是数字化、智能化发展有了相应的指导标准，虽然目前行业整体仍处于向数字化、自动化迈进的阶段，但智能工厂相关标准的制定，为行业智能化提供了引导和参考。

随着国家有关部门对标准工作的重视，中国长丝织造协会及相关机构不断进行标准宣贯，长丝织造行业的从业者及相关专家学者等对标准工作的重视程度不断提高，共同推进行业标准化工作的力量越来越强大，这也是行业标准化工作取得的重要进步。

（二）化纤长丝织物分技术委员会

中国长丝织造协会一直努力推动行业标准制修订，也取得一定成效。但为进一步推动长丝织造产业标准化工作，实现科技、时尚、绿色高质量发展，协会坚持推动成立本行业的分标委。经协会与相关各方多次反复沟通与协商，在中国纺织工业联合会的大力支持下，经国家标准化管理委员会反复认真审查，全国纺织品标准化技术委员会化纤长丝织物分技术委员会于 2022 年 1 月 25 日获批成立（以下可简称“长丝织物分标委”）。

全国纺织品标准化技术委员会化纤长丝织物分技术委员会编号为SAC/TC209/SC12，英文名称为Subcommittee 12 on Man-made Filament Fabrics of National Technical Committee 209 on Textiles of Standardization Administration of China。长丝织物分标委主要负责经向以化纤长丝（不包括化纤短纤）为主要原料生产的机织物领域国家标准制修订工作。

1. 召开成立大会

2022年8月10日，全国纺织品标准化技术委员会第一届化纤长丝织物分技术委员会成立大会在浙江省杭州市成功召开。成立会的召开，标志着化纤长丝织造行业标准化工作有了稳定的组织机构，有了凝聚专家力量的核心。

2. 机构设置

全国纺织品标准化技术委员会第一届化纤长丝织物分技术委员会由37名委员组成，中国长丝织造协会任主任单位，中国长丝织造协会会长王加毅任主任委员，秘书处由浙江丝绸科技有限公司承担。长丝织物分标委委员由从事化纤长丝织物生产、应用、科研、销售等方面的企业以及科研院所、检测机构、高等院校、行业协会、认证机构等相关单位的代表组成。

3. 意义

化纤长丝织造产业是一个崭新的、正在蓬勃发展的产业，急需相应的标准来规范和引导行业的继续发展。长丝织物分标委的成立，将进一步推动行业标准体系的完善、提高企业的标准化意识和参与标准的积极性，有利于全面提升全行业标准化水平，促进行业高质量发展。分标委成立，一直以来致力于行业标准化工作的专家队伍有了更广阔的平台，为今后更好地开展标准化工作奠定了坚实的专业技术基础。总之，长丝织物分标委的成立，对化纤长丝织造产业标准化工作具有重要意义，也是行业发展道路上的重大事件。

（三）标准化工作方向和建设措施

1. 标准化工作方向

行业标准化工作是一项长期且艰巨的任务，虽成效显著，目前仍有很多工作需要得到落实。

（1）行业标准体系有待进一步完善。行业基础类标准，如行业产品分类、有关术语、产品基本书写规范标准等有待补充，基础标准的缺失，最终将影响行业的高质量发展。行业相关的操作方法标准、安全标准、环保标准等也基本处于空白状态，目前这类标准多是企业自己制定自己使用，水平参差不齐，需要行业统一整合、完善。

（2）行业标准制定水平需要严格把控。目前，很多参与者在标准制定的过程中，对标准的具体内容没有进行仔细的研究，尤其是对标准中的重要指标理解不深，掌握不全，最终影响了标准的整体水平。要想提高标准制定水平，所有参与制定方必须对标准制定的每一个细节、每一个指标和参数进行严格把控。

（3）行业标准宣贯工作有待深入。中国长丝织造协会及有关机构一直积极致力于行业标准宣贯，但总体来说力度不够、深度不够、影响不够，没有让更多企业管理者真正认识到标准的重要性，以致标准推广难，应用度低。

（4）基础标准国际化水平亟待提高。目前，长丝织造行业的标准化工作取得了一定成果，也为行业提供了有效指导，但对于一些国际通用的标准，基本都是由国外制定。如国际普遍关注的“环保、绿色”问题，相关认证都是以国外标准为依据，而我们的企业只能跟随标准的变动而被动的调整、适应，使得企业在国际竞争中缺少自主权和话语权。

2. 标准化工作建设措施

目前，行业标准化工作已取得一定成果，结合前期工作经验和当下标准化工作的不足，今后的标准化工作应从以下方面思考，以期进一步推动标准化工作。

从标准化工作全局来看，要围绕以下三方面做好工作：一是加快构建新型标准体系；二是积极探索推进中国标准国际化；三是强化长丝织物分标委会的科学管理，严把标准质量关。

从标准化工作的具体落实来看，行业需要从以下三方面着手：一是要深入研究行业现状，加强标准化工作背景和目标分析，提高标准编写质量和效率；二是要广泛开展标准宣贯，增强企业及全行业的标准化意识，提升企业参与标准化工作、贯彻执行标准的积极性和主动性；三是要积极开展标准培训和交流活动，加强标准化人才队伍建设。

标准制定事关行业长远、健康发展，意义重大。目前长丝织造行业的标准化工作取得了显著成果，为行业高质量发展提供了重要支撑。当然，应时代变化和行业发展，标准化工作仍需不断深入，需从标准水平提高、标准人才培养、标准宣贯、标准应用等方面持续做好工作。长丝织物分标委已经成立，标准化工作有了稳定的组织，有了凝聚行业标准建设人才的核心，一定能够有效推动中国长丝织造行业标准化工作不断取得新成果。

第九章　产业集群

我国长丝织造行业有明显的产业集聚现象，形成了多个各具特色的产业集群。近年来，长丝织造产业集群紧扣高质量发展主题，不断巩固、发挥产业优势，引领全行业提升基础能力和产业链现代化水平，实现了由单一规模扩张向注重产品技术创新和品质提升的转变。

一、长丝织造产业集群概况

（一）集群发展变革

自 20 世纪 80 年代起，中国化纤长丝织造产业开始从仿真丝起步，并逐渐发展壮大。江苏省吴江区的盛泽镇是著名的绸都，从明代中叶以来，丝绸产业就逐渐集中于盛泽镇及周边几个乡镇。中华人民共和国成立后，尤其是改革开放以来，化纤长丝织造产业逐渐在盛泽萌芽并蓬勃发展。凭借以往绸市的声誉和影响，盛泽渐渐成为以化纤原料和化纤长丝织物为主、纺织机械与器材为辅的交易中心。

盛泽长丝织造产业从无到有、从小到大的发展历程，折射出整个中国长丝织造产业的发展历程。盛泽镇产业集群的形成，带动了周边平望镇、王江泾镇等地区长丝织造产业的发展，逐步形成了产业链配套齐全的长丝织造产业集群。浙江省湖州市长兴县、福建省著名的侨乡晋江龙湖镇等其他长丝织造产业集群地，最初都是利用自身的区域优势、传统纺织优势，汲取外部力量，在大力发展市场经济和全面实行改革开放的大环境下，积极发展长丝织造产业，慢慢成为长丝织造行业较早的集群。

随着当地织造企业的不断发展壮大，企业周围集聚了一大批上下游从事化纤、印染生产的企业，最终在当地形成从化纤纺丝、织造加工、印染整理、服装制造和市场销售等较为完整的纺织产业链。同时也形成了原料采购、产品销售、物流配送、信息流通、技术咨询等全流程的供应链体系。这些集群在发展的过程中，不断健全、强大自己的产业链和产业能力，也对周边的地区形成带动、示范和促进作用，在集群的影响和辐射下，周边地区的纺织业进一步发展，并与集群共营、共赢，部分区域形成了新的集群。

近年来，受土地、水、电等生产要素的影响，长丝织造产业开始向苏北以及河南、湖北、安徽和江西等中部地区发展，并初见规模。据中国长丝织造协会统计，2022 年底，我国长丝织造行业织机规模达到 83.6 万台，其中喷水织机 77 万台。苏南、浙江、福建等原有产业集群的喷水织机规模为 36 万台，约占全国总规模的 46.8%；苏北、安徽、河南、湖北、江西等新兴产业集群的喷水织机规模为 41 万台，约占全国总规模的 53.2%。而截至 2021 年底，苏南、浙江、福建等原有产业集群喷水织机规模约为 42.4 万台，约占全国总规模的 58.1%；苏北、安徽、河南、湖北、江西等新兴产业集群喷水织机规模约 30.6 万台，约占全国总规模的

41.9%。通过这组数据对比可知，传统产业集群规模基本稳定，正处在技术改造，提高产量，调整产品结构、提升产业附加值的关键时期；新建集群规模仍处于快速扩张期，产能还未完全释放。中国化纤长丝织造产业集群已逐步发展为以沿海发达地区为产品研发和销售基地，以中西部地区为产品生产加工基地的产业分工格局。

各产业集群特色鲜明，各有侧重，又自成体系，共同形成了强大的长丝织造供应链网络，在推动企业专业化分工协作、有效配置生产要素、降低创新创业成本、节约社会资源、促进区域经济社会发展、提升产业国际竞争力等方面正发挥着重要作用。

（二）产业集群基本情况

截至2022年12月，我国长丝织造产业集群拥有1个名城、2个基地县、6个名镇和4个产业基地，分别是江苏省苏州市吴江区盛泽镇、七都镇和平望镇以及宿迁市泗阳县经济开发区、盐城市大丰区小海镇，浙江省长兴县、长兴县夹浦镇、嘉兴市秀洲区王江泾镇，福建省晋江市龙湖镇，河南省周口市太康县、太康县产业集聚区和信阳市淮滨县，湖北省的黄冈市黄梅县经济开发区等，见表9-1。目前，安徽省宣城市郎溪县、湖北省黄冈市罗田县、江西省九江市德安县的化纤长丝织造产业也已呈相对集中态势。

表9-1 我国主要长丝织造产业集群

序号	单位	集群称号
1	江苏省苏州市吴江区盛泽镇	中国纺织名镇
2	江苏省苏州市吴江区平望镇	中国纺织织造名镇
3	江苏省苏州市吴江区七都镇	中国家纺面料名镇
4	江苏省泗阳经济开发区	中国化纤功能新型面料生产研发基地
5	江苏省大丰区小海镇	中国长丝织造产业基地
6	浙江省湖州市长兴县	中国长丝织造名城
7	浙江省湖州市长兴县夹浦镇	中国长丝织造名镇、中国长丝织造产业基地
8	浙江省嘉兴市秀洲区王江泾镇	中国织造名镇
9	福建省晋江市龙湖镇	中国织造名镇
10	河南省周口市太康县	中国新兴纺织产业基地县
11	河南省周口市太康县产业集聚区	中国长丝织造产业基地
12	河南省信阳市淮滨县	中国新兴纺织产业基地县
13	湖北省黄梅经济开发区	中国长丝织造产业基地

二、传统产业集群

经过多年的发展，我国长丝织造产业集群已逐步发展壮大，形成了盛泽镇、平望镇、王江泾镇、长兴县、龙湖镇和柯桥区等拥有完整纺织产业链、织造规模大的传统产业集群。

目前，盛泽镇拥有纺丝、织造、印染及后整理加工为一体的完整产业链优势，有十几万台无梭织机，生产加工能力居行业领先水平，约占全国化纤面料产量的1/5，产品种类丰富。平望镇产品种类较为丰富，在仿真丝、仿麂皮、户外休闲运动服装面料等领域都有涉及，也是全球单体最大的全消光熔体直纺聚酯纤维生产基地。长兴县是全国里子布、床品用磨毛布、窗帘布和产业用衬布的主要生产地区。龙湖镇是我国户外运动用面料的主要生产地区。王江泾镇以仿真丝类、特色女装类产品为主。七都镇以床品、窗帘等家纺类产品为主。

三、新兴产业集群

2017年前后，受土地、水、电、用工等生产要素的限制，江苏、浙江、福建和广东等省的传统长丝织造产业集群产能已难有量的增长，无法满足国内外市场的巨大需求。长丝织造产业很快发现了河南、安徽、江西和湖北等中西部地区的纺织资源优势，在政府的支持和帮助下，逐步开始落地生根，迅速崛起。

长丝织造产业新兴集聚地中河南省周口市太康县、湖北省黄冈市、江苏省泗阳县等地区顺应形势、抓住机遇，积极发展长丝织造产业。当地政府结合原产业集群地区长丝织造产业发展的经验，在节能减排、污水处理和技术装备先进性上做了统一规划，为更好地迎接长丝织造产业落地做了充分准备。

此外，江苏省作为纺织大省，在谋求发展的过程中，意识到苏南和苏北纺织业发展的不平衡和新形势下苏北的资源优势，积极促进苏南长丝织造产业向苏北扩张，这不仅对于具有缩小地区发展差距、实现双赢具有重要意义，同时，也为产业提供了更优质的发展空间。至今，在政府的引导和支持下，江苏省宿迁市、泗阳县、沭阳县，新沂市，淮安市洪泽区，盐城市大丰区小海镇都已经颇具规模。

各新兴集群在新增长丝织造产能时，并不是简单重复建设，而是各有侧重、独具特色。

河南省周口市太康县产业集聚区始建于2009年，截至目前，太康纺织产业集群已入驻项目48个，投入倍捻机180台、浆丝机13台、喷水织机9000台、喷气织机2350台，主要生产服用面料。

河南省信阳市淮滨县入住纺织生产企业138家，其中规模以上企业65家，拥有高新技术企业2家，签约、投产喷水织机4.52万台（套），已形成年生产坯布20亿米以上的生产能力，产品有雪梨纺、单线格、乱麻、泡泡绉、泡泡格、四面弹等200多个种类。目前，淮滨县已初步形成了从纺丝—织造—印染后整理（在建）—服装深加工—市场大交易的完整产业链条。

江苏省宿迁市泗阳经济开发区，经过多年发展，已成功集聚了盛虹集团、桐昆集团、恒天家纺、聚润纺织、申久家纺、四海伟业等多家重点企业，初步形成“聚酯→切片（熔体直纺）→纺丝（纺纱）→织造→染整→家纺、服装”的完整产业链。共拥有加弹机300余台、喷水/喷气织机 50000 余台，产品涵盖差别化纤维等功能性纤维材料、家纺面料、服装面料等化纤纺织材料，以及医疗材料、环保过滤、广告旗帜、遮阳涂层等产业用纺织新材料。

江苏省盐城市大丰区小海镇工业园区规划总面积 6000 亩，目前已启用 2000 亩，入园企业 45 家，其中纺织企业 32 家，设备制造 4 家，形成了以纺织业为主导、设备制造业为支撑的特色产业集群。园区共有喷水织机 8026 台，主要生产高档服装面料、功能性面料等。

湖北省黄冈市罗田县纺织服装产业园现有纺织服装企业 28 家，其中规模以上企业 17 家，共有织机 3000 多台，主要生产仿真丝面料、家纺面料等，产品以印染半成品为主。

江苏省海安市特色是锦纶产品，主要有锦纶 PA6、PA66 聚合切片，锦纶单丝、复丝等上百个规格品种，产品远销国内外几十个国家和地区，产品广泛用于民用纺织和工业生产，同时拥有下游织造喷水织机 5000 多台，形成集化纤原料生产、纺丝、织造、注塑、纺织、工程塑料、工程塑料制品为一体的完整产业链体系和以国家级开发区常安纺织园、高新区时尚锦纶产业园区为主体的上下游化纤产业集群工业园区。

随着长丝织造产业的不断壮大，产业集群也会不断发展。未来各集群要瞄准“科技、时尚、绿色”的发展方向，注重人才培养，重视产业链供应链配套建设，充分发挥产业链供应链自我完善优势和集聚效应，提高国际国内两个市场的竞争力和话语权，立足新发展阶段，贯彻新发展理念，在引领行业高质量发展中赢得历史主动。

参考文献

［1］中国长丝织造协会．2020/2021 中国长丝织造产业发展研究［M］．北京：中国纺织出版社有限公司，2021.

［2］中国长丝织造协会．2019/2020 中国长丝织造产业发展研究［M］．北京：中国纺织出版社有限公司，2020.

［3］吴立．染整工艺设备［M］．北京：中国纺织出版社，2009.

［4］陈革．织造机械［M］．北京：中国纺织出版社，2009.

［5］朱苏康．机织学［M］．北京：中国纺织出版社，2015.

［6］裘愉发，吕波．喷水织机原理与使用［M］．北京：中国纺织出版社，2007.

［7］郭兴峰．现代准备与织造工艺［M］．北京：中国纺织出版社，2007.

［8］高卫东，王鸿博，牛建设．机织工程（上册）［M］．北京：中国纺织出版社，2014.

［9］于伟东．纺织材料学［M］．北京：中国纺织出版社，2006.

［10］范雪荣．纺织品染整工艺学［M］．北京：中国纺织出版社，2017.

［11］顾振亚，田俊莹，牛家嵘，等．仿真与仿生纺织品［M］．北京：中国纺织出版社，2007.

［12］姚穆．纺织材料学［M］．北京：中国纺织出版社，2016.

［13］肖长发．化学纤维概论［M］．北京：中国纺织出版社，2015.

［14］中国长丝织造协会．化纤长丝织造操作技术指南［M］．北京：中国纺织出版社，2017.

［15］中国长丝织造协会．化纤长丝织物大全［M］．北京：中国纺织出版社，2018.

［16］郭兴峰．现代准备与织造工艺［M］．北京：中国纺织出版社，2007.

［17］刘森，崔鸿钧，王作宏，等．机织技术［M］．北京：中国纺织出版社，2006.

［18］中国长丝织造协会．2016 中国长丝织造产业发展研究［M］．北京：中国纺织出版社，2017.